ETNICZNOSC

KEY
CON
CEPTS

ETNICZNOŚĆ

Steve Fenton

Przełożyła Ewa Chomicka

Sic!

Tytuł oryginału i podstawa przekładu
Steve Fenton, *Ethnicity*. Polity Press, Cambridge 2003.

Projekt okładki i stron tytułowych
Jacek Staszewski

Redakcja i korekta
Katarzyna Nadana

Wydanie pierwsze
Warszawa 2007
Printed in EU

Wydawnictwo Sic! s.c.
ul. Chełmska 27 m. 23, 00-724 Warszawa
tel./faks: (22) 840 07 53
e-mail: biuro@wydawnictwo-sic.com.pl
http://www.wydawnictwo-sic.com.pl

Druk i oprawa: WDG Drukarnia w Gdyni Sp. z o.o.

Książka drukowana na papierze ekologicznym

Spis treści

Przedmowa

W książce tej starałem się zrealizować założenia serii Key Concepts. Ma ona służyć wprowadzeniu w kluczowe pojęcia nauk społecznych, omówieniu najważniejszej literatury przedmiotu i dostarczeniu komentarza do ważnych dyskusji z danego zakresu. Tego wszystkiego starałem się dokonać w odniesieniu do zagadnienia etniczności. Dodatkowo starałem się ustanowić ramy myślenia o etniczności w kontekście „nowoczesności”, czy „nowoczesności późnokapitalistycznej”, co stanowi próbę umiejscowienia kwestii etniczności w dużo szerszym kontekście socjologicznym.

W pierwszych rozdziałach dowodzę, że rozumienie „etniczności” musi zostać umiejscowione w kontekście naszego rozumienia rasy i narodu. Ważne jest odnotowanie tego, że choć znaczenia tych pojęć nie są tożsame ze znaczeniem pojęcia „grupa etniczna”, w znacznej mierze zazębiają się one ze sobą.

Przyglądając się kluczowym dyskusjom i ważnej literaturze przedmiotu, w rozdziale 4 i 5 koncentruję się na sporach wokół „pierwotności”, czy idei „pierwotnych tożsamości”, a także polemikach dotyczących pracy Nathana Glazera i Daniela Patricka Moynihana – pracy, która nadała ton większości rozważań o etniczności w USA. Chociaż wiele przykładów pochodzi z USA i Wielkiej Brytanii, sięgnąłem też po materiały dotyczące Malezji, by pokazać, jak różny kształt mają dyskursy etniczności w różnych kontekstach społecznych.

W dalszych rozdziałach przyglądam się pewnym aspektom „późnokapitalistycznej nowoczesności" i roli, jaką odgrywa w niej etniczność. Wspomniane aspekty to globalne migracje, nierówności o wymiarze lokalnym i światowym, władza państwa, zagadnienie indywidualizmu i problem tożsamości narodowej oraz etniczność grupy większościowej. Starałem się omówić kluczowe zagadnienia w taki sposób, by wprowadzić w nie nowych czytelników, dając też coś czytelnikom bardziej doświadczonym.

Wprowadzenie

Jak na termin, który zaczął być powszechnie używany dopiero w latach 70., „etniczność" odgrywa obecnie ważną rolę w wyobraźni socjologicznej, polityce i dyskursach politycznych. Warto zatem postarać się rozjaśnić to pojęcie. W niniejszym tomie uchwyciłem ten problem dwutorowo, chcąc z jednej strony określić, czym jest etniczność, z drugiej zaś zdefiniować warunki, pod wpływem których tożsamość etniczna staje się głównym źródłem działania. Wypełniając pierwsze zadanie, przyglądałem się wyrażanym bezpośrednio i ukrytym znaczeniom terminów „etniczny", „etniczność" i „grupa etniczna" oraz niektórym terminom im bliskim, głównie „rasie" i „narodowi". Dokonałem przeglądu prac czołowych dla tej dziedziny badaczy, przez wiek XX, aż do współczesności. Następnie starałem się ustalić – czasami w oparciu o wiedzę, czasami spekulując – okoliczności, w jakich tożsamość etniczna staje się znaczącym wymiarem działania. Pierwsza część książki rozważa problemy najistotniejsze z punktu widzenia nowych badaczy tego przedmiotu, druga część, mam nadzieję, przemówi zarówno do badaczy nowych, jak i tych doświadczonych.

Co do definicji etniczności, podejmuję głównie dyskusję, czy – dla potrzeb teorii socjologicznej – terminy „grupa etniczna" i „etniczność" odnoszą się do socjologicznych realiów, które są namacalne, osadzone w życiu grupowym i doświadczeniach indywidualnych, czy też terminy te odnoszą się do pewnych raczej mętnych i trudno definiowalnych tożsamości o przelotnym znaczeniu i powinny być one rozumiane raczej jako „społecznie konstruowane" niż ugruntowane i „rzeczywiste". W tej kwestii przyjmuję stanowisko pośrednie (głównie w rozdziale 3), niemniej jednak wyraźne. Rozpatrując warunki, pod wpływem których etniczność staje się socjologicznie znacząca, a nawet rozstrzygająca, dochodzę do wniosku, że teoria etniczności musi być teorią kontekstów, za sprawą których jest ona „aktywizowana". Konstatacja ta przewija się przez całą książkę, ale może zostać przedstawiona już na początku, a także powtórzona na końcu. Stwierdzam zatem:

> Jako generalną zasadę należy przyjąć, że nie może istnieć teoria etniczności, ani „etniczność" nie może być traktowana jako teoria. Może raczej istnieć teoria nowoczesności, nowoczesnego świata społecznego, jako materialnego i kulturowego kontekstu wyrażania tożsamości etnicznej. Takie założenie oznacza sprzeciw wobec wszelkiego odseparowywania „etniczności", „rasizmu" czy „tożsamości narodowej" od głównego, społecznego i teoretycznego nurtu. Ma ono służyć umiejscowieniu zainteresowania etnicznością wśród najważniejszych dziedzin socjologicznego namysłu – tworzenia struktur nowoczesnego świata, formacji i kultur klasowych, napięć pomiędzy życiem prywatnym, kulturą i spójnością życia wspólnotowego i publicznego.

Znaczna część książki będzie poświęcona dowodzeniu tej tezy. Możemy rozpocząć od zmierzenia się z pytaniem o status terminu „etniczność".

Ontologiczny status terminu „etniczność"

Ci, którzy czytają o etniczności, klasie czy czymkolwiek innym, zupełnie naturalnie zakładają, że słowo odnosi się bezpośrednio do czegoś „tam". Pragnieniem badacza jest znalezienie takiej definicji, która będzie jak najbardziej precyzyjnie opisywać ową „rzecz tam". Nauki społeczne starają się dostarczyć takich definicji, ale zawsze istnieje ryzyko, że o tych, którzy piszą o jakiejś

„rzeczy", będzie się mówiło, że ją stworzyli. Pewien tekst dotyczący etniczności dowodzi, że najlepszym podejściem jest myślenie o etniczności jako o intelektualnym konstrukcie badaczy (Banks 1996). Zbiór tekstów na temat klasowości (Lee i Turner 1996) zawiera prace wielu autorów zastanawiających się, czy nie myliliśmy się przez cały czas, kiedy mówiliśmy o klasach. Twierdzą oni nie tylko, że klasy zniknęły, ale, przede wszystkim, że nigdy ich nie było, zaś naukowy artykuł dotyczący „narodu" postuluje, byśmy zaprzestali używania tego słowa; „zapomnijmy o narodzie" – pisze Tiszkow (2000). Tezy te zostały posunięte zbyt daleko; jeżeli założymy, że to intelektualiści skonstruowali rzeczy, które badają, przydamy im nazbyt wielką moc.

Naturalnie, stwierdzenie, że coś jest „konstrukcją intelektualną", nie jest tym samym, co stwierdzenie, że coś nie istnieje. Przypomina to nam raczej, jak czyni to trafnie Banks, że kiedy coś się dzieje – ludzie maszerują z transparentami, powołują stowarzyszenia, zabijają jeden drugiego, stroją się, tańczą i śpiewają, zasięgają porady, kogo powinni poślubić – poszczególne pojęcie czy pojęcia używane do opisu tych zjawisk są interpretacjami badaczy, które mogą oni wytworzyć na podstawie własnego życia. Jest to raczej równoznaczne z ostrzeżeniem: „nie daj się porwać swoim analitycznym konstrukcjom" niż: „tam nie ma nic, to ty to tworzysz". Tak czy inaczej, przygnębiająca byłaby myśl, że pisze się książkę o czymś, co nie istnieje.

Powinienem od początku wyjaśnić: myślę, że jest „tam" coś, co odpowiada temu, co badacze nazywają etnicznością. Jednocześnie nie wierzę, że etniczność jest tu czymś więcej niż obszernym i luźnym określeniem pola zainteresowań badacza; nie jest ona, w rzeczy samej, teoretycznym punktem widzenia, ani nie jest prawdopodobne, że może istnieć jednolita teoria etniczności. Ale należy zauważyć – umiejscawiając to w teoretycznych ramach socjologii nowoczesności – coś bardzo ważnego. Najprostszym sposobem ustalenia, czym to jest, byłoby stwierdzenie, że etniczność dotyczy „pochodzenia i kultury", a o grupach etnicznych można myśleć jako o „wspólnotach pochodzeniowych i kulturowych". Jest to dopiero początek i myśl ta powinna być w taki sposób traktowana: jako punkt wyjścia, nie zaś definicja. Dalszym krokiem, czy nawet dwoma, byłoby stwierdzenie, że etniczność odnosi się do *społecznej konstrukcji* pochodzenia i kultury oraz ich społecznej stymulacji i że wokół nich rozwinęły się znaczenia i pochodne systemów klasyfikacyjnych. Ludzie czy narody nie tylko mają kulturę lub wspólny rodowód; *oni przekształcają to w ideę wspólnoty, zasadzającą się na tych elementach*. Co więcej, wypracowanie idei wspólnoty jest wśród ludzi całkowicie możliwe pomimo tego, że ich przynależność do wspólnoty pochodzeniowej i kulturowej jest wątpliwa. Dwie książki na temat *narodowych* „wspólnot pochodzeniowych i kulturowych" odegrały ogromną rolę za sprawą ich znaczących tytułów: *The Invention of Tradition* i *Wspólnoty wyobrażone* (Hobsbawm i Ranger 1983, B. Anderson 1997). Pomimo tego, że istnieje różnica między „wyobrażonym" i „wyimaginowanym", te słowa, „wyobrażony" i „wynaleziony", ustanowiły perspektywę dla studiów grup etnicznych, narodów i nacjonalizmu. Narody i grupy etniczne są stale postrzegane jako społecznie konstruowane, wyobrażone czy wynalezione; nie są one oczywiście odbierane tylko jako grupy o wspólnym pochodzeniu i kulturze. A zatem, kiedy używamy wyrażenia: „wspólnoty pochodzeniowe i kulturowe", powinniśmy mieć świadomość niebezpieczeństwa nadmiernego ich konkretyzowania. Być może jednak moda na wyobrażenia, konstrukcje i wynajdywanie poszła za daleko; nawet jeśli etniczne etykiety odnoszą się do luźnych kategorii społecznych o rozproszonej tożsamości, niemniej jednak istnieją rzeczywiste grupy ludności, które tym etykietom odpowiadają. Rzeczywiście istnieją biali Amerykanie europejskiego pochodzenia, rzeczywiście istnieją Malezyjczycy pochodzenia chińskiego. Jeśli chodzi o postrzeganie grup jako „rzeczywistych" lub jako „konstruowanych", chcemy złapać dwie sroki za ogon.

Przykład grup i nazw

Już we wprowadzeniu warto zilustrować te idee dobrymi przykładami – bez odniesienia do empirii i bez możliwości zastosowania nasze wielkie koncepcje są czymś ubogim i płaskim. Wiele przykładów mogłoby zilustrować zarówno ideę „wspólnot pochodzeniowych i kulturowych", jak i ideę, że „wspólnoty" te są i rzeczywiste, i konstruowane. W raporcie z 1968 roku, dotyczącym ludności stanu Sarawak (części Malezji na północy wyspy Borneo), Michael Leigh spisał 25 grup etnicznych i 47 podgrup (Leigh 1975). Leigh nigdzie nie używa do opisu ludności terminu „Dajak", chociaż wiele ze źródeł, które cytuje, posługuje się nim. Dajak, malajskie słowo, znaczące „z głębi kraju", z pewnością pozostaje w powszechnym użyciu, ale jest bardzo szerokim określeniem ludzi żyjących po dwóch stronach malezyjsko-indonezyjskiej granicy. Kiedy w 2001 lokalne grupy w Kalimantan w Indonezji (południowa, indonezyjska strona granicy na Borneo) walczyły i zabijały, by wypędzić Madurese – ludność z indonezyjskiej wyspy Madura, czyli imigrantów osadzonych tam przez rząd indonezyjski – grupy te w międzynarodowej prasie były często nazywane „Dajakami" lub „członkami plemienia Dajaków". Po malezyjskiej stronie granicy w Sarawak nagminnie można spotkać się z ludami określanymi na przykład jako Iban czy Bidayuh (dwa ugrupowania „Dajaków"), ale szeroki termin Dajak jest tam również często używany, a jedna z państwowych partii politycznych to *Parti Bangsa Dayak Sarawak* – Partia Ludu Dajaków Sarawak. W jakim sensie, moglibyśmy zapytać, „Dajakowie" są rzeczywistą grupą etniczną?

Moglibyśmy zwrócić uwagę na ten sam problem w odniesieniu do krajów „pierwszego świata", zadając podobne pytanie: w jakim sensie „Amerykanie pochodzenia irlandzkiego" są praw-dziwą grupą etniczną?

Stałe kategorie i rozproszona tożsamość

Jak stałe są te kategorie etniczne i od czego są one uzależnione? W przypadku Sarawak można powiedzieć, że zależą one od pewnych właściwości samych grup: faktyczne i istotne są na przykład różnice językowe i dialektalne; ludzie z poszczególnych grup utożsamiani są z pewnymi obszarami „z głębi kraju", na przykład więcej jest Bidayuh na południe od stolicy Kuching, a więcej Iban na północ i wschód od Kuching; występują też, tradycyjnie, różnice zwyczajów, między innymi w sposobie budowy długich domów (*longhouses*). Oczywiście, pojedynczy Iban czy

Bidayuh określi siebie jako takiego, chociaż powszechne jest zawieranie związków małżeńskich pomiędzy tymi grupami. Pod pewnymi względami istnieje u Malajów prawdziwa granica; ustanawia ją islam. A zatem, różnica między Malajami i innymi rodowitymi mieszkańcami Sarawak – biorąc na chwilę w nawias jakieś osiem grup, posługujących się chińskim dialektem – jest różnicą pomiędzy muzułmanami i nie-muzułmanami. Jednak jakieś dwie trzecie pewnej grupy „miejscowej", Melanau, przyjęło islam, podczas gdy inni „Dajakowie" przeciwstawili się temu; ta sytuacja uczyniła Melanau ważną grupą, której elitarni gracze polityczni utożsamiają się w efekcie z Malajami, szczególnie z Malajami z półwyspu.

Częściowo jednak odpowiedź leży nie we właściwościach grup, ale w zachowaniu elit politycznych. Jeśli pojawia się sposobność po temu, by odwołać się do wszystkich „Dajaków", wówczas wprawny lider polityczny zrobi to. Żadna pojedyncza grupa – powiedzmy, Bidayuh – nie jest na tyle duża, by móc na niej zbudować polityczną karierę, dlatego też politycy mogą odwoływać się do Dajaków czy do *bumiputera* (rodowitych „synów ziemi") – wspólnego statusu rodowitych mieszkańców Sarawak i Malajów. Zatem jeśli myślimy o grupach jako oddzielonych od siebie kategoriach, mamy wiele możliwych linii podziału: pomiędzy Iban i Bidayuh, Malajami i nie-Malajami, między muzułmanami i nie-muzułmanami oraz *bumiputera* (grupami uznawanymi za rdzenne, w skład których wchodziliby Malajowie i Dajakowie, ale nie Chińczycy) i nie-*bumiputera*. To, które granice okażą się istotne, będzie zależało od społecznego kontekstu, a czasami od politycznych i innych korzyści. Judith Nagata podjęła ten problem, dotyczący Malajów i nie-Malajów, w klasycznym studium o Penang (Nagata 1974). Wszystko to skłania nas do stwierdzenia, że „grupy" istnieją zarówno faktycznie, jak i są konstruowane. Błędem jest dowodzenie, że „nic tam nie ma"; z całą pewnością jest. Ale jednocześnie błędem byłoby uważać, że „grupy" są oczywistymi zbiorami ludności i podgrupami wspólnoty obwiedzionymi wyraźnymi liniami. Niewłaściwe byłoby również myślenie, że z powodu całej tej etnicznej złożoności ludzkim życiem kieruje coś, co zwane jest „etnicznością".

Czy ludzie działają ze względu na swoją tożsamość etniczną?

Książka ta będzie często wskazywała, że grupy etniczne nie są konkretne i substancjalne, jak niektórzy mogą sądzić, obstając przy tym, że możemy zaobserwować pewien fakt; odnosi się on do pojęć „pochodzenia i kultury" i – często politycznych – okoliczności, w których wspólnoty określane poprzez pochodzenie i kulturę stają się punktem odniesienia dla działania, w szczególności dla działania politycznego. Etniczność jest szerokim terminem, który określa te wymiary pochodzenia i kultury oraz to, jak wykorzystywane są one do utrzymania społecznych definicji grup i granic między nimi, ale sama w sobie nie tłumaczy ona niczego. Jednak zastanawiając się zarówno nad tym, czym jest „etniczność", jak i czym są „grupy etniczne", musimy podjąć zasadniczą kwestię: jakie znaczenie mają grupy definiowane jako etniczne i w jakim sensie „etniczność" stanowi czynnik działań społecznych? O to, „jaką wagę mają grupy etniczne", można zapytać: „jaką wagę mają pochodzenie i kultura jako wyznaczniki różnicy pomiędzy grupami?". O to, „jakie znaczenie przyczynowe ma etniczność", można by zapytać: „czy te tożsamości i więzi społeczne, które określamy jako etniczne, grają niezależną, a nawet dominującą rolę w działaniu społecznym? Czy tożsamość etniczna ludzi jest w jakimkolwiek sensie rzeczywistym czynnikiem wiodącym ich do działania?".

Odpowiedź na oba te pytania jest uzależniona od różnych czynników. Odnośnie pierwszego, możemy powiedzieć, że w pewnych okolicznościach ludzie traktują tożsamość kulturową i tożsamość związaną z pochodzeniem bardzo poważnie; w niektórych społecznościach tego typu wyznaczniki grupowe odgrywają kluczową dla porządku społecznego rolę, w innych okolicznościach są one błahe, nieważne, z trudem się utrzymują. Odnośnie drugiego pytania, przestrzegalibyśmy przed błędem myślenia, że tam, gdzie pojawia się „grupa etniczna", tam działanie, konflikt i relacje społeczne są przede wszystkim determinowane czy „napędzane" przez etniczność. Przejrzystą ilustracją byłby tu ostry konflikt, który rozgrywał się w latach 90. w byłej Jugosławii i który przetrwał do nowego tysiąclecia. Był on powszechnie opisywany jako konflikt etniczny, na podstawie mniej lub bardziej wyrazistego założenia, że przyczynami konfliktu były różnice i niechęci między grupami. To założenie nieomal zawiera się w naiwnym użyciu określenia „konflikt etniczny". Jak zauważył Michael Banton, niebezpieczeństwo związane z określeniem „konflikt etniczny" polega na tym, że zakładamy, iż konflikt ten jest przede wszystkim, ze swej natury i przyczyny, etniczny. Często wcale tak nie jest. W odniesieniu do Jugosławii lat 90. musielibyśmy co najmniej odpowiedzieć na pytanie, dlaczego te same podejrzenia i niechęci nie spowodowały w ciągu poprzednich czterdziestu lat konfliktów na taką skalę jak w „okresie rozłamu".

Czystki etniczne czy segregacja rasowa?

Warto zauważyć, że opisując konflikt w Jugosławii, (anglojęzyczna) prasa zawsze mówiła o nim jako o konflikcie *etnicznym* i czystkach *etnicznych*. Ale już konflikty w USA, które wykazują pewne podobieństwa (nie będąc dosłownie wojną domową), opisywane są jako konflikty *rasowe* i segregacja *rasowa*. Czy jest jakaś szczególna cecha, która sprawia, że konflikty amerykańskie są rasowe, zaś konflikty jugosławiańskie – etniczne? Naturalnie, istnieją widoczne różnice w sytuacji w Ameryce i byłej Jugosławii, ale nie ma w opisywaniu tych konfliktów żadnego oczywistego powodu, dla którego jeden z nich miałby być etniczny, a drugi rasowy. Odpowiedź zawiera się w fakcie, że różne kraje, regiony i różne konteksty wytwarzają różne dyskursy opisujące „lokalne" zdarzenia i historię. W USA bardzo silny jest dyskurs rasowy; pojęcie „rasy" ciągle jest powszechnie używane, pomimo zdyskredytowania wszelkich teorii społecznych opartych na założeniu różnicy rasowej. Ta różnica w dyskursie (por. Fenton 1999) została w innym miejscu określona jako „idiom rasy" i „idiom etniczności" (Banton 2000). W mojej książce z 1999 roku opisałem szczegółowo różnice między dyskursem etnicznym i rasowym, ale zakończyłem ją wnioskiem, że są to zarazem dyskursy w znacznej mierze zachodzące na siebie. W niniejszej książce chcę zrobić krok dalej i dodać trzecie pojęcie: pojęcie narodu. Rasa, naród i grupa etniczna przynależą razem do tej samej rodziny pojęć i wykazują silne, rodzinne podobieństwo. Nie oznacza to, że wszystkie „znaczą to samo", chociaż niewątpliwie istnieje wiele przypadków, kiedy można ich użyć zamiennie – wspólnie odnoszą się one do idei ludzi, czy też „ludzi określonego rodzaju". Co więcej, społeczne postawy, grupy społeczne i znaczenia kulturowe, które zostały określone jako „rasowe", „narodowe" i „etniczne", *nie* są szeregiem odlegle powiązanych albo zupełnie niezwiązanych ze sobą kwestii. W rzeczywistości są one „osadzone razem", tak w teorii, jak i w dyskursie codziennym.

W rozdziale 1 przyjrzymy się przede wszystkim etymologii angielskich słów: rasa (*race*), naród (*nation*) i grupy etniczne (*ethnic groups*). Żadne odzieranie tych pojęć z kolejnych warstw znaczeń nie odsłoni ostatecznego zestawu różnic między nimi. Wszystkie trzy mają raczej wspólny rdzeń i wspólne znaczenia, przy czym każde z nich ma też określone konotacje, które nie w pełni odnoszą się do pozostałych pojęć. W rozdziale 2 zanalizujemy sposób, w jaki poszczególne kraje rozwijają dyskursy etniczności, charakterystyczne dla historii i uwarunkowań danego kraju. Aby pokazać, że nawet anglojęzyczny dyskurs dotyczący wspólnot pochodzeniowych i kulturowych może różnić się w obrębie różnych tradycji narodowych, porównujemy brytyjski i amerykański dyskurs rasy i etniczności. Przypadek Malezji analizowany jest jako ilustracja dyskursu nieanglojęzycznego.

W rozdziale 3 omówimy niektóre aspekty używania w socjologii i antropologii pojęć „etniczny" i „etniczność", z uwzględnieniem zbieżnych terminów, takich jak „rasa" i „plemię". Dwa ostatnie stopniowo, ale konsekwentnie tracą na ważności. Zarówno w przypadku rasy, jak i plemienia istnieje od dawna tendencja, by zastępować te pojęcia terminem „etniczny". Zaczynamy od przyjrzenia się stopniowemu zanikaniu słowa „rasa", które wypierane jest ze względu na krytykę jego dziewiętnastowiecznego znaczenia naukowego – rasy jako kategorii antropologicznej. Przyglądamy się słynnej pracy Huxleya i Haddona, w której proponują oni zaprzestanie używania terminu „rasa" i używanie w to miejsce pojęcia „grupa etniczna". Później zwracamy się w stronę kluczowych dla historii terminu „grupa etniczna" tekstów: często cytowanego eseju Webera, tekstu Lloyda Warnera na temat amerykańskich grup etnicznych i klasycznego omówienia etniczności okolicznościowej, autorstwa Nagaty.

W rozdziale 4 przyglądamy się kilku głównym sporom w zakresie rozpatrywanego przedmiotu, wśród których w pewien sposób czołowe miejsce zajmują dyskusje toczone wokół słowa „pierwotny". Rozpatrzenie owych kwestii nie jest tylko dalszym ciągiem prób określenia – jak miało to miejsce w rozdziałach 1 i 2 – czym jest etniczność. Dotyka ono samego sedna tego, jak w ramach teorii socjologicznych myślimy o etniczności i społeczeństwie. Najprostszym sposobem myślenia o „pierwotności" jest przywoływanie obrazu „pierwotnego porządku"; słowo to implikuje sentymenty, więzi i zobowiązania, jak również niekwestionowane poczucie tożsamości, które ustala się w jednostce od wczesnych lat i pozostaje jej stałym punktem odniesienia. Zderzone jest to z obrazem etniczności jako sprawy okoliczności, wygody i kalkulacji, w rodzaju: „angielski, kiedy mi pasuje" czy „serbski, kiedy mi się to opłaca".

Z tego punktu widzenia grupy etniczne nie są po prostu grupami ludzi, których łączy kultura i wspólny rodowód. Idee pochodzenia i kultury są raczej pobudzane, wykorzystywane i stosowane jako punkt odniesienia, by wzmocnić poczucie wspólnoty, „grupowości" i wspólnego przeznaczenia. Lecz jeżeli grupy są, w pewnym sensie, społecznie konstruowane, jesteśmy zmuszeni zapytać, „kto tworzy tę konstrukcję?". Jeśli mity o grupowej przynależności są kreowane, to kto to robi? Mogłoby się wydawać, że odpowiedź na to pytanie jest prosta: sami ludzie, którzy należą do grupy. O dziwo, jest to często mylące, jeśli nie po prostu błędne. Występują tu co najmniej trzy inne podstawowe możliwości.

Pierwsza, że idea grupy nie jest konstruowana przez „nas", ale konstruowana jest „dla nas przez innych". W rzeczywistości kolonialnej, potężny kolonizator czy grupa rządząca ustanawiała nazwy dla „rdzennych mieszkańców"; stworzone w ten sposób grupy przybierały na długi czas charakterystyczną, konkretną postać. Wszędzie, gdzie przyjrzymy się światu postkolonialnemu, znajdziemy grupy, których nazwy i kształt są bezpośrednią konsekwencją kolonialnych dziejów. Nawet w przypadku stosunkowo „wolnych" migracji, na przykład robotników i ich rodzin z Europy do USA w XIX wieku, nowi imigranci byli kategoryzowani i często pogardzani przez tych, którzy tam już mieszkali (Jacobson 2001). Po drugie, budowanie tożsamości grupowej może być nie tyle pracą członków grupy, jak elit wewnątrz nich lub przywódców partii i organizacji. Trzecia możliwa odpowiedź jest taka, że grupy formowane są w konsekwencji działań *państwa*, władzy i zarządzeń administracyjnych. Dziś w wielu konstytucjach państwowych okre-ślone są prawa i dotyczące ich wykonania wytyczne oraz regulacje, które jeśli nie zupełnie tworzą grupy, to nadają im pewną trwałość i konkretność, jako rzeczywistościom społeczno-prawnym. Jeżeli ustanawia się prawa, nadając przywileje czy prawa tubylcom, trzeba mieć jakiś sposób rozstrzygania, kto jest tubylcem, a kto nim nie jest. Jeśli zabroni się małżeństw albo kontaktów seksualnych pomiędzy przedstawicielami grup A i B, trzeba móc zdefiniować tak grupę A, jak i B.

Kategorie etniczne są często wykorzystywane do celów politycznych. W rozdziale 5 analizujemy niektóre klasyczne źródła, mówiące, że grupy etniczne mogą mieć charakter instrumentalny i polityczny; omawiana tu praca Glazera i Moynihana, która spopularyzowała termin „etniczność", jest często postrzegana jako najważniejsze źródło „instrumentalnego" obrazu etniczności. Zaprezentowane jest tu stanowisko, że identyfikacje etniczne mają charakter instrumentalny, ich celem jest osiągnięcie korzyści w walce politycznej. W tym samym rozdziale omawiany jest również pogląd antropologa Bartha, który przedstawia grupy etniczne jako konstytuowane przez podtrzymywanie „granic" między bliskimi społecznie grupami.

W rozdziale 6 odchodzimy od problemu statusu pojęcia etniczności i grup etnicznych. Zwracamy się w stronę okoliczności, w jakich kształtowana jest tożsamość etniczna. Rozpoczynamy od przyjrzenia się temu, jakie znaczenie miały migracje klas pracujących dla „tworzenia etniczności". Dawne społeczności niewolnicze były uzależnione od robotników branych do niewoli i zmuszanych do migracji; ten gwałtowny początek naznaczył wszystkie późniejsze relacje społeczne. W społeczeństwach, które były skolonizowane, władza kolonialna często sprowadzała pracowników w warunkach półniewoli, jak zrobili to na przykład

Brytyjczycy w Malezji, Fidżi, Trynidadzie i krajach Afryki Wschodniej.

W wieku XIX i XX USA było ważnym celem dla emigrujących pracowników i ludzi uchodzących przed prześladowaniami. Do końca XX wieku, w obliczu wielkiej globalizacji przemieszczeń ludności, celem emigracji stało się wiele krajów i regionów. Przyglądamy się tutaj zatem wpływowi migracji i mobilności społecznej na zachowanie tożsamości etnicznej. W rozdziale 7 przypatrujemy się bliżej globalnemu kontekstowi gospodarczych nierówności, zarówno wewnątrz państw, jak i pomiędzy nimi. Usztywnienie granic ekonomicznego włączenia i wykluczenia, bezpieczeństwa i niepewności, wywołuje podziały, których granice często odpowiadają granicom grup określanych jako etniczne. Granice te warunkują zatem działanie zorientowane etnicznie. Podobnie, władze państwowe bardzo różnią się pod względem tego, w jakim stopniu mogą zagwarantować swym obywatelom jakąś dozę bezpieczeństwa: fizycznego, prawnego i ekonomicznego. Etniczność w niestabilnym państwie nabiera takich znaczeń, których prawie nie spotyka się w państwach stabilnych.

W rozdziale 8 przyglądamy się uważnie problematyce „większości etnicznej". W większości dyskusji pojawiało się pojęcie „mniejszości etnicznej", ale z punktu widzenia logiki i socjologii, określenie „mniejszość etniczna" wskazuje na istnienie etnicznej większości. W społeczeństwach takich jak brytyjskie, które dopiero niedawno rozwinęło w sobie świadomość bycia społeczeństwem wieloetnicznym, większość etniczna jest jednocześnie „większością milczącą", ledwie świadomą siebie jako w ogóle „etnicznej". Nie jest przesądzone, że taka sytuacja musi wywołać napięcia i rasizm, ale bardzo często tak właśnie się dzieje. W rozpowszechnionym poczuciu wrogości względem zmiany i nowoczesności, mniejszości etniczne obierane są – jako obce i niechciane – za cel niechęci, podobnie jak i inne przejawy pogardzanej nowoczesności. W ostatnim rozdziale przedstawiamy niektóre z najbardziej dotkliwych dla ludzi sprzeczności związanych z tym, co nazywamy „późnokapitalistyczną nowoczesnością". Odnoszą się one do sfery ekonomicznej, szczególnie do społecznego wymiaru nierówności i niemożności zaspokojenia potrzeb, a także do sfery jednostkowej, społecznej lub „wspólnotowej”, poprzez napięcie pomiędzy pragnieniem bezpieczeństwa a postępującym pędem ku indywidualizacji. Sprzeczności te mają też związek ze sferą moralną, ze względu na napięcie między „uniwersalistycznym” poszanowaniem godności jednostki i okresowym odradzaniem się „kontrolujących” nauk moralnych. Przedstawiony tu zarys socjologii nowoczesności kapitalistycznej ma pewne główne wątki, wokół których „rozgrywa się” tożsamość etniczna i etniczne antagonizmy.

Rozdział 1

ETNOSY: WSPÓLNOTY POCHODZENIOWE I KULTUROWE

Wspólne odniesienia

Grupa etniczna, rasa i naród są trzema pojęciami mającymi wspólne centrum, czy „rdzeń", z pewnymi zauważalnymi i ważnymi różnicami na peryferiach ich znaczeń. Wspólna dla wszystkich tych pojęć jest idea pochodzenia czy rodowodu; bardzo ściśle ze wszystkimi trzema łączą są też idee kultury. Te kulturowe idee będą zwykle zawierały mity o przeszłości, wierzenia na temat tego, „jakimi jesteśmy ludźmi", oraz pogląd, że „kultura" określa grupę, tak więc może być ona konstytuowana przez język, ubiór czy zwyczaj. W tym sensie, wszystkie te pojęcia można by zdefiniować jako „wspólnoty pochodzeniowe i kulturowe". Członkowie tak grupy etnicznej, rasy, jak i narodu postrzegają siebie i postrzegani są przez innych jako ci, którzy mają wspólnych przodków lub roszczą sobie do nich prawa. Ta idea wspólnego rodowodu może nie być tak precyzyjna jak genealogie wielopokoleniowych rodzin (chociaż skąd możemy wiedzieć, ile nieprawidłowości skrywa się w drzewach genealogicznych?), niemniej jednak powtarza się w niej motyw „ludzi pochodzących z jednego rodu". W języku angielskim słowo „ród" (*stock*) używane jest głównie w odniesieniu do zwierząt, a zatem jego użycie w przypadku ludzi ma silnie zabarwione biologiczne znaczenie, znaczenie genealogii i typu. To znaczenie wspólnego rodowodu można naturalnie odnaleźć w słownikowych definicjach wszystkich tych trzech terminów (poniżej wziętych z *Compact Oxford English Dictionary*, 1993):

> Rasa: grupa ludzi (zwierząt lub roślin) mających *wspólne pochodzenie* lub genezę; plemię, *naród* lub lud uważany za grupę o wspólnej proweniencji [*podkreślenie moje*].
>
> Naród: obszerny ogół ludzi blisko powiązanych ze sobą *wspólnym pochodzeniem*, językiem czy historią, tworzących odrębną rasę ludzi, zazwyczaj zorganizowanych jako oddzielne państwo polityczne i zamieszkujących określone terytorium [*podkreślenie moje*].
>
> Etniczny: (przymiotnik) odnoszący się do narodów niechrześcijańskich; odnoszący się do *rasy lub narodu*; posiadający wspólne rasowe, kulturowe, religijne lub lingwistyczne właściwości, szczególnie określające grupę rasową lub inną grupę wewnątrz większego systemu [*podkreślenie moje*].

Jedyny wśród tych opisów przymiotnik, „etniczny", odnosi się do dwóch poprzednich definicji poprzez pojęcie „rasy" i „narodu" oraz „wspólne rasowe, kulturowe, religijne lub lingwistyczne właściwości". Definicja narodu odwołuje się do wspólnego pochodzenia i odrębnej rasy ludności, zaś definicja rasy odnosi się do wspólnego pochodzenia i plemienia, narodu czy ludu. Bez wątpienia wszystkie trzy pojęcia zajmują w dużym zakresie ten sam obszar znaczeniowy – nie dokładnie ten sam, ale tak bliski, że niemożliwe byłoby rozpatrywanie ich osobno.

Znaczna część literatury socjologicznej dotyczącej tych pojęć starała się je opisać poprzez ich rozdzielenie, to jest rozróżnienie ich w taki sposób, że jednego pojęcia broniono wyraźnie przed drugim. Dużo lepiej jest zacząć od stwierdzenia, że wszystkie one zajmują ten sam obszar. Stwierdziwszy to, można następnie ukazać względy, z uwagi na które – kiedy przemieszczamy się z centrum na zewnątrz – pojęcia te się rozchodzą. Wszystkie one stanowią określenie grupy ludzi. Dokładnie takie jest znaczenie terminu, w którym ma swoje źródła „etniczny":

klasycznego greckiego słowa *ethnos*. Słowo to zachowało swe znaczenie w nowożytnej grece, pokrywając się zarówno z angielskim znaczeniem narodu, jak i grupy etnicznej (Triandafyllidou i inni 1997).

Greek-English Lexicon (Liddell i Scott 1897), wiarygodne źródło na temat klasycznej greki, przytacza szereg znaczeń, które zmieniają swe akcenty w różnych kontekstach i w różnych okresach historii antycznej Grecji. Są to:

> *Ethnos*: Pewna liczba osób żyjących razem, grupa ludzi; poszczególne plemiona; o zwierzętach, stadach ptaków; (po Homerze) naród, lud; (później) obce, barbarzyńskie ludy; nie-Ateńczycy, (biblijna greka) nie-Żydzi, poganie, klasa ludzi, kasta, plemię.

Przymiotnikowa forma *ethnikos* ma dwa główne znaczenia: narodowy i obcy.

A zatem, greckie *ethnos* ma takie znaczenia, które mają związek z nowożytnym angielskim zastosowaniem pojęcia „naród", jak również z pojęciami takimi jak „ludy", szczególnie ludy obce czy plemiona i kasty, co więcej, z przymiotnikową formą „narodowy" i „obcy". Plemię moglibyśmy teraz zrozumieć jako „grupę etniczną". Moglibyśmy dodać rasę w jej przeddziewiętnastowiecznym kształcie, kiedy miała ona podobne konotacje co słowa naród, lud i nawet klasa. Tym, co nadało „rasie" jej szczególnego znaczenia jako wielkich podziałów rodzaju ludzkiego, był rozkwit nauki biologicznej i antropologicznej w XIX wieku.

Kiedy słowo „etniczny" (*ethnic*) trafiło do angielskiego (miało ono szereg wcześniejszych form w pisowni, jak np. „aethnycke"), przez długi czas oznaczało „obcego", innego od żydowskiego (tj. nieżydowskiego, ang. *Gentile*) i innego od żydowskiego *oraz* nieżydowskiego (tj. pogańskiego). Rzeczywiście, *Compact Oxford English Dictionary* (1993) odnotowuje, że „etniczny" pochodzi od greckiego *ethnikos*, „pogański", przywołując to znaczenie, pomimo tego, że grecki przymiotnik miał też bez wątpienia znaczenie dużo bardziej neutralne, „narodowy". Gdy tylko pojęcie „etniczny" czy jego odpowiednik zadomowiło się w języku angielskim, od pierwszego pojawienia się w pracy z 1473 roku, regularnie ma ono znaczenie „pogański i obcy". *Oxford Dictionary* przytacza następnie kolejny zestaw znaczeń, pochodzących głównie z wieku XIX, kiedy pojęcie to ulega generalizacji, tracąc przy tym specyficzny, „pogański" sens. Mamy zatem definicję: „etniczny", *odnoszący się do rasy, wspólnego, rasowego czy kulturowego, charakteru*. Autorzy przywołują Huxleya i Haddona (o których nieco później) i ich słynną pracę z 1935 roku – apel o rezygnację z terminu „rasa" i zastąpienie go pojęciem „etniczny". *Oxford Dictionary* przytacza również to pojęcie w połączeniu z (etnicznymi) grupami mniejszościowymi i jako *rzeczownik* oznaczający tego, kto nie jest chrześcijaninem czy Żydem. Zarówno w USA, jak i w Wielkiej Brytanii rzeczownikowa forma „ethnic" używana jest na określenie czegoś innego od większości.

Zanim odłożymy grecki słownik, powinniśmy odnotować trzy inne pojęcia z okresu antycznej Grecji, które miały znaczenie zbliżone do ludu czy „klasy" ludzi. Jedno to *phylon*, któremu Liddell i Scott nadają znaczenie „rasa, plemię lub klasa", po jakim następuje znaczenie drugie: „naród". *Phylon* oznacza również klasę w królestwie zwierząt. *Genos* definiowany jest jako „rasa, ród lub krewni". Termin ten jest bliżej powiązany z pojęciem rodziny, potomstwa i pochodzenia. Ale może on oznaczać również plemię, „jako część składową" etnosu, może też oznaczać klasy w królestwie zwierząt. Wszystkie te wyrazy – *ethnos*, *phylon* i *genos* – mają wspólne znaczenia: ludu, plemienia, narodu i klasy, różniąc się od siebie jedynie odcieniami. Greckie słowo służące określeniu ludności, które oddala się od wszystkich trzech wymienionych, niemniej jednak mogłoby zostać przetłumaczone jako „lud", to *demos*. U Liddella i Scotta jest mu najpierw przydane znaczenie regionu, kraju, krainy, a później – „ludności, mieszkańców" regionu czy krainy. Słowo to ma dwa dalsze znaczenia. Pierwsze, „prostych ludzi", jako przeciwstawianych arystokracji; ludzi „wsi", w przeciwieństwie do elitarnych mieszkańców miasta. Drugie, to – „w znaczeniu politycznym" – „ludzie niezależni, wolni obywatele"; jest to znaczenie, które nowożytni użytkownicy języka angielskiego znają dzięki słowu „demokracja" (*democracy*).

Ród, typ, lud, rodzaj

Cztery rzeczy są szczególnie interesujące w tej analizie języka greckiego; języka, który stał się też źródłem wielu terminów nowożytnych. *Pierwszą* rzeczą jest to, że każde z powyższych pojęć oznacza w jakiś sposób „lud" i wszystkie, oprócz *genos*, używane były niegdyś w takim znaczeniu, które dziś mogłoby zostać przetłumaczone jako „naród". Znaczenie terminu *genos* jako określonej grupy i podgrupy pochodzenia, będącej czymś mniej niż naród, jest dość jasne. Jednakże *genos* i jego łaciński odpowiednik *genus* dały angielski „*genus*", który używany jest w naukach biologicznych na oznaczenie „rodu, rasy, rodzaju". *Po drugie*, wszystkie te pojęcia, z wyjątkiem *demos*, mogłyby mieć znaczenie „klasy" zwierząt lub ludzi. Nowożytna biologia zaadaptowała dla królestwa zwierząt i roślin pojęcia *phylon* i *genos*; żadne z nich, w powszechnym użyciu, nie dało słowa przybliżonego znaczeniem do ludu czy narodu. *Genos* wszelako pojawia się w angielskim „*genocide*" (ludobójstwo), „rozmyślnej eksterminacji grup etnicznych i narodowych". *Po trzecie*, pojęcia te, oznaczające lud, a zwłaszcza *ethnos*, oddają ideę różnicy kulturowej; używane były na określenie *innych* ludzi, którzy mówili innymi językami, żyli w innych krajach, a w późniejszym kontekście – nie byli Żydami lub nie byli ani Żydami, ani chrześcijanami. *Po czwarte*, słowa te przeprowadzają rozróżnienia, które miały znaczenie dla społeczeństw i czasów, z których się wywodzą. Grecy w ogólności, zaś Ateńczycy w szczególności dawali wyraz temu silnemu poczuciu różnicy między nimi i innymi ludźmi. Później istotne stało się rozróżnienie Żyda, poganina i chrześcijanina, zaś w służącym określeniu ludzi pojęciu *demos* ważne było rozróżnienie pomiędzy (wolnymi) obywatelami i osobami niewolnymi.

Naród

Słowo „naród" (*nation*) weszło do języka angielskiego przez francuski z łacińskiego: *natio*, które dostarczyło określenia na naród właściwie wszystkim językom romańskim. Ono również początkowo oznaczało „rodzaj" czy „ród" ludzi o wspólnym pochodzeniu lub postrzeganych jako tacy. O tym, że ma ono jakiś związek z pochodzeniem, świadczy rdzeń samego słowa *natio* w czasowniku *nascor*, „narodzić się". *Oxford Dictionary* zamieszcza odwołania do pojęcia „naród" używanego już w 1300 roku. Zawierało ono zarówno ideę wspólnego pochodzenia, jak i ideę mieszkańców jednego obszaru. Pojęcie to nie było pierwotnie używane – jak sugerowali niektórzy – jedynie w kontekście grup studentów (*nationes*) na średniowiecznych uniwersytetach, określanych poprzez kraj pochodzenia (por. Greenfeld 1992). Łacińskie *natio* ma wyraźnie znaczenie bliskie greckiemu *ethnos*. Podziela ono nawet biblijne znaczenie *ethnos*; *Oxford Dictionary* przywołuje biblijne użycie „narodów" jako „narodów pogańskich" już w 1340 roku.

W pierwszej części hasła poświęconego pojęciu „narodu" słownik podaje ogólną definicję, którą przywoływaliśmy wcześniej:

> Obszerny ogół ludzi blisko powiązanych między sobą wspólnym pochodzeniem, językiem lub historią, tworzących odrębną rasę ludzi, zazwyczaj zorganizowanych jako oddzielne państwo polityczne i zamieszkujących określone terytorium.

Słownik podaje następnie, że z początku pojęcie „narodu" odwoływało się bardziej do „idei rasy", później zaś – do idei politycznej. Wczesne, pochodzące z lat 1300–1386 źródła opisywały Anglików („Ingles man") jako naród. *Oxford Dictionary* cytuje Fortescue'a, który w 1460 wspominał króla zmuszanego do uczynienia swoich wojsk „siłaczami" takimi jak „Szkoci, Hiszpanie [...] i inne narody" (średnioang. *nacions*). Autor historii stanu Karolina w kolonialnej Ameryce (1709) mówi, że „dwa narody Indian tu, w Karolinie, były w stanie wojny". Ale „naród" oznaczał również klasę ludzi, a nawet zwierząt. Przywoływana praca z 1390 roku mówi o kochankach, czy szlachetnie urodzonych ludziach, jako narodzie: „Dla szlachetnie urodzonych (średnioang. *gentil nacion*) miłość jest zajęciem". Na podobnej zasadzie *Oxford Dictionary* przedstawia uczniów jako naród w rozumieniu schyłku wieku XVII. Na początku wieku XVIII pojęcie to było stosowane na określenie zwierząt jako „narodów pól i lasów".

Rasa

Na koniec tej triady dochodzimy do słowa „rasa" (*race*), które również pojawia się w większości języków romańskich; podaje się, że wywodzi się ono z francuskiego *race* i, wcześniej, z *rasse*, idąc w parze z włoskim *razza* i portugalskim *raća* (*Oxford English Dictionary* 1993). Wcześniej, w XVI wieku, słowo to oznaczało „wychowanie", ludzi z tej samej rodziny czy wywodzących się od tych samych przodków i – jak wiele innych wyrazów, których historię prześledziliśmy – mogło się ono odnosić zarówno do zwierząt, jak i do ludzi. W roku 1600 używane było znaczenie „naród lub plemię ludzi postrzeganych jako wywodzący się z jednego rodu" i istnieją pewne dane wskazujące na to, że słowo to było używane na oznaczenie po prostu mieszkańców kraju, bądź nawet klasy ludzi, jak w określeniu „rasa bohaterów". Dopiero od końca wieku XVIII i początku wieku XIX, pojęcie to zaczęło nabierać znaczenia „jednego z wielkich systemów podziału rodzaju ludzkiego". Od końca wieku XIX i początku wieku XX „rasa" stała się kluczowym terminem dla całej nauki dzielącej rodzaj ludzki na fizycznie definiowane rasy, które w globalnej hierarchii rasowej traktowano również jako uzasadnienie różnic w ludzkich zdolnościach i usposobieniu (Balibar i Wallerstein 1991, Banton 1987, Fenton 1999). Po wyzwaniu, jakie przed tą nauką o rasie postawił początek wieku XX, do lat 50. termin „rasa" był w odwrocie. *Oxford Reference Dictionary* z 1986 roku oznajmia, że postrzeganie „rasy jako sztywnego systemu klasyfikacyjnego lub systemu genetycznego w znacznym stopniu zostało zarzucone".

Etymologiczne i historyczne studium tych trzech terminów: „etniczny", „naród" i „rasa", potwierdza tezę, że wszystkie te trzy pojęcia zajmują w znacznym stopniu wspólny obszar. W ich przeszłych i obecnych znaczeniach zawierają się idee wspólnego pochodzenia, wiara we wspólne pochodzenie, idee klasy, rodzaju oraz ludności związanej z miejscem, krajem, królestwem czy innymi formami państwowości. Blisko wiążą się z tymi pojęciami bądź też zawierają się w nich - szczególnie w pojęciu *ethnos* i „etniczny" - idee właściwości kulturowych, języka, różnicy i obcości. Zupełnie zaskakujący jest zatem fakt, że rasa, naród i grupa etniczna są często rozpatrywane jako zupełnie odrębne tematy: rasa i rasizm, naród i nacjonalizm, grupy etniczne i etniczność. Autorzy jednej z ostatnich publikacji na temat „rasizmu" oświadczają, że ich książka nie „podejmuje kwestii »etniczności«, która poruszona została w innym tomie" (Bulmer i Solomos 2000).

Upadek rasy

Wspomnieliśmy o zaniku pojęcia „rasa"; jest to bez wątpienia prawda w porównaniu z okresem, który można by uznać za szczytowy moment rozwoju rasowej terminologii i rasowego myślenia - ostatnią ćwiercią wieku XIX i pierwszą ćwiercią wieku XX. Ustrój nazistowski w Niemczech, aż do końca II wojny światowej w 1945, traktował naukę o rasie jako drogowskaz dla polityki ludobójczej, chociaż już wówczas trwały akademickie i naukowe ataki na myślenie rasowe. Miało ono cztery główne własności: *po pierwsze*, umożliwiało podzielenie całego rodzaju ludzkiego na stosunkowo małą liczbę ras, wyznaczanych głównie poprzez fizyczne, widoczne różnice; *po drugie*, wyznaczane w ten sposób rasy odznaczały się nie tylko podobnym wyglądem zewnętrznym, ale też usposobieniem, zdolnościami i walorami moralnymi; *po trzecie*, wiara w „dziedzictwo rasowe" sprawiała, że fizyczne i moralne właściwości odbierano jako determinowane przez rasowe pochodzenie; i *po czwarte*, rasy całego świata były porządkowane hierarchicznie poprzez odniesienie do rasy białej, rasy europeidalnej lub ich podgrup (nordyckiej, anglosaskiej), będących rasami wyższymi niż wszystkie inne.

Wszystkie te cztery założenia są obecnie nie tylko odrzucane, ale i postrzegane jako pozbawione jakiejkolwiek wartości społeczno-naukowej. Chociaż pewne cechy fizyczne (jak kolor skóry, oczu i rodzaj włosów) występują w większym natężeniu w poszczególnych społecznościach, zaniechano w dużej mierze prób stworzenia ostatecznych klasyfikacji ras. Stało się tak, ponieważ zdano sobie sprawę, że istnieje znaczące zróżnicowanie wewnątrz grup ludności określanych jako „rasy", a także z powodu zwykłej trudności w wyznaczeniu granic pomiędzy nimi oraz, w równym stopniu, za sprawą ich przemieszczeń i mieszania się ze sobą. Niemniej jednak najsilniej odrzucane jest założenie drugie i trzecie: idea, że odmienność rasowa „zapowiada" właściwości społeczne i moralne. Wszelkie argumenty przytaczane na poparcie tego stanowiska były zawsze spekulacjami, a antropologia i socjologia przyjmują obecnie stanowisko przeciwstawne, mó-wiące, że właściwości społeczne i kulturowe przekazywane są społecznie i kulturowo. Wszystkie trzy pierwsze założenia, wzięte razem, stanowiły komponenty tezy czwartej – podobnie zdyskredytowanej linii dowodzenia białego rasisty. (Czytelnicy, chcący prześledzić niektóre z przedstawionych zagadnień, powinni sięgnąć do: Malik 1996, Barzun 1965, Banton 1977, Jacobson 2001). Ważne jest również, by mieć świadomość, że ten podstawowy zestaw twierdzeń o rasach i główna idea, że różnica rasowa była tak bardzo istotna, implikowały jeszcze inne, dodatkowe tezy. Na przykład wiara „białej" ludności zachodniej w przewagę rasy europeidalnej usprawiedliwiała dwie inne tezy: że ludzie biali byli w pewien sposób historycznie przeznaczeni do panowania nad niższymi rasami, a nawet wypierania i eliminowania ich, oraz iż mieszanie ras jest rzeczą niebezpieczną.

Uwaga: kultura i etniczność to nie to samo

Mówiliśmy o „pochodzeniu i kulturze" jako wspólnych punktach odniesienia opisywanych pojęć, ale nie mają one takiej samej wagi. Pochodzenie, wiara we wspólne pochodzenie i waga przypisywana wspólnemu pochodzeniu są niewątpliwie komponentami rasy, narodu i etniczności. Kultura jest bardziej problematyczna. Narody i grupy etniczne nie są, na przykład, „grupami kulturowymi", dlatego że granice pewnych kultur pokrywają się z granicami narodów lub grup etnicznych. Kultury są zarówno szersze i węższe niż, załóżmy, narody. Jest to widoczne w przypadku kultury i religii. Możemy dokonać analitycznego rozróżnienia pomiędzy kulturami i religiami, pierwsze łącząc ze zwyczajem i praktyką, często w odniesieniu do określonej grupy, drugie zaś łącząc ze wspólnotami wiary. W praktyce kultura i religia są bardzo mocno ze sobą związane i stanowią wyznaczniki granic między poszczególnymi grupami. A zatem, kultury religijne, jak islam i chrześcijaństwo, są częścią definicji kulturowych pewnych państw narodowych, ale ich istnienie ma również wymiar globalny, jako chrześcijan czy muzułmanów *ponad* wszelkimi konkretnymi państwami narodowymi. Ale kultury mogą też być *węższe* niż narody, w tym sensie, że żadne społeczeństwa, czy raczej państwa narodowe, nie mają jednej kultury. Są one podzielone na klasy i kultury regionalne oraz zróżnicowane pod względem językowym i religijnym. Możliwe jest również mówienie o kulturze bez wiązania jej z grupami określanymi przez pochodzenie, jak w kulturze cywilizacyjnej, kulturze młodzieżowej czy kulturze klasowej. Kwestię połączenia „etniczności i kultury" dobrze przedstawił Danielle Conversi:

> „W literaturze na temat nacjonalizmu, pojęcia etniczności i kultury są często mieszane [...] Poprzez etniczność odnosimy się do wierzeń w domniemane pochodzenie. Etniczność jest zatem podobna do rasy. Kultura natomiast jest otwartym projektem [...] [ale] ponieważ kultura siłą rzeczy opiera się na tradycji i ciągłości, jest często mylona z etnicznością" (Conversi 2000: 134–135).

Nacisk kładziony na pochodzenie wyraźnie potwierdza powyższe omówienie etymologiczne: kwestia *pochodzenia i wspólnego początku jest dużo bardziej zasadnicza niż kultura*. Jednakże, skoro stwierdzenie Conversiego jest, formalnie rzecz biorąc, poprawne, potrzebny jest jakiś kompromis. Łączenie „etniczności" z „kulturą" stało się bardzo rozpowszechnione i wspólnota kulturowa jest powszechnie rozumiana jako kluczowy element „wspólnotowości" opartej na jednakowym pochodzeniu. W praktyce, ludy, narody czy grupy etniczne mówią: „Jesteśmy ludem, pochodzimy z tego samego rodu, mieszkamy/mieszkaliśmy w tym samym miejscu i te zwyczaje i wierzenia są nasze".

W tej książce będziemy zajmować się głównie etnicznością, ale mając świadomość, że temat ten nie może zostać oddzielony od dwóch innych, rasy i narodu. A zatem, koncentrując się głównie na etniczności, będziemy w dalszym ciągu odwoływać się do „rasy, rasizmu, narodów, nacjonalizmu". Będziemy też zajmować się tymi trzema obrazami „pochodzenia i kultury" w *nowoczesne* świecie; pod kilkoma względami są to problemy bardzo nowoczesne. Tożsamość grup etnicznych lub etniczność nabrała nowych i ważnych znaczeń w nowoczesnych państwach narodowych; „rasa" przez niemal cały wiek XIX i dużą część wieku XX była pojęciem popularnym w polityce i nauce i chociaż jej klasyfikacyjna i biologiczna idea straciła swą siłę, rasizm (jako przypisywanie ludziom wrodzonych i nierównych właściwości) ciągle pozostaje wpływowy. Narody i nacjonalizm są wytworem nowoczesności; dominująca w XIX i XX wieku polityczna forma „państwa narodowego" jest kluczem do ich zrozumienia. Anthony Smith, na przykład w *The Ethnic Origin of Nations* (1986), szeroko argumentował za przednowoczesnymi początkami grup etnicznych czy narodów, ale również w wyraźny sposób łączył „naród" i „etniczność"; waga drugiego – jak wskazywał – wynika z wagi pierwszego:

> „Nacjonalizm rozszerza zasięg wspólnoty etnicznej ze sfer wyłącznie kulturowych i społecznych na sfery ekonomiczne i polityczne, z sektorów przeważnie prywatnych na publiczne. Aby poczynić rzeczywiste postępy w *nowoczesnym* świecie, ruchy etniczne muszą przedstawić swoje żądania za pośrednictwem terminów politycznych, ekonomicznych, jak również kulturowych i muszą rozwinąć programy ekonomiczne i polityczne [...] Nawet dominujące grupy etniczne muszą skierować ukryte, prywatne poczucie etniczności na arenę publiczną, by zabezpieczyć lojalność narodową jej członków przed roszczeniami innych grup [...] Nacjonalizm wyposażył etniczność w całkowicie nową samoświadomość i legitymizację, a także w ducha walki i orientację polityczną" (Smith 1981: 19-20).

Nie oznacza to, że chcemy powiedzieć, iż „wspólnoty pochodzeniowe i kulturowe" są nowe czy głównie nowoczesne, jak pokazał to świetnie Smith (1986), ale że przedstawienie wspólnot pochodzeniowych i kulturowych w tym nowoczesnym i politycznym języku narodu, rasy i etniczności jest czymś nowym. W podsumowaniu poniżej wyjaśniamy ścisłą naturę wspólnego dla tych trzech pojęć obszaru.

Określenie jądra znaczeń i znaczeniowych rozbieżności

Rasa odnosi się do wspólnot pochodzeniowych i kulturowych, a jej znaczenie uzupełniają dwa istotne elementy:

- „lokalne" grupy są przykładami abstrakcyjnej idei podziałów rodzaju ludzkiego,
- rasa w wyraźny sposób odnosi się do fizycznych czy „widocznych" różnic jako głównego wyznacznika odmienności i nierówności.

Naród odwołuje się do wspólnot pochodzeniowych i kulturowych, a jego znaczenie uzupełnia jeden istotny element:

Narody są, czy też powinny być, złączone z państwem lub podobną do państwa formą polityczną.

Grupa etniczna odnosi się do wspólnot pochodzeniowych i kulturowych, a jej znaczenie uzupełniają trzy istotne elementy:

- grupa ta jest rodzajem podzbioru w ramach państwa narodowego,
- wyznacznikiem jej odmienności jest zwykle raczej kultura niż wygląd fizyczny,
- grupa ta jest często odbierana jako „inna" (obca, egzotyczna, mniejszościowa) w zestawieniu z większością, rozumianą jako „nie-etniczna".

Podsumowanie

W rozdziale tym prześledziliśmy znaczenie rasy, (grupy) etnicznej i narodu, głównie odwołując się do ich etymologii, wykazu użyć i znaczeń odnotowanych w słownikach. Stwierdziliśmy, że idea grupy o wspólnym rodowodzie, ludzi powiązanych wspólnym – jakkolwiek swobodnie odczuwanym – pochodzeniem, jest znaczeniowym jądrem wszystkich tych trzech terminów. Terminy te mają też konotacje, które są właściwe tylko im, a zatem w ich jądrze jest zawarte wspólne znaczenie, ale pewne elementy znaczeniowe są w nich różne. Na przykład, tylko słowo „rasa" ma silny związek z różnicą biologiczną, połączoną z uniwersalnymi systemami klasyfikacji. Znaczenia tych słów podlegały zmianom i ostatnio też nabywają one pewnych nowych sensów. W następnym rozdziale zajmiemy się pokrewnym tematem – tym, że rzeczywista wymowa określonych słów jest różna w różnych społeczeństwach. Poprzez wymowę rozumiemy tu siłę niesionego przez pojęcie znaczenia, akcentu i doniosłości, zawartych w pojęciu. W różnych kulturach i kontekstach znaczenie słów odpowiednio różni się; zbadamy ów fenomen, przyglądając się dyskursom rasy i etniczności w USA, Wielkiej Brytanii i Malezji.

Rozdział 2

DYSKURSY ETNICZNOŚCI W TRZECH KONFIGURACJACH: STANY ZJEDNOCZONE, WIELKA BRYTANIA, MALEZJA

Ostatnia część tej wstępnej próby zrozumienia pojęcia etniczności służy ukazaniu, że jest to, tak samo jak „grupy etniczne", termin angielski. To, jak mówi się o etniczności, w dużej mierze zależy od kontekstu; mamy więc dyskurs etniczności w Stanach Zjednoczonych, Wielkiej Brytanii, Malezji i w wielu innych regionach i krajach. Omówienie tych trzech wymienionych przypadków da obraz uzależnionych od kontekstu różnic w dyskursie etniczności. Odwołujemy się tutaj do „dyskursu etniczności", jednak w rzeczywistości jest ich kilka. Istnieją przede wszystkim trzy środowiska, które posługują się terminologią etniczności (oraz rasy i narodu). Są to dyskursy: naukowy; polityczny, obywatelski i publiczny; oraz potoczny, „codzienny". Dużo miejsca poświęcimy dyskursowi naukowemu, omawiając prace różnych przedstawicieli nauk społecznych. Terminologia ta w równej mierze używana jest w administracji publicznej, jak chociażby w przypadku Biura Ewidencji Ludności (*Census*), którego projektodawcy często konsultują się w ważnych kwestiach z naukowcami (zob. Lott 1998; Hirschman, Alba i Farley 2000). Odwołanie się do dyskursu potocznego ma często charakter spekulatywny. Chociaż można przypuszczać, że dyskurs naukowy i publiczny wpływa na dyskurs potoczny, odwrotna sytuacja także ma miejsce. W każdym razie, dyskurs potoczny jest jeszcze w małym stopniu zbadany (zob. Cashmore 1987; Wetherell i Potter 1992; Billig 1995; Rodriguez i Cordero-Guzman 1992; Hirschman, Alba i Farley 2000; Waters 1990, 1999).

Stany Zjednoczone

Amerykański sposób postrzegania ras – potoczny, polityczny i akademicki – ukształtowany został przez niewolnictwo. Jordan prześledził, jak odmienne było podejście do afrykańskich („czarnych") służących w drugiej połowie XVII wieku od tego, jak traktowano służących białych, kontraktowych (Jordan 1986). Afrykanie byli nie służącymi, ale niewolnikami *durante vitae* (do końca życia), a ich potomstwo też było niewolnikami. Zgodnie z Deklaracją Niepodległości, niewolnikom przyznawano status niższy niż wolnemu człowiekowi; dla celów podatkowych i obliczeń ludnościowych, niewolnicy byli szacowani jako 60% osoby. Nie byli oni uważani za obywateli ani za ludzi zdolnych do stania się nimi; zrównanie „murzyńskiego", afrykańskiego pochodzenia z ich statusem społecznym stało się niemal całkowite. Szczególnie w ostatnich trzech dziesięcioleciach niewolnictwa było ono przedmiotem zawziętej dyskusji; jednym znamiennym argumentem w obronie niewolnictwa było to, że „Murzyni" byli rasą odrębną, niższą w hierarchii ras i cywilizacji, oraz że niewolnictwo gwarantowało właściwe relacje między „białymi" i „Murzynami" (Fredrickson 1972, 1988).

Jak zauważył jeden z najwybitniejszych społecznych historyków „białości", trwanie idei i praktyki „białości" można prześledzić aż do pierwszych dni Stanów Zjednoczonych, jak również w odniesieniu do wcześniejszych, kolonialnych form niewolnictwa:

> „W 1790 roku Kongres zarządził, że »wszystkie wolne białe osoby, które już przybyły lub dopiero przybędą do Stanów Zjednoczonych i przedstawią przed sądem, pod przysięgą, zadowalające dowody, że zamierzają tu zamieszkać, i złożą przysięgę lojalności, i będą mieszkać w Stanach Zjednoczonych przez cały rok,

otrzymają prawa obywatelskie«. Związek »białości« z obywatelstwem był tak naturalny, że w późniejszej debacie rasowy wymiar przywołanego aktu nie został zakwestionowany [...] pierwsi ojcowie narodu [...] nie zawahali się w kwestii ograniczenia obywatelstwa tylko do »białej ludności«" (Jacobson 2001: 22).

Zniesienie niewolnictwa i próby ufundowania nierasowego obywatelstwa upadły, gdy solidarność białych, interesy klasowe (Camejo 1976) i manipulacje polityczne (Vann Woodward 1964) połączyły się, tworząc segregacyjne społeczeństwo, w którym określany przez rasę status i dominująca pozycja białych stały się trwałą cechą struktury społecznej USA. Biali Amerykanie, głównie biali mieszkańcy południa, których instytucja niewolnictwa zabezpieczała przed bezpośrednią rywalizacją z czarnoskórymi Amerykanami o pracę, połączyli się politycznie, by uchronić się przed rywalizacją z czarnoskórymi mężczyznami i kobietami, chociaż ci byli już formalnie wolni. Idea i pojęcie rasy stały się dyskursem, poprzez który odbierano relacje pomiędzy „białymi i czarnymi". Dwie główne grupy postrzegane były dokładnie w ten sposób: jako biali i czarni, jako dwie fundamentalnie różne rasy, wyższa i niższa.

W Ameryce kolonialnej pojmani i zniewoleni Afrykanie byli rozwiązaniem pilnej potrzeby dostarczenia na plantacje siły roboczej. Z punktu widzenia kluczowych dla sukcesu kolonii kwesti ziemi i pracy, afrykańscy niewolnicy byli własnością i podlegającą kontroli siłą roboczą. Ziemię zaś zamieszkiwały rdzenne plemiona amerykańskich Indian, zagrażając w ten sposób amerykańskiemu prawu własności ziemi i dalszej ekspansji. Utworzenie – w pierwszych latach istnienia niepodległych Stanów Zjednoczonych – milicji z „wolnych i sprawnych fizycznie białych" było reakcją na potencjalne zagrożenie ze strony „murzyńskich" niewolników i rdzennej ludności. Jak mówi Jacobson, „Sam pomysł «zapewnienia zbiorowego bezpieczeństwa» był bezsprzecznie rasowy, jeśli wziąć pod uwagę posiadanie niewolników z jednej strony i pionierskie osadnictwo z drugiej" (Jacobson 2001: 25).

A zatem, idee wolności i godności ludzkiej od początku odnosiły się do białych; koncepcje oświeceniowe dokonały jednocześnie podziału na rasy „oświecone" i ludy niższe. Amerykańskie poczucie obywatelstwa i obywatelska aktywność zostały ufundowane na idei białego i czarnego, białego i czerwonego, czy oświeconego i dzikiego (zob. Jacobson 2001; Fenton 1999, rozdz. 2).

Imigracja do Stanów Zjednoczonych

W okresie kolonialnej Ameryki i początków Stanów Zjednoczonych, a więc w wieku XVII, XVIII i na początku wieku XIX, biała ludność pochodziła głównie z Wielkiej Brytanii i Irlandii. Później źródła nowych migracji stały się bardziej zróżnicowane. Od roku 1820 do 1920 do Stanów Zjednoczonych przybyło jakieś 35 milionów ludzi, niemal z każdego zakątka Europy. Jak napisał Oscar Handlin, upadek gospodarstw rolniczych przywiódł do USA miliony europejskich wieśniaków:

> „Z serca kontynentu (którym obecnie są Niemcy), przybyło 6 milionów ludzi, [...] z północy przybyły 2 miliony Skandynawów, [...] z południa prawie 5 milionów Włochów, [...] ze wschodu przybyło dalsze 8 milionów – Polaków i Żydów, Węgrów, Cyganów, Słowaków, Ukraińców, Rusinów [...] i, przed końcem stulecia, dodatkowe 3 miliony z Bałkanów i Azji Mniejszej już były w drodze" (Handlin 1973: 36).

Wielu z tych imigrantów było postrzeganych jako niepożądani, ze względu na ich niską pozycję ekonomiczną i koncentrację w najbiedniejszych dzielnicach rozrastających się w Stanach Zjednoczonych miast przemysłowych. Stanowili oni siłę roboczą rozwijającego się kapitalizmu przemysłowego. Byli też niejednokrotnie – jak wyczerpująco ukazał Matthew Frye Jacobson (2001) – postrzegani w kategoriach dyskursu różnicy rasowej. Pomimo że pierwsi osadnicy byli Irlandczykami i Szkotami, a więc według definicji rasowych – „Celtami", obywatele niedawno powstałych Stanów Zjednoczonych postrzegali siebie samych jako Anglosasów i, przeważnie, protestantów. Najważniejsze spostrzeżenie Jacobsona dotyczy faktu, że przybywający w ciągu wieku XIX imigranci, którzy nie byli anglosaskimi protestantami, byli odbierani jako stanowiący odzwierciedlenie podziałów rasowych wewnątrz Europy: Celtów, Germanów, Nordyków, Żydów i Słowian. Byli oni postrzegani zarówno jako gorsi od Anglosasów, jak i jako stanowiący zagrożenie dla anglosaskiej cywilizacji. Jednakże koncepcja podziałów rasowych wśród Europejczyków stopniowo przecierała szlak paneuropejskiej tożsamości rasowej – tożsamości ludności białej i idei rasy europeidalnej. Zanim ta na pozór zgrabna koncepcja rasowa została zatwierdzona, trzeba było poczynić jeszcze pewne ambiwalentne, niejednoznaczne rozróżnienia.

Włoscy imigranci, którzy przybyli pod koniec wieku XIX na południe Stanów Zjednoczonych, ogarniętych już działaniami Jima Crowa (nazwa nadana segregacji czarnych i białych), nie byli może odbierani po prostu jako „czarni", ale też z całą pewnością nie jako jednoznacznie „biali":

> „W pewnych regionach, w których obowiązywały prawa segregacji rasowej, południowi Włosi zajmowali pośrednią pozycję rasową wewnątrz sztywnego, binarnego systemu kastowego, który obejmował »czarnych« i – dominujących nad nimi – »białych«. Z punktu widzenia dyskursu politycznego, Włosi byli wystarczająco biali, by mogli zostać naturalizowani i by mogły im zostać przyznane prawa wyborcze, ale społecznie reprezentowali oni, w najlepszym razie, populację problematyczną" (Jacobson 2001: 57).

Włoscy imigranci mieszkający w Nowym Orleanie postrzegani byli jako mający pośledni status rasowy ze względu na ich bliski związek z czarnymi, co burzyło południowy kod rasowej odrębności. Byli oni postrzegani jako ciemnoskórzy, czyli właściwie „Murzyni". Zgodnie z Jacobsonem,

> „Nie była to tylko kwestia tego, że Włosi nie wyglądali według pewnych arbitrów społecznych na białych, ale że nie postępowali oni jak biali. W Nowym Orleanie, w okresie po wojnie domowej, włoscy imigranci byli napiętnowani, ponieważ zaakceptowali oni fakt przypisania ich do ekonomicznych nisz (na przykład pracy na roli i drobnej dzierżawy), które w lokal-

nej opinii stanowiły domenę »czarnych«, a także ponieważ swobodnie żyli i pracowali razem z »czarnymi«" (57).

Przez długi okres masowej imigracji do Stanów Zjednoczonych Włosi byli jedną z kilku grup, które w klasyfikacji rasowej postrzegane były jako będące w pewien sposób „pomiędzy" (pełniejsze opisy w: Jacobson 2001; Barret i Roediger 1997). W wieku XX na przykład pojawił się problem klasyfikacji ludności subkontynentu indyjskiego, gdyż ci, którzy pochodzili z północnych obszarów Indii, byli często jasnoskórzy. Antropolodzy również uznawali ich za przedstawicieli rasy europeidalnej. Jak odnotowuje David Hollinger,

„»Białość« w rozumieniu amerykańskim nie była po prostu adaptacją typu europeidalnego wedle klasycznej teorii rasy. Imigranci z Indii z całą pewnością byli przedstawicielami rasy europeidalnej, zgodnie z ustaleniami antropologów fizycznych, dokonanymi na początku XX wieku, niemniej jednak Sąd Najwyższy Stanów Zjednoczonych zadecydował w 1923 roku, że pochodzący z południowej Azji imigranci oraz ich potomkowie nie są biali na tyle, by mogli zostać naturalizowani jako biali" (Hollinger 1995: 30).

Kiedy w 1975 roku Federalny Międzyagencyjny Komitet do Spraw Edukacji otrzymał zadanie przyjęcia standardów klasyfikacji rasowych, priorytetem stało się raczej włączanie niż wykluczanie. Zakładano, że spisywanie i liczenie ludności według kryteriów rasowych pomoże stworzyć jakieś programy wspierające dyskryminowane grupy. Juanita Lott podaje, że Hindusi początkowo byli zaklasyfikowani jako przedstawiciele rasy europeidalnej i, w efekcie, jako biali, by następnie zostać przeklasyfikowanymi na „Azjatów" – częściowo pod wpływem nacisku ze strony Stowarzyszenia Hindusów w Ameryce (Lott 1998: 40). Kategoria Azjatów, obejmująca także Chińczyków, Japończyków i Koreańczyków, zaczęła komplikować rasową klasyfikację w Stanach Zjednoczonych. Po tym, jak w 1965 roku prawo przesiedleńcze zostało zliberalizowane, przyrost tych populacji za sprawą imigracji i przyrostu naturalnego stał się znaczący.

Jeszcze tylko jedna duża grupa w sposób porównywalny destabilizowała amerykańską koncepcję rasy i etniczności – była to ludność oficjalnie określana jako Latynoamerykanie.

Przemiany końca XX wieku

Do końca wieku XX i początku wieku XXI te przemieszczenia ludności były dość radykalne. Wraz z przybywaniem lub przyrostem nowych grup, szczególnie ze wschodniej Azji, Ameryki Łacińskiej i Karaibów, nie tylko zmieniły się czynniki demograficzne, ale w znaczący sposób podważone zostały wcześniejsze klasyfikacje. Jest to zauważalne szczególnie w dyskursie akademickim i oficjalnym dyskursie amerykańskiego Biura Ewidencji Ludności, gdzie ustalone kategorie okazują się trudne do utrzymania (Rodriguez 2000). Najważniejsze zmiany to proporcjonalny przyrost ludności określanej jako Latynoamerykanie, powiększenie się populacji azjatyckiej, pojawienie się społecznego ruchu białych grup etnicznych, wzrost świadomości istnienia kategorii wieloetnicznych i wielorasowych oraz wagi kryteriów etnicznych w rozdzielaniu rządowych finansów i środków (Lott 1998). Zmiany te doprowadziły nie tylko do zmodyfikowania kategorii rasowych, ale zaczęły obnażać problematyczność samej kategorii „rasy".

Amerykańska koncepcja rasy miała kilka zasadniczych cech. Jedną z nich było to, że rasy postrzegano jako w sposób naturalny ukazujące *fundamentalne* podziały rodzaju ludzkiego, a zatem również społeczeństwa amerykańskiego. Podziały te były rozumiane jako stałe i w pewnym sensie „niezmienne". Mówiąc w skrócie, rasy postrzegane były jako rzeczywiste podziały ludności. W następstwie tego stosunki między rasami odbierano jako szczególny typ relacji – relacji rasowych, zwykle postrzeganych jako, w pewnym sensie, problematyczne. W amerykańskim dyskursie etniczności rozpoczęło się przesuwanie akcentów.

Etniczność i zmieniające się koncepcje rasy

Do dyskusji o wspólnotach i różnicy publikacje z lat 70. zaczęły wprowadzać nowy dyskurs: dyskurs „etniczności". Był to dyskurs, w którym rzeczywiście główną ideą była „różnica", nie zaś hierarchizacja dwóch ras, będących w relacji konfliktu i nieufności. Dziełem, które upowszechniło termin „etniczność" (chociaż nie w nim po raz pierwszy się on pojawił), była książka *Ethnicity: Theory and Experience*, zbiór esejów redagowanych przez Glazera i Moynihana (1975). Książka prezentowała perspektywę komparatystyczną i globalną, przywołując przykłady z Azji, Związku Radzieckiego, Indii, Chin i Ameryki Południowej. Afroamerykanie byli w niej omawiani jako przykład „neoetniczności", dostrzeganego w Stanach Zjednoczonych zjawiska ożywienia tożsamości etnicznych zarówno w społecznościach białych, jak i nie-białych. W innych kontekstach, w odniesieniu do „białych" i „czarnych", stosowana była powszechnie terminologia *ras*. Pojęcie „*grup etnicznych*" często odnosiło się do zróżnicowania pomiędzy białymi, głównie według krajów ich pochodzenia w (białej) Europie. Poza przypadkiem często cytowanej książki Glazera i Moynihana, rzadko spotyka się omówienie przypadku Afroamerykanów w kategoriach etniczności czy świadomości etnicznej.

Do poważnego zakwestionowania amerykańskich kategorii rasowych i etnicznych przyczynił się wzrost znaczenia ludności latynoamerykańskiej. Niejasności wynikające z „rasowej" klasyfikacji ludności pochodzenia latynoamerykańskiego zostały odnotowane przez wielu (zob. Hollinger 1995), ale Rodriguez i Cordero-Guzman (1992) zadali sobie w swym studium szczególnie wiele trudu, by wyciągnąć stąd wnioski dotyczące całej idei rasy w Ameryce.

Uznają oni, że koncepcja „ras", pojmowanych tak, jak w wieku XIX i przynajmniej w pierwszej połowie wieku XX, jest zdyskredytowana. Często uznaje się, że słowo „rasa" przetrwało jako termin naukowy tylko dlatego, że idea „różnicy rasowej" jest ciągle obecna w potocznym i politycznym dyskursie. Ale rasy są tym, co w lokalnym dyskursie jest jako rasy kulturowo konstruowane. Jednym z takich przypadków jest amerykański paradygmat „rasy jako uwarunkowanej biologicznie i genetycznie" i jako właściwości niezmiennej. Biała rasa, powiadają autorzy, „była określana przez brak jakiejkolwiek nie-białej krwi, zaś rasa czarna – przez jakąkolwiek domieszkę czarnej krwi"; ta asymetryczna definicja ukazuje nierówności sił w Stanach Zjednoczonych względem definiowania „rasy". Autorzy zarysowują dużo bardziej ogólny, ważny wniosek:

„Potoczna definicja »rasy« różni się w zależności od kultury, [wskazując na] wagę historycznych wydarzeń, rozwoju czy kontekstu w określaniu »rasy«. Fakt, że w różnych krajach (a czasami w obrębie tego samego kraju) występują różne systemy rasowej klasyfikacji, sprzeciwia się powszechnemu obrazowi rasy prezen- towanemu przez większość białych Amerykanów w Stanach Zjednoczonych" (Rodriguez i Cordero-Guzman 1992: 524).

Przywoływane przez nich dane zaczerpnięte są z prowadzonych metodą wywiadu badań nad identyfikacjami rasowymi i kulturowymi wśród Portorykańczyków. Ich studium wyklucza jakąkolwiek myśl, że Latynosi nie rozumieli problemu lub że po prostu poszukiwali pośredniej (pomiędzy białą i czarną) kategorii własnego opisu. Badacze ukazują, że *rozumieli* oni rasę głównie jako kategorię kulturową, mającą wiele wspólnego z ich portorykańską czy latynoską tożsamością. Jak mówią autorzy, „podkreślają oni większą wagę identyfikacji etnicznej czy kulturowej. Kultura jest rasą...". Taka definicja rasy jako „kategorii kulturowej" jest rzadka w Stanach Zjednoczonych. Autorzy twierdzą, że wynika to z zupełnie innego (od występującego w USA) południowoamerykańskiego rozumienia różnicy.

Zupełnie nie pasuje to do zaleceń amerykańskiego Biura Ewidencji Ludności co do wypełniania kwestionariusza:

„Jak powinni ludzie pochodzenia latynoamerykańskiego czy Latynosi odpowiedzieć na pytanie o rasę?
Ludzie pochodzenia latynoamerykańskiego mogą należeć do jakiejkolwiek rasy i powinni odpowiedzieć na pytanie o rasę, zaznaczając jedną lub więcej kategorii rasowych wskazanych w kwestionariuszu: biały Amerykanin, czarny Amerykanin lub Afroamerykanin, Indianin lub rdzenny mieszkaniec Alaski, Azjata, rdzenny mieszkaniec Hawajów lub inny wyspiarz Pacyfiku i inna rasa. Latynosi proszeni są o zaznaczenie swego po-

chodzenia w pytaniu o latynoamerykańskie pochodzenie, nie w pytaniu o rasę, ponieważ w federalnym systemie statystycznym etniczne pochodzenie uważane jest za pojęcie odrębne od rasy" (Biuro Ewidencji Ludności, 2000).

W studium Rodrigueza i Cordero-Guzmana ponad połowa spośród ich respondentów wybrała kategorię rasy „inna", to jest inna niż zaproponowane. Można to zestawić z zaledwie 4 procentami ludności Stanów Zjednoczonych, które w roku 1990 wybrały kategorię „inna rasa". Na tej podstawie Rodriguez i Cordero-Guzman dochodzą do wniosku, że amerykańska koncepcja „rasy" i „ras" jest charakterystyczna dla amerykańskiej historii i polityki i różni się od koncepcji południowoamerykańskiej czy latynoamerykańskiej, czego dowodzi „odmowa" ze strony amerykańskich Latynosów dopasowania się, czy zgrabnego wpisania się w zaoferowane kategorie rasowe. W amerykańskim spisie ludności z 2000 roku 15,4 milionów ludności (tj. 5,5 procenta całej populacji) określiło siebie jako „inną rasę", inną niż pięć podstawowych kategorii. Spośród ludności nielatynoamerykańskiej, czy nielatynoskiej, tylko 467 tysięcy wybrało „inną rasę" – czyli zaledwie 0,2 procenta całej populacji. Kategoria „innej rasy" wyraźnie odpowiada wielu Latynosom. Wzrost liczby Latynosów w Ameryce spowodował, że powstała koncepcja rasy kontrastująca z ustalonym systemem amerykańskiej klasyfikacji i do niego nieprzystająca.

Od czasu badań Rodrigueza i Cordero-Guzmana, samo amerykańskie Biuro Ewidencji Ludności przeprowadziło badania dotyczące tego, jakich odpowiedzi udzielają respondenci na pytania o ich pochodzenie, kiedy pyta się ich o to w subtelnie różniący się – na przykład kolejnością pytań – sposób. Test ten, określany jako Racial and Ethnic Targeted Test 1996 (RAETT), był szczegółowo dyskutowany i analizowany w piśmie *Demography* (Hirschman, Alba i Farley 2000). Jeden z głównych wniosków zasługuje na dokładne powtórzenie:

> „Mimo tej rzekomej stabilności [w spisie ras, dokonywanym przez amerykańskie Biuro Ewidencji Ludności], konceptualizacja i znaczenie rasy przeszło morze zmian; powstało także nowe

pojęcie, pojęcie etniczności [...] etniczność jest obecnie wykorzystywana jako termin zbiorczy dla wszystkich grup uważanych za mające wspólne pochodzenie [...] W decyzji z 1987 roku, nadającej Irakijczykowi prawo do wytoczenia procesu w myśl Ustawy o Prawach Obywatelskich z 1964 roku, Sąd Najwyższy orzekł, że grupy etniczne mogą być uważane za rasy ze względu na historyczne użycie tych terminów (St. Francis College przeciwko Al-Khazraji, rok 1987). Termin »etniczność« mógłby ostatecznie zastąpić słowo »rasa«, lecz pozostaje ona terminem oficjalnie używanym w spisach ludności, jak również w dyskursie potocznym" (381).

Przyglądając się uważnie historii używanych przez Biuro Ewidencji Ludności kategorii, badacze ci stwierdzają, jak czynili już inni, że coraz szerszą aprobatę zdobywa obraz rasy nie jako *naturalnego*, ale społecznie konstruowanego zestawu kategorii. Doniosłość przypadku Latynosa jako kategorii „kulturowej" (a zatem też etnicznej?) zakłóciła dawny porządek rasowy, jak uczyniło to również uznanie „małżeństwa międzyrasowego".

„Pochodzenie latynoamerykańskie określane jest jako kategoria etniczna, niezależna od rasowej klasyfikacji jednostki. Jednak działania administracyjne i potoczne rozumienie ugruntowały pozycję społeczną Latynosów jako nieomal równoważną którejś z głównych kategorii rasowych" (Hirschman i inni 2000: 382).

Chociaż rezultaty tego badania, przytaczane przez Hirschmana i innych, są dość złożone, rysują się dwa wyraźne wnioski: pierwszy, że dopuszczenie kategorii wielorasowych nie zmienia zasadniczo proporcji ludności należącej do głównych – według definicji amerykańskiego Biura Ewidencji Ludności – ras; drugi, że jeżeli wśród zamieszczonych w kwestionariuszu kategorii rasy uwzględniona jest opcja „Latynoamerykanin", wówczas oddźwięk na to pytanie jest ze strony Latynosów większy. Tam, gdzie uwzględniona jest połączona kategoria rasa/etniczność i gdzie respondenci mogą wybrać opcję „Latynoamerykanin" jako ich jedyną tożsamość, 56 procent badanych Latynosów wybrało właśnie ją. Dla porównania, kiedy próbie badanych Latynosów zadano najpierw pytanie o rasę (nie uwzględniając kategorii „Latynoamerykanin"), 25% odznaczyło „inną rasę", inną niż te proponowane.

Autorzy wyraziście przedstawiają swoje końcowe wnioski. Kategoria „rasy", powiadają, ma małą lub też nie ma żadnej obiektywnej podstawy, ale jest używana pomimo tego, że staje się coraz bardziej anachroniczna. Niemniej jednak amerykański dyskurs potoczny odszedł od rozumienia rasy jako ustalonej kategorii biologicznej stanowiącej użyteczną kategorię opisu społecznego i zastąpił ją ideą społecznego pochodzenia:

> „Wliczenie »Latynoamerykanina« do łącznej kategorii (rasa/etniczność) przynosi korzyść w postaci zmiany pytania w spisie ludności z pojęcia »rasy«, które jest prawie niemożliwe do zdefiniowania, na pojęcie »pochodzenia«. »Pochodzenie« wydaje się być bliższe powszechnemu rozumieniu przyczyn zróżnicowania w społeczeństwie amerykańskim..." (Hirschman i inni 2000: 391).

Inną pracą, omawiającą niektóre z paradoksów amerykańskiego systemu rasowego jest książka Davida Hollingera *Postethnic America* (1995), o podtytule: *Beyond Multiculturalism*. Autor nie twierdzi, że amerykański system rasowy rozpada się, uważa jednak, że intelektualne i polityczne prądy wykazują przeciwne tendencje. Dyskurs *intelektualny* zmierza w kierunku przyznania, że termin „rasa" jest anachroniczny; dyskurs *praktyczny* (administracyjny) i polityczny zmierza do wzmocnienia „rozpoznania" ras w amerykańskim życiu. W praktyce administracyjnej, pięć kategorii rasowych – biały Amerykanin, czarny Amerykanin lub Afroamerykanin, Azjata, Indianin i rdzenny mieszkaniec Alaski, rdzenny mieszkaniec Hawajów i inny wyspiarz Pacyfiku oraz kategoria „innej rasy" – jest coraz częściej wykorzystywanych nie tylko przez Biuro Ewidencji Ludności, ale jako narzędzia polityki publicznej. Hollinger opisuje kategorie obowiązujące w codziennym życiu, które wykazują niewielkie odstępstwa od tych wyżej wymienionych:

„W formularzach podaniowych i w kwestionariuszach jednostki są zwykle proszone o deklarację przynależności do jednej z wymienionych kategorii: Amerykanin pochodzenia europejskiego (lub czasami biały), Amerykanin pochodzenia azjatyckiego, Afroamerykanin, Latynoamerykanin (lub czasami Latynos) i ludy rdzenne (rodowici Amerykanie)" (Hollinger 1995: 23).

Autor nazywa to „etniczno-rasowym" pięciokątem lub pięcioma wielkimi „blokami etniczno-rasowymi", bardzo przypominającymi ogólnoświatowe kategorie rasizmu naukowego z XIX i początku XX wieku: kaukazoid[1], mongoloid, negroid, Indianin i, jako oddzielna kategoria, Latynos. Ta niezmienność wielkich ras w amerykańskiej wyobraźni odtwarzana jest przez Biuro Ewidencji Ludności. Hollinger w większym stopniu niż Hirschman i inni współautorzy książki, których omówiliśmy powyżej, uważa, że ten obraz panuje w myśleniu potocznym, pomimo że koncepcja rasy została uznana za naukowo i historycznie błędną:

„Chociaż pogląd, że etniczno-rasowe rozróżnienia są »konstruowane społecznie«, szybko zyskuje popularność, musi on stale zmagać się z powszechnym, głęboko zakorzenionym założeniem, że grupy etniczno-rasowe są grupami pierwotnymi" (Hollinger 1995: 26).

Pogląd, że „rasy" są konstruowane społecznie, tak sprzeczny z typowym amerykańskim poglądem, potwierdza omówienie praktyk spisu ludności przez Sharon Lee. Dokonawszy przeglądu sposobów klasyfikacji ludności w ciągu stu lat (1890–1990), podkreśla ona cztery kluczowe wątki (Lee 1993: 75):

---

[1] Pojęcie synonimiczne do „przedstawiciela rasy europeidalnej". Ponieważ „kaukazoid" nie funkcjonuje poza antropologią anglosaską, przywoływany jest on w takim brzmieniu tylko w odniesieniu do początków antropologicznych podziałów ras, dla oddania semantycznej zbieżności między tworzonymi kategoriami rasowymi. We wszystkich innych przypadkach ang. *Caucasian* bądź *Caucasoid* tłumaczone jest jako „człowiek rasy białej, europeidalnej" – przyp. tłum.

• historyczną i trwałą wagę koloru skóry, dzielonej przeważnie w definiowaniu i spisywaniu grup rasowych na białą i nie-białą;

• wiarę w „czyste" rasy, która odzwierciedla się w chęci klasyfikowania ludzi w obrębie pojedynczej lub „czystej" rasy;

• rolę spisu ludności w tworzeniu panetnicznych grup rasowych oraz

• mieszanie rasy i etniczności w ewidencyjnych klasyfikacjach.

Głównym odkryciem dokonanego przez Lee przeglądu praktyk spisywania ludności w ciągu tego stuletniego okresu były nie tylko duże zmiany kategorii, ale w szczególności to, że amerykańskie Biuro Ewidencji Ludności wahało się między propozycjami *kilku* kategorii, zapewne dla uproszczenia, i *wielu* kategorii, zapewne, by precyzyjnie oddać złożoność problemu. Tak więc wnioski Lee mogą zostać streszczone w następujący sposób:

Rok 1890 – wymienionych osiem grup, z których cztery były odmianami rasy czarnej;

Rok 1900 – pięć grup, zrezygnowano z „odmian rasy czarnej", np. kategorii *octoroon*[2];

Rok 1910 i 1920 – zawartych sześć klas, a w roku 1930 – dziesięć grup;

Rok 1950 – liczba grup zmniejszyła się do siedmiu, zaś w roku 1960 na powrót wzrosła do jedenastu;

Rok 1970 – znów zmniejszyła się do dziewięciu;

Rok 1980 i 1990 – wyliczono piętnaście grup, mimo że spis ludności z 1980 roku opierał się na założeniu, że termin „rasa" jest mylący i nie powinien być dłużej używany.

Wahania te pokazują, że Biuro Ewidencji Ludności i środowiska naukowców oraz ekspertów, z którymi się ono konsultowało, nie tylko nie wiedziały, jaka powinna być „ostateczna" lista „ras", ale też nie były pewne, czym w istocie jest rasa. Jednocześnie żadna z tych trudności nie zniechęcała Biura do stwarzania

---

[2] Osoba posiadająca 1/8 krwi murzyńskiej – przyp. tłum.

(zmieniających się) kategorii ani do określania ich mianem „ras". Pojawienie się kategorii Latynosów powiększyło konfuzję odnośnie rozumienia tego, co Hollinger nazywa „etno-rasami" czy „blokami etniczno-rasowymi". A zatem, według Hollingera, pomimo zmiennego traktowania administracyjnego, Latynosi stali się częścią „etniczno-rasowego pięciokąta", pięciu dużych grup – białych, czarnych, Indian, Azjatów, wyspiarzy Pacyfiku i Latynosów – które to grupy istotnie kształtują amerykańską praktykę i system klasyfikacji.

„To, że nazywanie tych bloków ekwiwalentami rasy ma rację bytu, potwierdza żądanie National Council of La Raza[3], by Biuro Ewidencji Ludności określało Latynosów raczej jako rasę niż *tylko* grupę etniczną w spisie ludności, który miał mieć miejsce w roku 2000" (Hollinger 1995: 33; podkreślenie moje).

A więc, pomimo *przypisania* Latynosów do „kulturowej" kategorii mówiących po hiszpańsku i stałego przypominania, że „Latynoamerykanie mogą należeć do każdej rasy", NCLR sam postulował, by Latynoamerykanie uważani byli w Ameryce za rasę. Musi być coś nobilitującego w byciu rasą, a nie „tylko" grupą etniczną, która widocznie jest rzeczą mniej istotną. Możliwe, że „waga" przynależenia do „rasy" powiązana jest z faktem, że obecność określonych kategorii w spisie i wykazanie ich niekorzystnego położenia stanowi podstawę przydziału funduszy przewidzianych dla wynagrodzenia historycznego ucisku i poniesionych strat.

Skoro logiczna podstawa rasowych klasyfikacji była poważnie kwestionowana, a praktyka klasyfikacji była i jest wysoce zróżnicowana, uzależniona zarówno od okresowych zmian, jak i okoliczności, musimy zapytać, co jest podstawą klasyfikacji rasowej i dlaczego utrzymuje się ona mniej lub bardziej w kształcie, jaki nadaje jej Biuro Ewidencji Ludności. Wydaje się, że w społeczeństwie amerykańskim grupy upośledzone społecznie znajdowały korzyści w kategoryzacjach proponowanych przez

---

[3] Największa amerykańska organizacja latynoska – przyp. tłum.

Biuro. Kategorie te i przykłady ponoszonych przez nie szkód stanowią podstawę dystrybucji środków w programach skierowanych na wyrównanie szans, wynagrodzenie dyskryminacji historycznych i ujednolicenie możliwości ekonomicznych. W ten sposób pierwszy raz w amerykańskiej historii kategorie rasowe stały się podstawą dla włączenia, a nie wykluczania.

Ton ten został nadany przez amerykańską Komisję do Spraw Obywatelskich (1973; cyt. za: Lott 1998: 34), która dowodziła, że „rasowe i etniczne dane są kluczowymi narzędziami w walce z dyskryminacją i w planowaniu oraz monitorowaniu polityki dyskryminacji pozytywnej, w celu zrekompensowania wcześniejszych krzywd". W 1978 roku Biuro Zarządzania i Budżetu wydało Zarządzenie Statystyczne nr 15, które ustanowiło kategorię „etniczno-rasowego pięciokąta" (zob. Hollinger 1995) i stało się obowiązującym wzorcem w gromadzeniu danych przez wiele urzędów publicznych. Prawo w coraz większym stopniu wymagało od urzędów federalnych gromadzenia danych i używania spisów ludności zgodnie z zarządzeniem nr 15 i „coraz częściej także stanowe i lokalne agendy rządowe, firmy marketingowe, firmy prywatne i sektory *non-profit* używały tych samych kategorii" (Lott: 47).

To nie istnienie ras, ale współczesny i historyczny rasizm oraz nierówność usprawiedliwiały i wciąż usprawiedliwiają system klasyfikacyjny. W amerykańskim społeczeństwie panuje imperatyw gromadzenia danych na temat „ras", pomimo tego, że samo Biuro Zarządzania i Budżetu stwierdziło, iż „nie ma jasnych, jednoznacznych, obiektywnych i powszechnie uzgodnionych definicji terminu »rasa« i »etniczność« [...] Kategorie te nie reprezentują obiektywnej »prawdy«, lecz są raczej niejednoznacznymi konstruktami społecznymi..." (Biuro Zarządzania i Budżetu 1995, cyt. za: Lott 1998: 65).

Jednak grupy te, niejednoznaczne i „konstruowane", są rzeczywiście obecne w amerykańskim ustawodawstwie i stanowią narzędzie publicznej polityki. Konstruowanie ras w Stanach Zjednoczonych miało źródło w próbie stworzenia białego społeczeństwa, już od wieku XVII opartego na kategoriach rasowych. Najbardziej godną uwagi cechą grupy dominującej (np. „białych") jest to, że jest ona niezróżnicowana. W Stanach Zjednoczonych biali dominują pod względem liczebności i są jedną kategorią, obejmującą – do stosunkowo niedawna – do 90% ludności. Tę olbrzymią populację, zróżnicowaną pod względem języka, kraju pochodzenia i pozycji klasowej, obejmującą ludzi bardzo bogatych i bardzo biednych, łączy jedna cecha: kolor skóry, to jest przynależność do czegoś, co określane jest jako rasa biała lub europeidalna. To samo odnosi się do Wielkiej Brytanii, gdzie próby określenia etniczności w spisie ludności początkowo stworzyły jedną grupę etniczną „białych", w której zawierało się 94% ludności. Pokazuje to, że „białość" postrzegana jest jako nieproblematyczna, zarówno pod względem pozycji obywatelskiej, społecznego włączenia, jak i pod względem braku zagrożenia dyskryminacją. Jeśli biali w Stanach Zjednoczonych różnicowani *są* poprzez „kulturę i pochodzenie", to klasyfikowani są jako grupy etniczne według ich pochodzenia. Biali zatem mają etniczność, nie-biali mają „rasę". Aby być „rasą" we współczesnej Ameryce (inną niż niezróżnicowana rasa biała), trzeba być „mniejszością", to znaczy doznawać szkód i dyskryminacji. Wskazuje na to zarówno fakt, że przeciwstawianie się dyskryminacji podawane jest jako cel spisu, jak i to, że doznawanie przez daną grupę dyskryminacji uznawane jest za element uznania jej za „rasę". Tak więc dominujący w Ameryce dyskurs rasy sprawia, że pojęcie grup etnicznych i różnic etnicznych odnosi się często do ludności białej. Dla porównania, w Wielkiej Brytanii, gdzie dyskurs publiczny koncentruje się raczej na etniczności, termin „grupa etniczna" zachowuje swoje znaczenie odnoszące się do pozycji mniejszościowej i obcego pochodzenia; grupy etniczne w Wielkiej Brytanii nie są białe. Do niektórych z podejmowanych w tym rozdziale wątków powrócimy w rozdziale 5, kiedy będziemy przyglądać się bliżej dyskursowi etniczności i pracom tych socjologów, którzy optowali za utrzymaniem naukowego języka rasy będącej czymś innym niż etniczność.

Gdzie podziały się wszystkie rasy? Przypadek Wielkiej Brytanii

Już podczas badania pojedynczego kraju, Stanów Zjednoczonych, ujawnia się wiele sprzeczności w używaniu terminów „rasa" i „etniczność"; krótkie porównanie z innymi krajami ukazuje ich jeszcze więcej. W Wielkiej Brytanii spis ludności aż do roku 1990 wcale nie odnotowywał „rasy" czy „etnicznego pochodzenia". Problem obecności „nie-białych" stał się przedmiotem debaty publicznej w latach 60., kiedy – w następstwie migracji do Wielkiej Brytanii ludności z byłych kolonii brytyjskich na Karaibach i w Indiach – pojawiła się polityka antyimigracyjna. Oficjalne dokumenty konsekwentnie używały słowa „kolorowy", próbując ustalić rozmiar i cechy populacji nie-białych, ale aż do 1991 roku obowiązywały zasady reprezentacji. Opierały się one zwykle na kraju pochodzenia, kraju pochodzenia rodziców i kraju pochodzenia głowy domu (zob. Fenton 1996). Do lat 80. ludność tzw. Nowej Wspólnoty zawierała dużo wyższą liczbę urodzonych w Wielkiej Brytanii, a zatem używanie kraju pochodzenia jako wyznacznika przynależności do grupy etnicznej stało się niemożliwe. Kiedy w roku 1990 w brytyjskim spisie ludności pojawiła się kategoria grupy etnicznej, słowo „etniczny" nie pojawiło się w formularzu; kategorie stanowiły raczej formę odpowiedzi na pytanie, która grupa najlepiej opisuje daną jednostkę. Ale we wszystkich omówieniach danych z roku 1990 było to przedstawiane jako pytanie o „grupę etniczną". Po raz pierwszy w oficjalnym dyskursie pojawił się pogląd, że *każdy* należy do grupy etnicznej (Banton 2000). Chociaż terminy „stosunki rasowe" i „rasizm" pozostały istotną częścią języka publicznej dyskusji, słowo „rasa", a z pewnością „rasy" w liczbie mnogiej, stanowiło w Wielkiej Brytanii mniej istotną część dyskursu publicznego niż w Ameryce. Rzeczywiście, amerykańskie Biuro Ewidencji Ludności traktuje „rasę" i „etniczność" jako pojęcia odmienne i obie te kategorie są przezeń uwzględniane. Biuro angielskie mówi tylko o grupach etnicznych, zwykle w odniesieniu do etnicznych grup mniejszościowych. Tak więc brytyjskie Biuro Ewidencji Ludności podziela amerykański system klasyfikacji „mniejszości", ale określa je jako etniczne.

Jednakże kiedy w 1990 roku w Wielkiej Brytanii uwzględniona została „grupa etniczna", obmyślony system klasyfikacji wyraźnie opierał się na szerokim podziale między białymi i nie-białymi, z czego pierwsza kategoria obejmowała 94 procent ludności. Dokładnie tak jak w Stanach Zjednoczonych, zainteresowanie sprecyzowaniem rozróżnienia dotyczyło jedynie grup postrzeganych jako mniejszości i jako nie-biali. W Wielkiej Brytanii głównymi „dostawcami” tzw. nie-białych są państwa byłej Wspólnoty, głównie Indie, Pakistan, część krajów Afryki i brytyjskie Karaiby, a oprócz tego kraje Dalekiego Wschodu, z których przybywają chińscy uchodźcy z Hongkongu i uchodźcy wietnamscy. Gdyby chodziło o grupy etniczne w amerykańskim rozumieniu, gdzie pojęcie to jest często stosowane na określenie różnic pochodzenia wśród białej ludności, wówczas inne grupy zostałyby zakwalifikowane jako „grupy etniczne”: grupy pochodzenia irlandzkiego, polskiego, włoskiego, australijskiego lub amerykańskiego, a także niedawno przybyli wschodni Europejczycy. W spisie ludności z 2001 roku nastąpiły dwie główne zmiany: włączenie grupy irlandzkiej do kategorii „białych” i dodanie kategorii mieszanego pochodzenia. Włączenie kategorii Irlandczyków stanowiło pierwsze pęknięcie w monolitycznej grupie „białych”; stanowiło to potwierdzenie, że biali mogą być dyskryminowani i że mogą mieć niekorzystną pozycję społeczną. Dyskryminacja Irlandczyków była znaczącym argumentem, przemawiającym za ich włączeniem do spisu. Tak jak w Stanach Zjednoczonych, do końca XX wieku w Wielkiej Brytanii za główny cel zbierania danych dotyczących etniczności uznawano przeciwdziałanie dyskryminacji społecznej o wymiarze etnicznym (Fenton 1996). Zarządcy amerykańskiego Biura Ewidencji Ludności uznali, że rozróżnienie rasy i etniczności jest niemożliwe, po części z powodu wzrostu znaczenia kategorii Latynoamerykanina. W oficjalnym dyskursie na temat ludności Wielkiej Brytanii dominujący stał się termin „etniczny”, lecz nazwy grup wymienione w spisie ludności stanowią osobliwą mieszankę kategorii rasy (koloru) i kategorii pochodzenia narodowego. Tak w amerykańskim, jak i brytyjskim spisie ludności, biali stanowili zwykle ogromną, niezróżnicowaną kategorię.

Zmusza nas to do stwierdzenia, że nie ma ostatecznego, stałego znaczenia związanego z terminem „rasa” i „etniczność”; tam, gdzie używane są oba, jak w Stanach Zjednoczonych, rozróżnienie między nimi jest niejasne. Czynione rozróżnienia są odmienne w Wielkiej Brytanii i Stanach Zjednoczonych, a sposób ich przeprowadzania nie daje się podporządkować żadnej jednoznacznej logice. W tradycji brytyjskiej południowoazjatyccy

Hindusi byli opisywani – w różnych kontekstach, różnych kręgach i w różnym czasie – jako „kolorowi", „czarni" czy „Hindusi". Płynie z tego nieunikniony wniosek, że zarówno używany język (rasy, grupy etniczne), jak i aktualne klasyfikacje, które są uznawane za ważne, stanowią konsekwencję utrwalonej praktyki społecznej, wywodzącej się z określonych okoliczności historycznych. Kategorie te kwestionowane są zarówno przez grupowych aktywistów, jak i przez bardziej (lub mniej) obiektywnych badaczy i intelektualistów, zdezorientowanych niekonsekwencją wszystkich podziałów lub działających jako orędownicy „własnej" grupy. W Stanach Zjednoczonych i Wielkiej Brytanii spory te dotyczą takich słów jak „mniejszość etniczna" czy „rasa". Przyjrzyjmy się zatem innej sytuacji, w Malezji, gdzie angielski jest tylko jednym z języków, w którym prowadzony jest dyskurs rasy i etniczności.

Dyskurs ras w postkolonialnej Malezji

Brytyjski kolonializm nie stworzył tak po prostu wspólnot pochodzeniowych i kulturowych, które złożyły się na ludność państwa, jakim jest teraz Malezja. Jednak brytyjskie panowanie miało głęboki wpływ na pojawienie się etnicznej świadomości w Malezji (Hirschman 1987), z trzech, powiązanych ze sobą, powodów. Po pierwsze, Brytyjczycy byli odpowiedzialni za stymulowanie migracji do Malezji wielu Chińczyków i Hindusów, którzy odróżniali się od Malajów pod względem sposobu życia i miejsc osiedlania się. Po drugie, kiedy w celu klasyfikacji ludności, na przykład na potrzeby spisu ludności, używane były rasowe lub etniczne kategorie, wówczas brytyjskie koncepcje różnicy rasowej przyjęły postać oficjalną. Po trzecie, Brytyjczycy odegrali dużą rolę w pobudzeniu świadomości Malajów poprzez zgłoszenie projektu konstytucji niepodległości opartej na założeniu obywatelstwa nie-etnicznego czy „uniwersalistycznego", który to projekt zagrażał jakiejkolwiek idei przyznania Malajom specjalnych praw. Następnie wyrazili oni zgodę na konstytucję, która gwarantowała Malajom specjalne prawa i tym samym włączyła na stałe definicję Malaja do samej konstytucji.

W anglojęzycznym dyskursie malezyjskim słowo „rasa" jest najczęściej używanym słowem, stosowanym na określenie wielkich grup – Malajów, Chińczyków i Hindusów. „New Straits Times" wychodzi w języku angielskim (jak również malajskim). Relacje z przemówień polityków (wygłaszanych po malajsku lub po angielsku) na temat „konfliktu rasowego" ukazują, że prawie zawsze używana jest w nich terminologia mówiąca o potrzebie zbudowania „harmonii rasowej" lub propagująca społeczeństwo, w którym „rasy mogłyby żyć obok siebie, w pokoju i wzajemnym szacunku".

„New Straits Times", 19 kwietnia 2001
Chińczycy poważnie dążą do zdobycia wiedzy, Malajowie nie.
„[...] wartości i działania kulturalne, utrudniające rozwój, musiały zostać wyeliminowane. Służy to zapewnieniu równego rozwoju różnym rasom w kraju [...] różne rasy, o różnych kulturach, osiągają różne stopnie sukcesu".

„New Straits Times", 17 kwietnia 2001
Handlarze *bumiputera* muszą się ośmielić i starać się dorównać innym rasom, by osiągnąć sukces.

„New Straits Times", 1 grudnia 2000
BN (Barisan Nasional/Front Narodowy) zaangażowany we współpracę etniczną pomimo straty.
„[...] elektorat w Lunas głosował według kryteriów religijnych i rasowych [...] nie było miejsca na rasowe i religijne sentymenty".

We wszystkich powyższych cytatach występują terminy „rasa" i „rasowy". Lecz trzeci nagłówek odnosi się do zaangażowania Barisan Nasional (Frontu Narodowego, sojuszu partyjnego będącego u władzy) we „współpracę etniczną", która oczywiście okazuje się niczym innym jak „współpracą rasową". Prezentowany tu nacisk na religię bierze się stąd, że jeden z problemów UMNO (United Malay National Organization, Zjednoczona Narodowa Organizacja Malajska) stanowi partia islamska. Partia ta (PAS lub PartiSeIslam Malaysia) postrzegana jest przez UMNO jako rzeczywiste zagrożenie ze względu na możliwość odebrania przez nią części malajskich głosów. W pierwszym artykule Malajowie i Chińczycy opisywani są jako „rasy", ale przedmiotem dyskusji jest tu wyraźnie różnica kulturowa.

Użycie terminu „rasa" ma w Malezji swe źródło w angielskim terminie używanym w okresie kolonialnym, ale nie ma przesłanek, by uważać, że ma ono takie samo znaczenie jak wtedy, kiedy było używane w Wielkiej Brytanii lub Stanach Zjednoczonych. Pozostawiając na boku złożoność malezyjskich klasyfikacji (Hirschman 1987), trzy główne grupy, Malajowie, Chińczycy i Hindusi, postrzegane są jako różne głównie z trzech względów: pierwszy to pozycja polityczna – Malajowie przedstawiają siebie samych jako rdzennych i prawdziwych dziedziców ziemi; drugi ma źródło w kulturze – najważniejszą i często najwyraźniejszą granicą między Malajami i Chińczykami jest podział na muzułmanów i nie-muzułmanów. Malezyjskie słowo *ras*, znaczące rasa lub rasowy, nie ma tak powszechnego użycia jak wiele innych słów, które oddają znaczenie „ludu" czy „wspólnego pochodzenia".

Słowo *rakyat* oznacza lud lub ludzi, ale w znaczeniu „prości ludzie", „lud". Ma ono również drugie znaczenie, narodowości lub obywatelstwa, jak w zwrocie *rakyat Malasia*, znaczącym malezyjski lud lub naród. *Warga* również oznacza „rodzinę" i „lud"; w wyrażeniu *warga negara* („lud państwa") oznacza obywateli, a dodanie malajskiego sufiksu i prefiksu tworzy słowo *kewarganegaraan*, oznaczające obywatelstwo. Prawdopodobnie powszechniej od tych wymienionych używane jest słowo *kaum*, które dosłownie znaczy „grupa lineażowa", ale zaczyna mieć o wiele szersze znaczenie „wspólnoty", czy nawet po prostu „grupy". Wskazując na jego dokładne, odnoszące się do genealogii, znaczenie, Judith Nagata twierdzi, że Malajowie mogą widzieć wartość w posiadaniu prawa do arabskiego pochodzenia:

„A zatem niektórzy »Malajowie«, przez wiele lat przebywający za granicą, powracają z nowymi tytułami: szacha lub chana, które wskazują, że dana osoba wywodzi się z bliskowschodniego lineażu lub *qu'om*. Tłumaczy się to na malajski jako *kaum* i ma to znaczenie porównywalne do »lineażu« lub »ludu«, ale z wyraźnym wskazaniem na wspólne pochodzenie" (Nagata 1974: 98).

Są też luźniejsze rozumienia *kaum* jako wspólnoty i grupy, tak jak w *kaum cina* (wspólnota chińska) czy *kaum wanita* (grupa kobiet). *Hippocrene Standard Dictionary* (Coope 1993) podaje podobne znaczenia, ale wskazuje również znaczenia bliższe językowi „rasy i etniczności". Pośród nich są *kaum kaum kecil* (mniejszości, *kecil* oznacza „mały") i *perkauman*, oznaczający rasizm. *Kaum tasan*, o znaczeniu: elity i klasy wyższe, pokazuje, że *kaum* może odnosić się do klas lub warstw społecznych bez wyraźnego odniesienia do „pochodzenia".

W powszechnym użyciu jest również słowo *orang*, oznaczające ludzi. *Hippocrene Standard Dictionary* jako jego pierwsze znaczenie podaje: „istota ludzka, mężczyzna lub kobieta; ogólnie ludzie (szczególnie w znaczeniu: inni ludzie)". Słowo to może łączyć się z nazwami narodowymi i etnicznymi, by dać znaczenia takie jak *orang Melayu*, Malaj; *orang Cina*, Chińczyk. (Pewien Biduyah, mówiąc o swojej rodzinie, powiedział mi, że jego córka poślubiła *orang Canada*, Kanadyjczyka.) Przez cały okres kolonialny, aż do dzisiaj, *orang puteh* oznacza białego człowieka i – przynajmniej w okresie kolonialnym – oznaczał głównie „Brytyjczyka". *Orang* jest też słowem, które jest używane głównie w odniesieniu do rdzennych Malezyjczyków, którzy nie są Malajami i zazwyczaj nie są również muzułmanami. W stosunku do nich najczęściej używane jest określenie *orang asli*, „rodowite lub rdzenne ludy"; jest ono powtarzane w deklaracjach i dokumentach rządowych, kiedy odwołują się one do programów „rozwoju" i polityki rządowej nakierowanej na te ludy. *Orang asing* oznacza obcokrajowca, zaś *orang bukit* (dosłownie: ludzie wzgórz) oznacza członka rdzennego plemienia. Równie ważne w malezyjskiej polityce etniczności są zwroty: *orang pendatang*, imigranci, oraz *orang bukan-Melayu*, nie-Malajowie. *Keturunan pendatang* oznacza potomków imigrantów; jest to zwrot, który będzie często oznaczał nie-Malaja, ludność nie-*orang asli*. Wewnątrz dyskursu dotyczącego imigrantów widzimy też *pendatang haram*, „zakazanych" lub „nielegalnych imigrantów", które to określenie w latach 90. XX wieku, jak i w nowym tysiącleciu, będzie się często odnosić do Indonezyjczyków, Bengalczyków i Filipińczyków.

Co najmniej tak powszechne jak wszystkie wymienione, i najbardziej ze wszystkich rozpowszechnione w dyskursie politycznym jest słowo *bangsa* i jego derywaty. Znów sednem znaczenia jest tu „pochodzenie", ale – jak stwierdziła Nagata – wyraz ten łączy idee pochodzenia i kultury:

> „Termin *bangsa* oddaje dwoistą koncepcję ludzi mających zarówno wspólne pochodzenie, jak i wspólną kulturę. Etymologicznie *bangsa* pochodzi z sanskryckiego *vamsa*, »linia pochodzenia«. Pod względem emicznym ma to wartość pierwotną, ponieważ oznacza, że cechy kulturowe są nierozłącznie i nierozerwalnie związane z poszczególnymi ludźmi [...] i przenoszone przez wspólnoty, których najwyższa jedność wywodzi się z jednego źródła" (Nagata 1981: 98).

Tak więc Malajowie są „*bangsa*", *bangsa Melayu*, chociaż wewnątrz jednego *bangsa* można by wyznaczyć – na podstawie pochodzenia terytorialnego, włączając obszary dzisiejszej Indonezji – kilka podgrup (zob. Hirschman 1987). Wyraz ten można spotkać w połączeniu z *suku*, znaczącym pierwotnie „odnoga" lub „część", ale także „plemię" jako część ludności; stąd *suku-bangsa*, znaczące podgrupę wewnątrz populacji. Tak samo jak w przypadku opisywanego powyżej słowa *kaum*, może ono być używane w połączeniu z nazwami grup, na określenie grupy „etnicznej" czy „narodowej", stąd *bangsa Cina* i *bangsa India*, znaczące Chińczyków i Hindusów. W tym znaczeniu i kontekście *bangsa* zbliża się do brytyjskiego, amerykańskiego oraz – występującego w Malezji – anglojęzycznego znaczenia grupy etnicznej. Ale, co ważne, termin ten jest również używany w połączeniu z określeniem Malezja; określeniem używanym do opisania całego kraju, tak jak „malezyjski" odnosi się do wszystkich mieszkańców Malezji, niezależnie od ich pochodzenia „etnicznego" czy „rasowego". A zatem *bangsa Malasia* oznacza naród lub lud malezyjski. Podobnie *Bangsa Bangsa Bersatu* („jednolity") oznacza Narody Zjednoczone. W formach derywowanych może to przybrać znaczenie „narodowy", chociaż istnieje też zapożyczenie z angielskiego, „nasional", które używane jest w pewnych kontekstach. *Bahasa kebangsaan* (lub *bahasa nasional*) oznacza język narodowy, zaś *lagu kebangsan* to hymn narodowy.

Podobnie jak neutralne znaczenie „narodowy", słowo to może również przybrać znaczenie „nacjonalistyczny", jak w przypadku Parti Kebangsaan Melayu, Malajskiej Partii Nacjonalistycznej; również *Hippocrene Dictionary* podaje znaczenie *gila kebangsaan* jako „ultranacjonalistyczny", dosłownie „szalenie nacjonalistyczny". W Malezji i innych społeczeństwach postkolonialnych, słowo „komunalizm" opisywało (w języku angielskim) grupy polityczne lub sentymenty związane z grupami etniczno-narodowymi, takimi jak Malajowie czy Chińczycy; bez wątpienia *kebangsaan* mógłby być jednym ze słów stanowiących odpowiednik „komunalistycznego". Możemy wnioskować, że pierwotnie *bangsa* oznaczało pochodzenie, wspólnoty pochodzeniowe, ale jego znaczenie rozszerzyło się w taki sposób, że można je przełożyć na angielski *zarówno jako „etniczny", jak i „narodowy", w zależności od kontekstu*. Ponadto, dyskurs *bangsa* w Malezji opiera się zarówno na pragnieniu ochrony poczucia tożsamości wszystkich Malezyjczyków – jak w *bangsa Malasia* – jak i na różnicach pomiędzy grupami takimi jak *bangsa Cina* i *bangsa Melayu*. Różnice te, jak stwierdziliśmy powyżej, są w dużej mierze zgodne z dwiema zasadami: zasadą rdzenności, której wymagają Malajowie i która czyni Chińczyków *keturunan pendatang* (potomkami imigrantów) oraz zasadą kultury, szczególnie w postaci opozycji pomiędzy islamem i kulturą nie-islamską oraz różnic językowych.

Waga rdzenności widoczna jest w wysuniętym przez Malajów żądaniu, aby – by móc mienić się Malajami – być mieszkańcami regionu, a w szczególności terytorium, które dziś zajmuje Malezja. Podczas niepodległościowych negocjacji malajscy liderzy polityczni obawiali się, że „uniwersalistyczne" obywatelstwo, które nie uwzględniłoby szczególnej pozycji Malajów jako krajowców, zagroziłoby przetrwaniu ich kultury i ich pozycji materialnej. Obawy te były spowodowane mniejszym niż Chińczyków i Hindusów udziałem Malajów w „nowoczesnej" gospodarce i faktem, że byli oni głównie wiejskimi biedakami. A zatem, pozycje przeciwne rdzenności – *pendatang* i *keturuman pendatang*, imigranci i ich potomkowie – są również ważne, ponieważ kolejne fale migracji osłabiają zwykle żądania równych praw, wysuwane przez nie-Malajów. Na Półwyspie Malajskim jest niewielka liczba *orang asli* (tych, którzy są rdzenni, ale nie są ani Malajami, ani muzułmanami), ale wejście do Malezji stanu Sarawak i Sabah we wschodniej Malezji i w północnej części Borneo zrodziło ideę krajowców, którzy nie byli Malajami. We wschodniej Malezji rdzenni nie-Malajowie są liczniejsi niż Malajowie i większość z nich nie jest muzułmanami. Ponieważ kluczem do uznania szczególnych praw Malajów była ich „rdzenność", *orang asli* i rdzenni mieszkańcy wschodniej Malezji musieli zostać włączeni do tej kategorii. Doprowadziło to do powstania terminu *bumiputera*, który można przetłumaczyć jako „synowie lub książęta ziemi", czyli terminu określającego rdzenną ludność, która obejmowała stanowiących zdecydowaną większość Malajów i wszystkich innych *orang asli*.

Nagata (1981) odwołuje się również do tej „nowszej, administracyjnie stworzonej kategorii etnicznej *bumiputera*, czy »synowie ziemi«". Postrzega ją ona jako przeciwną do „równie nowego i ukutego przez administrację terminu *kaum pendatang* – wspólnota imigrantów – stosowanego zbiorowo w odniesieniu do Chińczyków i Hindusów". Autorka uważa termin *bumiputera* za „sztuczny" wytwór administracyjny i wyraża wątpliwość, czy kiedykolwiek osiągnie on pełną „wartość etniczną", znikającą nawet z (wówczas) najnowszego 5-letniego planu rządowego (zob. Nagata 1981: 109). Do czasu ósmego planu narodowego z 2001 roku termin *bumiputera* był bardzo żywy, pojawiał się w większości debat dotyczących pracy, edukacji i udziału we własności jako wskaźników udziału w majątku narodowym i narodowym rozwoju. Do powszechnego użycia weszły terminy *bumi* i nie-*bumi*, przynajmniej w anglojęzycznej prasie, zainteresowanej polityką szczególnych praw oraz w porównawczych omówieniach rozwoju grup (zob. jeden z nagłówków prasowych powyżej). Pogląd, że kiedy patrzy się – powiedzmy – na liczbę studentów rozpoczynających wyższą edukację, należy ją rozpatrywać według kategorii *bumi* i nie-*bumi*, jest mocno ugruntowany w malezyjskim dyskursie publicznym.

Etniczność i naród w kontekście

Przyglądając się szczegółowo tym trzem przypadkom, możemy pokazać, że nie ma jednego dyskursu „rasy, etniczności i narodu", ale szereg takich dyskursów, dostosowanych do wymagań historycznych poszczególnych krajów, obszarów oraz ich wewnętrznej dynamiki społecznej i politycznej. W Stanach Zjednoczonych (i Ameryce kolonialnej) dynamika historyczna rasy, etniczności i narodu koncentrowała się przez długi czas wokół zrównywania afrykańskiego pochodzenia z pozycją niewolnika i ustanawiania społeczeństwa opartego na definicjach rasowych. Wczesne wykluczenie praktycznie wszystkich Afrykanów z udziału w amerykańskim obywatelstwie tłumaczone było, dużo później, poprzez rozciągnięcie tej zasady podziału na białych i nie-białych na prawie wszystkich innych nie-białych, którzy mogliby starać się przyjechać do Stanów Zjednoczonych lub starać się o to, by stać się naturalizowanymi obywatelami Ameryki. Przez większość okresu trwania Ameryki jej obraz jako uniwersalistycznej demokracji jest po prostu niemożliwy do zaakceptowania. Od samego początku istnienia idei narodu amerykańskiego zasadniczą była dlań idea rasy. Formalnie nierasowy okres po wojnie secesyjnej trwał krótko (około 11 lat) i był płytko zakorzeniony. Nawet w okresie praw obywatelskich, jaki nastał po II wojnie światowej, problem „rasy" był wciąż kwestią przejawiającą się w amerykańskim życiu prywatnym, publicznym i politycznym. Obecnie kategorie etniczne ulegają ożywieniu za sprawą polityki przyznawania publicznych środków według etnicznych lub rasowych kategorii zawartych w spisie ludności. Latynosi i Amerykanie pochodzący z Azji przerwali dominację biało-czarnego dyskursu, chociaż pojawienie się terminu „ludzie kolorowi" mogłoby być postrzegane jako możliwość zastąpienia poprzedniego dyskursu czymś bardzo podobnym. Co więcej, pojawienie się Latynosów i zjawiska częściowo reaktywnej etniczności białych oznaczało, że znaczenia rasy i etniczności są niepewne. Zarazem nie uległa zmniejszeniu waga, jaką dla amerykańskiej narodowości przedstawia rasa i etniczność.

W Wielkiej Brytanii „proste" rozróżnienie pomiędzy białymi i czarnymi nie miało tej samej siły społecznej, co w Stanach

Zjednoczonych. Brytyjscy niewolnicy byli oddaleni o kilka tysięcy mil. Debaty na temat zniesienia niewolnictwa nadały rozpędu idei rasy, ale nigdy nie było to zagadnienie polityki wewnętrznej w takim stopniu jak w Ameryce. We wczesnym (XVI wiek) okresie formowania się koncepcji narodu w Anglii lojalność religijna była ważniejsza niż jakiekolwiek idee „etniczne" (Greenfeld 1992). Gdy Anglia połączyła się z Walią i, dużo później, Szkocją oraz Irlandią, tożsamość brytyjska znowu wyrastała z religii protestanckiej, jako wrogiej wobec Francji i Francuzów (Colley 1992), którzy byli katolikami. Jednak od połowy wieku XIX pozycja Wielkiej Brytanii jako głowy światowego imperium wzmacniała obraz (białych) Brytyjczyków jako naturalnych panów (nie-białych) „mniej cywilizowanych" ludów. Kiedy imperium chyliło się ku upadkowi, a ludzie z Karaibów i Indii przybywali do pracy w Wielkiej Brytanii, ukryte rozumienie Brytanii i Brytyjczyków jako białych stało się dużo mniej ukryte. Dyskusja o tożsamości narodowej i wieloetniczności ma na przełomie wieków takie natężenie, jakie miała podczas debat na temat imigracji w latach 50. XX wieku, aczkolwiek z pewnymi nowymi, ważnymi sensami, jak zobaczymy w rozdziale 8.

Niemniej jednak do czasu, gdy „rasa" stała się przedmiotem brytyjskiej polityki w późnych latach 50. XX wieku, samo pojęcie było już mocno podejrzane naukowo. Kiedy Wielka Brytania zaczęła oszacowywać wymiary etniczności w spisie ludności z 1991, ludność kategoryzowana była jako grupy etniczne. Czwarte narodowe badanie grup etnicznych w Wielkiej Brytanii było zatytułowane *Ethnic Minorities in Britain* (Modood i inni 1997), podczas gdy poprzednie miało tytuł *Black and White Britain* (C. Brown 1984). Badacze mają skłonność do umiejscawiania „rasy" w cudzysłowie i asekurowania się poprzez pisanie „rasa i etniczność", często bez wyjaśnienia, dlaczego używają oni tych dwóch terminów i jaka jest między nimi różnica.

Przypadek Malezji jest bardzo istotny, ponieważ mamy tu do czynienia ze społeczeństwem, w którym „rasa" jest kwestią publiczną, ale dyskurs ten prowadzony jest zarówno w języku angielskim, jak i malajskim i, bez wątpienia, również w wielu innych językach Malezji. Jako część brytyjskiego imperium, Malezja przyswoiła elementy brytyjskiego, imperialnego dyskursu ras i, oczywiście, w wielu obszarach życia zachowała język angielski. Jednak to język malajski jest językiem oficjalnym i to on, czy też jakieś jego odmiany, używane są przez znaczną większość ludności Malezji. Przyjrzenie się słowom używanym w Malezji na określenie narodu, rasy i etniczności pokazuje, że mają one wiele wspólnych znaczeń – nie tylko związek z „pochodzeniem" – ale jednocześnie zbadanie tych pojęć wyraźnie potwierdza, że dyskursy etniczności uzależnione są od lokalnych praktyk i historycznych priorytetów. Nadrzędną troską większości Malajów była redukcja zagrożenia ze strony Chińczyków i obawa zalania Malezji przez ich bogactwo, władzę i sukcesy. W malezyjskim przypadku, dyskurs na temat rdzennych mieszkańców i przybyszów oraz różnicy kulturowej, głównie pomiędzy islamem i nie-islamem, jest głównym trybem dyskusji zarówno o narodzie, „rasie", jak grupie etnicznej. Dla wszystkich tych pojęć potrzebnego słowa dostarcza zazwyczaj *bangsa*, a wielość jego zastosowań obrazuje raczej wieloznaczność malezyjskiej problematyki etnicznej i narodowej niż wieloznaczność właściwą samemu światu.

Podsumowanie: rasa, etniczność i kontekst

Znaczenia, jakie „rasa" i „grupa etniczna" przybierały w anglojęzycznych dyskursach, uzależnione są od kontekstu i, naturalnie, w odpowiedzi na zmieniające się warunki społeczne zmieniają się one wewnątrz danego społeczeństwa. W Stanach Zjednoczonych pojawienie się wśród mieszkańców nowych, nie-białych i/lub nie-anglojęzycznych grup zmieniło sposób rozumienia „różnicy rasowej". W Wielkiej Brytanii w dyskursie publicznym często używany jest termin „etniczny", szczególnie w oficjalnych publikacjach, chociaż również w gazetach i dyskursie potocznym pojawia się on zamiennie z terminem „rasa". W Malezji idea różnicy etnicznej przede wszystkim dotyczy politycznej kwestii społecznego prymatu Malajów i ich kultury. W rozdziale 5 przyjrzymy się bliżej pojawieniu się zjawiska etniczności w Stanach Zjednoczonych, zarówno od strony tych, którzy to zjawisko popierali, jak i tych, którzy je krytykowali.

Rozdział 3

UPADEK RASY: POJAWIENIE SIĘ „ETNICZNEGO"

Badanie początków wyrazu, greckiego *ethnos* i łacińskiego *natio*, ukazuje, że koncepcje rodowodu, wspólnego początku czy wspólnego pochodzenia oraz, bardziej ogólnie, „człowieczeństwa", stanowią sedno współczesnych słów „etniczny" i „naród", które wywodzą się z tych klasycznych źródeł. Wyraz „rasa" także, jak pokazał rozdział 1, ma wiele tych samych znaczeń, a „wspólne pochodzenie" jest rdzennym znaczeniem rasy, dokładnie tak jak w przypadku dwóch poprzednich pojęć. Można uznać, że wszystkie te wyrazy mają to samo jądro i odbiegają od siebie znaczeniem na swoich peryferiach, to jest różnią się pod względem – właściwych każdemu z nich – odcieni znaczeniowych. Wszystkie trzy skupiają się wokół jednego motywu – pochodzenia i wspólnego początku – i różnicują się w poszczególnych tradycjach zastosowań. Możemy się temu przyjrzeć na podstawie tabeli 1.

Chociaż rasa miała często znaczenie bliskie narodowi (Banton 1987), zyskała też bardzo szczególne znaczenie podziału ludzkości w sensie fizycznym, antropologicznym. „Murzyni amerykańscy" byli historycznie grupą szczególną, o szczególnej w społeczeństwie amerykańskim pozycji; użycie słowa „Murzyni" sugeruje, że myślano o nich – a przynajmniej niektórzy myśleli – jako o „lokalnym" przykładzie „uniwersalnej" kategorii „Murzynów". Innymi słowy, Murzyni amerykańscy byli określoną grupą społeczną, ale byli też częścią pewnej abstrakcji. „Etnia" czy grupa etniczna, kiedy odnosi się do określonych grup społecznych, ma wiele tych samych znaczeń co „rasa", na co wskazuje fakt, że oba te wyrazy i ich derywaty są często używane zamiennie. Jednak pojęcie „grupy etnicznej", w porównaniu z pojęciem „rasy", traci związki z wielką abstrakcją uniwersalnych kategorii.

Tabela1. Wspólne znaczenia – poszczególne znaczenia

Wspólne znaczenie: Wspólnota pochodzeniowa i kulturowa	*Poszczególne znaczenia:*
Rasa	Uniwersalny abstrakt System klasyfikacyjny
Grupa etniczna	Obcy, mniejszość
Naród	Prawo do samorządności lub autonomii; obywatelstwo i państwo

Grupa etniczna (etnia) i naród

„Etnia" ma wiele wspólnego z „narodem", ale nie ma znaczenia samorządnego bytu; jeżeli grupa etniczna pragnie sama sobą rządzić, musi zacząć nazywać siebie narodem, jak pokazuje przykład francuskich Kanadyjczyków. Istnienie wielonarodowych państw pokazuje, że pojęcia „państwo" i „naród" niezupełnie się ze sobą pokrywają. Ale tam, gdzie wewnątrz wielonarodowego państwa mieszka obok siebie kilka narodów, zawsze jest domniemanie, że istnieją jakieś formy samorządności. Mogą tam pojawić się żądania mniej lub bardziej ograniczonej autonomii, żądanie samorządności zorganizowane jako ruch polityczny, jak również obawa wśród sprawujących władzę, że tego rodzaju żądania mogłyby wzrosnąć do poziomu zagrażającego państwu (Ghai 2000). Idea „narodu" ma szczególny związek z państwowością i samorządnością, ale pod innymi względami, różnica między etnią (lub grupą etniczną) a narodem jest niewielka. Narody mogą również nie mieć żadnych – oprócz jakichś bardzo luźnych – związków z etnicznością, a więc kryteria przynależności do narodu mogą mieć bardziej charakter *obywatelski* niż *etniczny*; jest to ważna rozbieżność, do której powrócimy później.

Część odpowiedzi na pytanie, „czym jest etniczność" lub „czym są grupy etniczne", można odnaleźć w naukowej terminologii, w niektórych zasadniczych zmianach dotyczących często wszystkich trzech terminów. W książce tej nie zamierzamy śledzić całej historii naukowych użyć pojęcia rasy, grupy etnicznej i narodu, ani nawet grupy etnicznej czy etniczności – naszego głównego punktu zainteresowań. Istnieje świetna literatura dotycząca wszystkich tych zagadnień (zob. np.: Banton 1987; Banks 1996; Hall 1998; Greenfeld 1992; Gossett 1965). Naszym celem jest wydobycie niektórych ważnych wątków i punktów zwrotnych. W antropologii i socjologii termin „grupa etniczna" (lub etnia) częściowo, ale nie zupełnie, zastąpił „rasę" i „rasy"; w antropologii społecznej „grupy etniczne" zaczęły być używane tam, gdzie niegdyś użyto by „plemion" (zob. zwłaszcza Banks 1996); w naukach politycznych i w socjologii zainteresowaniu etnicznością towarzyszy od niedawna zainteresowanie narodami i nacjonalizmem, szczególnie w odniesieniu do rozróżnienia pomiędzy nacjonalizmem obywatelskim i etnicznym (Brubaker 1998; Greenfeld 1992; D. Brown 2000). Rozróżnienie to przedstawia ideę narodu jako przede wszystkim „obywatelskiego", w którym „ludzie" określani są raczej jako obywatele, mający określony status prawny, niż ludzie, których łączy wspólne pochodzenie i początek. Idea ta jest przeciwstawna postawom nacjonalistycznym, które podkreślają te wspólne etniczne korzenie (Fenton i May 2002).

Upadek rasy

Kiedy mówimy o upadku idei rasy, ważne jest, by zrozumieć, co jest w niej odrzucane. Nie podlega dyskusji, że typy wyglądu zewnętrznego, oparte na kolorze skóry, rodzaju włosów i cechach twarzowych są w pewien schematyczny, ogólny sposób rozmieszczone i skupione geograficznie. Wiadomo też, że określone grupy narodowe mogą mieć pewien właściwy sobie typ powierzchowności – na przykład większość Szwedów ma jasną cerę. Koncepcją z nauki wypieraną od ponad wieku jest pogląd, że istnieje dość niewielka liczba „rodów" ludzkiej rasy, które mają wspólne cechy fizyczne, są autentycznie członkami „rodzinnej" grupy pochodzeniowej i, zgodnie z teorią rasy, mają wspólne cechy *niefizyczne*, takie jak temperament i zdolności. Można uchwycić pięć podstawowych przyczyn, za sprawą których koncepcja ta upadła. Pierwszą jest wpływ Darwinowskiej idei zmiany ewolucyjnej, która w nauce, ale nie w potocznym myśleniu, zniweczyła koncepcję „typów niezmiennych". To znaczenie niezmiennego typu (zob. Banton 1977, 1987) pojawiło się później niż dawniejsze użycie „rasy" jako synonimu „narodu"; pod względem naukowym Darwinowska idea zmiany była zupełnie przeciwstawna koncepcji typu stałego. Drugą jest teza Durkheima, że kategoria „ras" – które traktował on tak, jakby były niemal równoważne narodom – nie miała jako kategoria socjologiczna wielkiego znaczenia i nie mogła stanowić podstawy dla wytłumaczenia różnicy społecznej (Fenton 1980). Trzecią przyczyną był atak na determinizm rasowy – to jest na koncepcję, że cechy rasowe stanowiły podstawę różnicy społecznej i nierównych zdolności – przeprowadzony przez antropologów społecznych takich jak Franz Boas, który dowiódł, że różnicę społeczną można wytłumaczyć poprzez odniesienie do „środowiska" i kultury (1982). Czwartą przyczyną był zbiorowy atak na używanie samego wyrazu „rasa", przeprowadzony przez Huxleya i Haddona (1935), którzy zaproponowali właśnie zastąpienie go terminem „grupa etniczna". Piątą przyczyną były prace powojennej, powiązanej z UNESCO grupy, która wykazała, że koncepcja ras była nieprecyzyjna i miała ograniczoną wartość. Grupa ta położyła podwaliny pod stwierdzenie, że „problemem" do zbadania są nie „rasy", ale rasizm (Rex 1973).

Koncepcje naukowe, potoczne i polityczne

W pracy Huxleya i Haddona rozpatrywany był fakt, że koncepcje naukowe, potoczne i polityczne mogą nie iść ze sobą w parze. Praca ta została opublikowana – jako zamierzony atak na ideę rasy –w połowie lat 30. XX wieku, zbiegając się w czasie z dominacją w Niemczech politycznej filozofii różnicy rasowej i z towarzyszącym jej ludobójstwem. Ich praca pokazuje, jak twierdzą, „względną nieistotność czysto biologicznych czynników" (8). Atakują oni koncepcje rasowe jako błędną naukę, która wchodzi w drogę ludzkości stawiającej sobie za cel zdobycie „naukowej kontroli nad działającymi w społeczeństwie siłami" (8). Pierwsze strony książki ozdabia szesnaście wize-runków „Europejczyków", ze skierowanym do czytelników zaproszeniem, aby dopasować je do nazw narodowych, na przy-kład Brytyjczyk czy Austriak. Bez wątpienia autorzy zakładali, że większości czytelników się to nie uda, co miało dowodzić zawodności koncepcji typów fizycznych, przypasowywanych do określonych grup narodowych.

Autorzy potwierdzają, że to, co nazywają oni „sentymentami grupy", stanowi potężną siłę, przytaczając w tym celu przykłady z Biblii, by uniknąć jakichkolwiek międzygrupowych podejrzeń. „Przybysza, który się osiedlił wśród was, będziecie traktować jak kogoś, kto urodził się pośród was. Będziesz go miłował jak siebie samego" (Kpł 19, 34). Ludzkość z trudem przezwycięża mentalność małej grupy, jak dowodzą, używając przy tym charakterystycznie męskiej terminologii: „Rodzaj ludzki [*mankind*] ukazał się jako ciągle nieprzygotowany na przyjęcie idei uniwersalnego, ludzkiego braterstwa. Sentymenty plemienne, religijne i narodowe ciągle odrzucają sentyment dla ludzkości" (Huxley i Haddon 1935: 14).

Duża część ich rozprawy poświęcona jest osłabieniu idei prawdziwości wspólnego rodowodu. Przyznają oni, że „wspólne pochodzenie" jest zasadniczym znaczeniem „rasy", ale dowodzą, że twierdzenie o wspólnym pochodzeniu z trudem daje się utrzymać, chyba że w bardzo swobodnym rozumieniu. „Fizyczne pokrewieństwo – mówią oni – które jest często uznawane za podstawę grupowej świadomości, osiągającej swe apogeum w tak zwanym »poczuciu rasy«, musi być fikcyjne" (22). Później przywołują oni przykłady krzyżujących się w skomplikowany sposób i niedających się odtworzyć, niejasnych rodowodów, jako dowód na fantastyczność koncepcji prawdziwego wspólnego pochodzenia. W rzeczywistości sentyment grupy opiera się na rzeczach zupełnie innych niż fikcja wspólnej „krwi"; opiera się na wspólnych zajęciach, instytucjach społecznych, religii i zwyczaju. Idea „rodu" jest biologicznym mitem. Zaś koncepcja określonego typu fizycznego dezawuowana jest poprzez odniesienie do głównych przywódców niemieckich, którzy ją popierali:

> „Nasi niemieccy sąsiedzi przypisali sobie typ teutoński, który charakteryzuje się jasną cerą i jasnymi włosami, owalną twarzą, jest wysoki i męski. Stwórzmy zatem obraz typowego Teutona [...] Niechaj będzie jasnowłosy jak Hitler, ma tak owalną głowę jak Rosenberg, niech będzie wysoki jak Goebbels, tak smukły jak Goering i tak męski jak Streicher" (26).

To, naturalnie, było kpiną, ponieważ Hitler nie był blondynem, a i inni nazistowscy przywódcy nie posiadali cech przypisanych im w tym fragmencie.

Huxley i Haddon odnotowują użycie przez greckiego historyka, Herodota, słowa *ethnos* (liczba pojedyncza) i *ethnea* (liczba mnoga) jako grup narodowych, regionalnych i językowych, włączając w to *ethnos* grecki. „Herodot – wskazują autorzy – dochodzi do wyraźnego wniosku, że grupa, na przykład Grecy, odróżnia się od innych grup poprzez takie czynniki jak pokrewieństwo, ale co najmniej w równym stopniu istotny jest język, religia, kultura czy tradycja" (31).

Im głębiej Huxley i Haddon analizują próby zastosowania koncepcji rasy, tym wyraźniej twierdzą, że są one bardzo mylne i nieokreślone. Wnioskują: „Nie możemy zatem dłużej myśleć o wspólnym rodowodzie, jednym pierwotnym rodzie, jako zasadniczym wyznaczniku »rasy«" (106). Niewykluczone, że ten cytat daje początek długiej historii używania słowa „rasa" w cudzysłowie. Autorzy twierdzą, że występuje „godne ubolewania pomieszanie pomiędzy koncepcjami rasy, kultury i narodu" i „wobec tego bardzo wskazane jest, by termin rasa, jako odnoszący się do grup ludzkich, został wyrzucony ze słownika nauki" (107). Odtąd „słowo rasa będzie świadomie unikane, a zamiast niego, dla wszelkich ogólnych celów, używany będzie termin grupa (etniczna) lub lud" (108).

Huxley i Haddon, odrzucając koncepcję rasy, ciągle jeszcze bardzo mocno byli zainteresowani zakresem i występowaniem cech fizycznych, które postrzegali jako szeregi statystycznych klasyfikacji. Jedynie czasami napomykali oni o grupach etnicznych, jako możliwych do określenia poprzez kontekst społeczny, język i różnicę kulturową, i prawie nigdy nie mówili o samoidentyfikacji lub poczuciu wspólnej tożsamości i historii. Tym, co autorzy osiągnęli, było naukowe obalenie koncepcji rasy. Stwierdzili oni, że grupy ludności wyznaczane przez różnicę fizyczną, lokalizację geograficzną i środowisko społeczne mogłyby być poprawnie określane jako „grupy etniczne", jednak nie posunęli oni swych badań dalej, by dopracować pojęcie „etniczności" w znaczeniu, jakie kategoria ta odtąd przybrała. Kontynuowali oni raczej namysł nad odróżnianiem konkretnych, możliwych do zdefiniowania grup niż myśleli o „etniczności" jako jakości lub wymiarze relacji społecznych. Tymi, którzy zaczęli odchodzić od koncepcji ras jako grup zróżnicowanych pod względem fizycznym w stronę definiowania ich poprzez społeczną pozycję i kulturę, byli amerykańscy antropolodzy społeczni (na przykład Franz Boas) i socjolodzy, na przykład Robert Park.

Boas z pewnością poważnie traktował koncepcję rasy fizycznej; jego wydany w 1982 roku zbiór esejów z lat 30. jest pełen dyskusji o jednostkach antropometrycznych. Ale brał on również pod uwagę pogląd, że kultura i środowisko są istotnym czynnikiem w kształtowaniu „różnicy rasowej"; było to prawdziwe odstępstwo od innych prac w owym czasie. Robert Park zachował ideę *temperamentu rasowego*, co sugeruje, że brał on poważnie koncepcję stałych różnic rasowych jako determinujących zachowanie. Ale rozwinął on również teorię „stosunków rasowych", opartą w dużej mierze na *społecznych* procesach migracji, i ekologiczny model miasta (Park 1950). W swych pracach Park i Boas albo nadawali nowe znaczenia pojęciu „rasy", albo zastępowali ją terminem „grupa etniczna". Ogólnie rzecz ujmując, od tego czasu (Boas, Park, Huxley i Haddon tworzyli w latach 20. i 30. XX wieku), aż do lat 60., terminy „rasa" i „grupa etniczna" były stale używane, w dużej mierze wymiennie, ale w zauważalnym ciągle – (szczególnie) w przypadku ras i (czasem) w odniesieniu do grup etnicznych – znaczeniu grup zróżnicowanych pod względem fizycznym. Ale ataki na pewność i określoność przypisywaną koncepcji rasy już się zaczęły i w świecie nauki znaczenie tego pojęcia cały czas słabło, by już nigdy nie odzyskać rangi, jaką niegdyś posiadało w naukach społecznych i antropologicznych.

Praca Parka ukazuje, jak pojęcie rasy, a w szczególności koncepcja rasowo dziedziczonych cech, utrzymuje się w jego podejściu, pomimo postrzegania przezeń „ras" jako umiejscowionych w społecznym i historycznym kontekście. A zatem mówi on o „jednostce jako nosicielu podwójnej spuścizny. Jako członek rasy przekazuje ona, poprzez krzyżowanie się, spuściznę biologiczną. Jako członek społeczeństwa lub grupy społecznej [...] przekazuje ona, poprzez komunikowanie się, dziedzictwo społeczne. [...] dziedziczna natura [...] konstytuuje temperament rasowy" (Park i Burgess 1921; zob. dyskusję w: Banton1977: 102). Jednostka jest zatem widziana jako dziedzicząca nie tylko cechy fizyczne, jak kolor skóry, ale też „temperament rasowy". Jednostka jest nosicielem (rasowych) cech grupy. Z drugiej strony, praca Parka prezentuje również globalną perspektywę zmiany społecznej, kolonizacji oraz społecznych efektów europejskiej ekspansji politycznej i ekonomicznej, w ramach których wypracowywane są „stosunki rasowe" (zob. Fenton 1981). Stwierdza on, że rywalizację i konflikt pomiędzy grupami rasowymi można odnaleźć w miejscach, gdzie centrum rozciąga się na tereny graniczne i gdzie Europejczycy powiększają swe polityczne domeny. Jeżeli pogląd na temat „temperamentu rasowego" czyni Parka anachronicznym, to tematyka „globalnego kapitalizmu" sprawia, że brzmi on o wiele bardziej nowocześnie.

Lloyd Warner i amerykańskie grupy etniczne

Lata 30. XX wieku były w Stanach Zjednoczonych okresem powstawania znakomitych opracowań na temat „stosunków rasowych", między innymi takich klasycznych dzieł jak *Caste and Class in a Southern Town* (Dollard 1937) i *Deep South* (Davis i inni 1941) (zob. Banton 1977). Pogląd Lloyda Warnera mówiący, że amerykański wzór rasowej segregacji i subordynacji mógłby zostać opisany jako system koloru i kasty, pochodzi właśnie z tego okresu badań. Wówczas to Warner (wraz z Leo Srolem) prowadził badania nad miastem w Nowej Anglii, z których część została później opublikowana (1945) jako praca *The Social Systems of American Ethnic Groups*. Jest to – z punktu widzenia naszego przedmiotu zainteresowań – praca szczególnie ważna, ponieważ łączy w sobie namysł nad tym, co było postrzegane jako dwa różne, ale pokrewne przedmioty badania społecznego – grupy rasowe i grupy etniczne. Podejście takie jest zatem interesujące ze względu na wcześniejsze rozróżnianie „rasowego" i „etnicznego". Praca ta daje nam również obraz tego, jak postrzegana była „biała" Ameryka; wprowadza analizę kasty i klasy i zamieszcza zapowiedź tego, jak rozwinie się amerykański system rasowy i etniczny.

Etniczność (słowo jeszcze nieużyte) w opinii Warnera jest wyraźnie czymś, co posiadają raczej „obcy" niż – będący większością – biali Amerykanie; obcymi są w większości ludzie, którzy emigrowali w XIX i na początku XX wieku z Europy. Chociaż przyznaje on, że „tak zwana »staroamerykańska« kultura sama jest nowa i w ostatecznym rozrachunku »imigrancka«", w przeważającej części mówi o „starych" białych Amerykanach jako po prostu Amerykanach *bez „etnicznych" właściwości*. Są oni głównym nurtem społeczeństwa, do którego inni, koniec końców, dołączą. Chociaż Warner rozumie grupy etniczne jako przede wszystkim grupy wcześniejszych lub późniejszych imigrantów, którzy przybyli do Ameryki z Europy, kiedy zaczyna je definiować, łączy to, co postrzega jako cechy rasowe i etniczne. Mówi o pięciu typach rasowych: jasnych i ciemnych kaukazoidach, dwóch typach pochodzących ze zmieszania mongoloida i kaukazoida (jeden z wyglądu bardziej przypomina kaukazoida, drugi mongoloida) oraz Murzynach i negroidalnych typach mieszanych. Autor nie nazywa ich „rasami" i tylko czasami używa zwrotu „grupy rasowe". Postrzega je raczej jako właściwości rasowe, które łączy z cechami kulturowymi, językiem i religią, by ukazać ich większą lub mniejszą akceptację w społeczeństwie amerykańskim. Trzy rodzaje grup, twierdzi, są klasyfikowane jako gorsze: „grupa etniczna, grupa rasowa i grupa etniczno-rasowa". Najbardziej prawdopodobne jest to, że zaakceptowane zostaną grupy o rasowych i kulturowych cechach podobnych do „starych Amerykanów", czyli grupy białe, anglojęzyczne i protestanckie. Najmniej ochoczo przyjmowane do głównego nurtu społecznego są grupy z rasowymi i kulturowymi cechami najbardziej od tego nurtu odmiennymi. Chociaż „amerykańscy Murzyni" pod względem kulturowym (język angielski, wyznanie protestanckie, nie mówiąc już o długości osiedlenia w Ameryce) przypominają starych Amerykanów, jasne jest, że o ich wykluczeniu przesądzają cechy rasowe.

Warner poświęca dużo uwagi trzem typom rasowym, a jego użycie pojęć „kaukazoid", „mongoloid" i „negroid" ma solidne zakotwiczenie w klasycznej nauce o rasie, to jest klasyfikacyjnym i typologizującym sposobie pisania o „rasach", który obowiązywał przez niemal cały wiek XIX (Banton 1977). Ale inaczej niż Park, który mówi o afirmacji rasy i dziedzictwie rasowego temperamentu, Warner postrzega znaczenie typów rasowych jako leżące nie we właściwościach fizycznych, to jest w tym, co mogłoby być widziane jako „rasa sama w sobie", ale w społecznym znaczeniu przypisywanym różnicy rasowej:

> „Grupy rasowe różnią się raczej pod względem biologicznym niż kulturowym od starej, amerykańskiej, białej ludności. Cechy różnicujące zostały ocenione jako gorsze. Takie atrybuty fizyczne jak ciemna skóra, fałda mongolska lub kręcone włosy stają się wyznacznikami pozycji społecznej [...] Kulturowe cechy grupy etnicznej, które stały się wyznacznikami niższego statusu, mogą być i są zmienne w czasie, ale cechy fizyczne, które stały się oznakami niższego statusu, są niezmienne. *Dopóki stare społeczeństwo nie zmieni swoich metod oceny*, te grupy rasowe skazane są na permanentnie niższe ich zaszeregowywanie" (Warner i Srole 1945: 285; moje podkreślenie).

Zdaniem Warnera, przeznaczeniem wszystkich białych lub jasnoskórych grup etnicznych jest dołączenie do głównego nurtu białych Amerykanów. Jest tak za sprawą siły amerykańskiego egalitaryzmu, „którego dążenie do tego, by uczynić wszystkich ludzi na wzór i podobieństwo Amerykanów" łączy się z mobilnością społeczną. Wytwarza to zróżnicowanie klasowe pośród grup etnicznych, a zatem osłabia ich solidarność. Porządek klasowy, twierdzi autor, „doprowadza nasze grupy etniczne do rozpadu". Ma on na myśli to, że jeśli imigranci są – na początku swego pobytu – skupieni wokół słabo płatnej pracy, będą też mieszkać w tych samych dzielnicach, ich dzieci będą uczęszczać do tych samych szkół i ich doświadczenie Ameryki będzie podobne. Społeczna mobilność rozbije tę solidarność, zatrze podobieństwa i osłabi spójność grupy etnicznej.

A zatem, w dyskursie Warnera, etniczny oznacza obcy i, ze względu na niską ocenę różnic kulturowych, gorszy; „większość »etników« ma niższy status społeczny" – pisze, używając rzeczownikowej formy pojęcia „etnik". Ale to zróżnicowanie etniczne zblaknie, skończy się jego epoka i zacznie się epoka rasy (zob. Warner i Srole 1945: 285). „Stare społeczeństwo" w cytacie powyżej („dopóki stare społeczeństwo nie zmieni swoich metod oceny") musi oznaczać społeczeństwo białe, a przecież większość czarnych Amerykanów mieszka tam dużo dłużej niż wielu Amerykanów europejskiego pochodzenia. Warner wskazuje, że mało prawdopodobne jest, by ocena cech rasowych zmieniła się. Porządek rasowy wynika w późniejszym dyskursie z szerzącego się wpływu białego rasizmu. Mało prawdopodobne jest, by biali zmienili się pod tym względem, zaś możliwość, że czarni Amerykanie wezmą swój los w swoje ręce i przeforsują zmianę, nie jest brana pod uwagę.

Praca Warnera nie tylko daje wgląd w amerykański obraz rasy i etniczności z połowy XX wieku. Jest również interesująca jako punkt odniesienia dla późniejszych wydarzeń. Niespełna 10 lat po publikacji tej pracy Sąd Najwyższy skończył z prawnym sankcjonowaniem segregacji rasowej, odchodząc od doktryny „rozdzieleni, ale równi" w sprawie sądowej Brown przeciw Komisji Edukacji miasta Topeka (w Kansas), wniesionej w akcie protestu przeciwko wykluczeniu czarnych uczniów z całkowicie białych szkół. Sąd utrzymywał, że argument, jakoby instytucje (np. szkoły) mogły być rozdzielone, ale równe, jest niemożliwy do utrzymania. Niedługo potem nacisk ruchu praw obywatelskich przyniósł jeszcze bardziej zasadnicze zmiany.

Tradycja naukowa: Max Weber i grupy etniczne

Jeżeli mamy dokonać przeglądu znaczenia pojęcia „grupa etniczna" w socjologii, należałoby zacząć od Maxa Webera, który miał ogromny wpływ na rozwój tej problematyki, jak również usystematyzował definicje tego pojęcia. Weber, piszący na początku XX wieku (zmarł w 1920 roku), wykracza poza chronologiczny porządek wyznaczony przez amerykańskich autorów przywołanych powyżej, ale jego prace nie były szeroko znane w anglojęzycznej nauce społecznej aż do czasów powojennych. Jeśli już, to czytane były jego analizy kapitalizmu i organizacji biurokratycznej, z których był najbardziej znany; dopiero od niedawna do Webera sięgają na powrót autorzy zainteresowani etnicznością. Najczęściej cytowany jest fragment z *Gospodarki i społeczeństwa* (2002), wypisy z niego pojawiają się w trzech ostatnich antologiach (zob. Guiberneau i Rex 1997; Hughey 1998; Hutchinson i Smith 1996).

Problem „odmienności ras" jako obiektywnych, konstytuowanych przez dziedziczenie i możliwych do systematycznej analizy kategorii jest wyraźnie widoczny u Webera. Pisze on, że „stopień obiektywnej odmienności ras można z czysto fizjologicznego punktu widzenia określać [...] wedle tego, czy mieszkańcy rozmnażają się w mniej więcej normalny sposób" (Weber 2002: 305). Jest to teza, która przyjmuje odmienność rasową za prawdziwą i wartą zbadania w taki sposób, jaki zaleca nauka o rasach. Jego praca jest zatem kolejnym przykładem przedstawienia „rasy" i „etniczności" jako pojęć istniejących obok siebie, dotyczących w większości kwestii tego samego rodzaju, ale z założeniem, że „rasa" ma związek z różnicą fizyczną i czasami z cechami dziedzicznymi.

Jednakże nie można mieć wątpliwości, że główny kierunek argumentacji Webera jest socjologiczny, to jest ukazuje on etniczność *jako wiarę* we wspólne pochodzenie i nakazuje zbadać źródła i konsekwencje tego przekonania dla jednostkowych i wspólnotowych działań. Tożsamości rasowe lub etniczne są często przedstawiane jako zależne od społecznego odbioru różnicy i w większości przypadków umieszczane w obrębie kontekstu działalności politycznej. To umiejscawia koncepcję Webera blisko tych, którzy, przeszło pięćdziesiąt lat później, mówili o „etniczności politycznej" i poczuciu wspólnego pochodzenia skonstruowanym dla celów politycznych (por. np. Cohen 1974). Rasa – mówi Weber – „prowadzi [...] do powstania »wspólnoty« naturalnie jedynie w sytuacji, gdy subiektywnie odczuwana jest jako wspólna cecha" i staje się ona podstawą działalności politycznej, kiedy „wspólne losy osób jednej rasy powiązane są z opozycją pomiędzy ludźmi jednego rodzaju wobec ludzi wyraźnie innego rodzaju" (Weber 2002: 305).

W większości rozważań Webera w tym często cytowanym fragmencie dominują trzy założenia. Pierwsze, że wspólne pochodzenie jest kluczowym elementem tożsamości etnicznej, ale jest to *wiara* we wspólny początek, nie żaden obiektywnie wspólny rodowód, który jest społecznie przekonujący. Drugie, że różnice, zarówno kulturowe, jak i fizyczne, stanowią punkt odniesienia, wokół którego kształtowana jest tożsamość grupowa. Różnice kulturowe mogą być szczególnie ważne, jeżeli są łatwo wyczuwalne, tak jak język, lub widoczne, jak ubiór i formy codziennego zachowania. Różnice te są często organizowane w system honoru, tak że honor etniczny i honor stanowy są ze sobą blisko powiązane. Jego przykład „ubogich białych" na amerykańskim południu jest jednym z takich przypadków. Po trzecie, Weber wielokrotnie mówi o grupie etnicznej jako podstawie działalności politycznej. Jest to blisko związane z ideą narodu, którego wyróżnikiem jest dążenie do „państwa autonomicznego" (315).

Związki, po pierwsze, etniczności z działalnością polityczną, a po drugie, etniczności z pozycją społeczną, stanowią trwały przedmiot studiów nad grupami etnicznymi lub „etnicznością". W ostatnich pracach (takich jak praca Glazera i Moynihana, którą omawiamy poniżej w rozdziale 5, lub prace politologów, np. Brassa 1985, 1991) grupy zorganizowane etnicznie postrzegane są jako aktorzy na scenie politycznej. To znaczy, grupy są organizowane pod względem etnicznym poza sferą polityki, ale wkraczają na polityczną arenę, by prowadzić lobbing na rzecz ich wspólnych interesów lub nawet rościć sobie prawa do autonomii. Weber stawia akcent gdzie indziej. Przyznaje on, że powstanie grupy etnicznej może poprzedzać jej polityczne zorganizowanie się i może ona być później luźno reprezentowana w organizacji władzy. Ale równocześnie dowodzi on, że tworzone są takie grupy polityczne, które *później* nadają sobie samym charakter etniczny:

„Zewnętrzne granice »plemienia« są naturalnie jednoznaczne tam, gdzie stanowi ono człon wspólnoty politycznej. Ale wtedy są one najczęściej także sztuczne, są tworem owej wspólnoty [...]. W przypadku tworzenia lub organizowania na nowo wspólnoty również one były sztucznie wydzielane, tak że »plemię«, choć szybko wykształcało całą symbolikę wspólnoty krwi, a zwłaszcza kult plemienny, stanowiło tu dopiero sztuczny produkt wspólnoty politycznej. Powstanie swoistego poczucia wspólnoty, wywołującego reakcje podobne do tych właściwych więzi krwi, w całkowicie sztucznie wyróżnionym tworze politycznym i dziś jeszcze nie jest rzadkością. Najbardziej schematyczne z możliwych twory polityczne, na przykład odgraniczone wedle stopnia szerokości geograficznej, kwadratowe »stany« amerykańskiej unii, cechuje bardzo rozwinięta szczególna świadomość, sprawiająca, że rodziny z Nowego Jorku jeżdżą czasem do Richmond tylko po to, by oczekiwane dziecko urodziło się tam i stało »Wirgińczykiem«" (Weber 2002: 313).

Jest to część ogólnej tendencji wśród wspólnot politycznych, by być postrzeganymi lub postrzegać same siebie jako mające wspólne pochodzenie. „Całe dzieje – pisze Weber – ukazują, jak łatwo zwłaszcza polityczne działanie wspólnotowe może tworzyć wyobrażenie »wspólnoty krwi«, o ile na przeszkodzie nie stoją nazbyt drastyczne różnice typów antropologicznych" (313). Weber wyróżnił w metodologii socjologicznej trzy typy działania: działanie prowadzone przez rozum, afekt i tradycję. Miało to służyć rozróżnieniu działań opartych na trzech różnych zasadach przewodnich: racjonalnej kalkulacji, sentymencie i uczuciu oraz chęci postępowania zgodnie z tradycją. W tych fragmentach, dotyczących wspólnot politycznych i wiary we wspólną etniczną genezę, widoczne są wzmianki świadczące, że autor *Gospodarki i społeczeństwa* uważa „etnicznie zorientowane działanie" za przykład działania powodowanego przez afekt i tradycję. W ten sposób

„etnicyzacja" politycznej organizacji lub działania mogłaby być uważana za przykład wtargnięcia nieracjonalnego działania do racjonalnie zorganizowanych sfer. Innymi słowy, państwa mogą być zorganizowane na zasadach racjonalno-prawnych, ale wpływają na nie, czy też mogą zacząć wpływać, osobiste lub wspólnotowe sentymenty i lojalności. Weber wskazuje, że kategoria „etnicznie zdeterminowanego działania społecznego" (to jest działania motywowanego wiarą we wspólne pochodzenie) jest zbyt niejasna, by być użyteczną; nie udałoby się dzięki niej rozpoznać wielu różnych elementów zwyczaju i tradycji, włączając te związane ze wspólnym językiem, religią, działaniem politycznym, przyciąganiem i niechęcią oraz stosunkami seksualnymi.

Związek sentymentów etnicznych z wytwarzaniem honoru społecznego i społecznego statusu jest bardziej istotny dla rozumowania Webera.

> „Oprócz rzeczywiście znanych różnic ekonomicznego sposobu życia, we wszystkich epokach w wykształcaniu się wiary w pokrewieństwo etniczne istotną rolę odgrywały różnice zewnętrznego wizerunku: odmienność typowego stroju, typowego domu, sposobu odżywiania, utartego podziału pracy między płciami oraz między wolnymi i niewolnymi, a więc wszystkie takie sprawy, w przypadku których pojawia się pytanie, co jest »stosowne«, a zwłaszcza wiążące się z poczuciem honoru i godności jednostki. Innymi słowy, te kwestie, z którymi spotykamy się później także jako podłożem swoiście »stanowych« różnic. W rzeczy samej bowiem przekonanie, że własne obyczaje są doskonałe, a cudze gorsze, podsycające »honor etniczny«, odpowiada całkowicie »stanowym« pojęciom honoru" (Weber 2002: 311).

Dalej Weber zwraca uwagę na pojęcia narodu i narodowości. Wspólne pochodzenie lub wiara we wspólne pochodzenie znowu jest dlań centralną ideą:

> „»Narodowość« dzieli z »ludem« w potocznym »etnicznym« sensie, przynajmniej zwykle, niejasne przedstawienie, że podstawą tego, co odczuwane jest jako »wspólne«, musi być wspólnota pochodzenia" (313).

Chociaż Weber jest całkowicie pewien, że wiara we wspólny początek jest ważna dla życia politycznego i że oceny etniczne są analogiczne do ocen stanowych, nie jest on pewien, czy powinniśmy brać pojęcie „grup etnicznych" lub „działania zdeterminowanego politycznie" nazbyt poważnie. Ta ambiwalencja do tej pory przetrwała w antropologii społecznej i w socjologii.

Antropologia i antropologia społeczna

O ile socjologia stopniowo uwolniła się od terminu „rasa" i przyswoiła język „rasy" i „etniczności" jako istniejących obok siebie, antropologia społeczna przyjęła terminy „grupa etniczna" i „etniczność" dla uniknięcia pewnych niepożądanych implikacji związanych z określeniem „plemię". Dostępna jest niedawno wydana, bardzo dobra książka na temat użyć terminu „etniczność" w antropologii, dlatego powtarzanie tych kwestii tutaj jest zupełnie niepotrzebne. Czytelników pragnących prześledzić rozwój antropologicznego konstruowania pojęcia „etniczności" bardzo zachęcam do przeczytania książki Marcusa Banksa, *Ethnicity: Anthropological Constructions* (1996), jako wspaniałego omówienia historycznego i teoretycznego.

Trzy spośród wniosków Banksa powinny zostać tutaj w szczególności odnotowane. Pierwszy, że „plemię" zostało zastąpione przez „grupę etniczną" pod wpływem uczonych ze szkoły manchesterskiej. Była to grupa antropologów piszących w latach 60. i wczesnych latach 70., związanych z Maxem Gluckmanem i Manchester University (zob. Banks: 25; Cohen 1974; Epstein 1978). Uznali oni za istotne przyjrzenie się „plemiennej" czy etnicznej tożsamości grup i ich zachowaniu w określonym kontekście – białej władzy kolonialnej i urbanizacji, która zakłóciła „tradycyjne" formy zachowania, określane jako „plemienne". W ten sposób badacze odeszli od zwyczajowego widzenia ludu lub plemienia jako jednolitej czy samowystarczalnej wspólnoty. *Plemienność* – trwanie w pewnym kształcie tożsamości grupowej o korzeniach wiejskich w nowym kontekście miejskim – była problemem dla zarządców kolonialnych i dla modernizacyjnych przedsięwzięć. Ale nie mogło to być rozumiane jako po prostu nieracjonalna lojalność i wierność tradycji, którą określało pojęcie „plemienny". Tak więc narodziło się pojęcie „etniczności politycznej", instrumentalnego użycia tożsamości etnicznej, która była przybierana lub odrzucana w zależności od okoliczności (zob. Banks 1996: 24nn).

Banks pisze także o tym, że kiedy termin „etniczność" zaczął być „modny" i wszedł do antropologii w późnych latach 60., uznawany był za pojęcie pochodzące z socjologii północnoamerykańskiej. *The Oxford English Dictionary* odnotowuje amerykańskie użycie „etniczności" już w 1953 roku, ale to w roku 1975 pojawił się tom redagowany przez Glazera i Moynihana, który stanowił najważniejszy impuls dla ostatecznego rozszerzenia użycia tego terminu. Trzecią rzeczą, którą między innymi wspaniale opisuje Banks, jest ewolucja specyficznie pojmowanego w radzieckiej teorii antropologicznej terminu *ethnos*. Przyjrzymy się pewnym głównym cechom tej tradycji akademickiej, ponieważ jest to dobry przykład tego, jakie znaczenia mogą być przypisywane grupom etnicznym w różnych językach, tradycjach badawczych i ustrojach politycznych. Większość poniższego wywodu opiera się na relacji Banksa.

Radziecki *ethnos*

W latach 70. radzieccy antropolodzy, kierowani przez Juliana Bromleja, zaczęli pisać o grupach etnicznych, dla opisu których używali oni zapożyczonego z greki terminu *ethnos*. Kiedy postalinowska Rosja i cały Związek Radziecki wkroczył w bardziej liberalny okres, możliwe stało się mówienie o grupac etnicznych (czy etnosach) jako zbiorowościach, które, przetrwawszy, przeszły z fazy społeczeństwa pre-socjalistycznego do społeczeństwa socjalistycznego. Wcześniej jakiekolwiek uznanie „rzeczywistości" tożsamości etnicznych ludów, określanych poprzez język, kulturę i wiarę we wspólne pochodzenie, było podejrzane. Takie ujęcie kłóciło się również z teorią marksistowską, według której nowoczesny socjalizm przekraczał zjawisko etniczności; teoria ta uderzała w tożsamości „narodowe", zagrażające według niej radzieckiemu obywatelstwu. Bromlej i jego współpracownicy byli przekonani, że „etnosy", pomimo przerażających przykładów prześladowania mniejszości narodowych, przetrwały. Musiały one zostać opisane i zanalizowane tak, by nie narazić się obowiązującej doktrynie. Rozwiązaniem było przedstawianie ich jako rzeczywistych grup – z „trwałymi cechami kulturowymi, pewnymi dystynktywnymi cechami psychologicznymi i świadomością jedności" (Banks 1996: 19) – które przetrwały kolejne stadia ewolucji społecznej, ale poddały się pewnym zmianom ekonomicznym. Etnosy trwały, historia materialistyczna toczyła się dalej. W ten sposób radzieccy antropolodzy byli w stanie uznać „grupy etniczne" bez szkody dla materialistycznej teorii historii, nie czyniąc z „tożsamości etnicznych" jakiegoś zagrożenia dla radzieckiego państwa.

Radziecki przypadek ilustruje dwie kwestie, do których odnosiliśmy się wcześniej. Po pierwsze, że „teoria etnosu" była przedmiotem lokalnych (w tym przypadku radzieckich) dyskursów antropologicznych, z których najważniejszy był marksistowski, materialistyczny paradygmat historyczny. Po drugie, kontekst polityczny – w przypadku radzieckim podporządkowanie wszelkiej „lokalnej" tożsamości, narodowej czy etnicznej, obywatelstwu radzieckiemu – kształtował sposób, w jaki radzieccy akademicy mogli w ogóle poświęcać tej kwestii uwagę. Zgodnie z materialistyczną teorią historii, *ethnos* był postrzegany jako realny i substancjalny byt w społeczeństwie i historii, niemniej jednak zbytnie akcentowanie dokonywanego przez ludzi samookreślania czy ich kolektywnej świadomości mogło oznaczać nadmierne wykorzystanie czynników subiektywnych lub nawet antropologiczne uwiarygodnianie „nacjonalistycznych" (nie-radzieckich) sentymentów.

Godny uwagi jest zatem fakt, że zaledwie w kilka lat po upadku imperium radzieckiego inny wybitny uczony opublikował klasyczne studium na temat narodów i nacjonalizmu na dawnych obszarach radzieckich. W tym czasie Tiszkow ogłosił *odwrócenie teorii etniczności i nacjonalizmu* (Tiszkow 1997). Tożsamość etniczna i tożsamość narodowa *nie* są naturalnymi faktami społecznymi, opartymi na istnieniu rzeczywistych etnosów. Są one raczej tożsamościami budowanymi, kształtowanymi i przekształcanymi z różnorodnych materiałów historycznych, które odpowiadają potrzebom, wymogom politycznym lub możliwościom danego czasu. Krótko mówiąc, są one „społecznie konstruowane" i w dużym stopniu stanowią wytwór okoliczności. Tak więc, chociaż Tiszkow jest wyraźnie zaniepokojony płomieniem poradzieckiego nacjonalizmu (podtytuł jego książki to „płonący rozum"), jego opis ukazuje nacjonalizmy jako raczej instrumentalne i oportunistyczne niż autentyczne i organiczne. Już w krótkim czasie po tej publikacji pojawił się w ważnym zachodnim czasopiśmie kolejny jego artykuł (Tiszkow 2000), obwieszczający, że czas zupełnie porzucić koncepcję narodu.

Grupy rzeczywiste

Przykład rosyjskiego użycia terminu *ethnos* nie tylko pokazuje, jak narodowe i regionalne rzeczywistości polityczne kształtują sposób rozumienia etniczności i narodu. Przykład ten jest również bodźcem do zatrzymania się nad – wielokrotnie stawianym – pytaniem dotyczącym etniczności. Jest to pytanie, czy „grupy etniczne" mogą być uważane za grupy rzeczywiste, organiczne i substancjalne. Można by wnioskować, że jest to pytanie filozoficzne, ale nie to mam na myśli; chodzi o to, że znaczenia przydawane słowu „grupa" mogą być nadawane wbrew obserwacji i dowodom.

A zatem, pytanie, czy „grupy etniczne są prawdziwe", jest *pytaniem socjologicznym*, a nie tylko *epistemologicznym*. Generalną zasadą jest to, że im bardziej zagłębiamy się wstecz w literaturę socjologiczną i antropologiczną, tym bardziej zakładana jest w niej i wyrażana „rzeczywistość" grup etnicznych. Im bardziej idziemy „do przodu", tym mniej substancjalna staje się idea etniczności. Problem leży, jak dowodziłem gdzie indziej (Fenton 1999), nie w słowie „etniczny", ale w słowie „grupa". Słowo „grupa" sugeruje istnienie jakiejś jednostki zbiorowej organizacji, chociażby przynależność do niej była jedynie swobodnie deklarowana. Jeśli powrócimy do pojęcia grup etnicznych Lloyda Warnera, zauważymy, że wyraźnie rozumiał je on jako możliwe do określenia, względnie odrębne i ograniczone – byli to imigranci z Europy i ich potomkowie, posiadający odmienną kulturę i *podtrzymujący pewne formy życia grupowego*. Byłaby to na przykład większa lub mniejsza kontrola wyborów małżeńskich (pierwotnie egzogamia była potępiana), tworzenie organizacji opieki społecznej, jak stowarzyszenia ubezpieczeniowe i pogrzebowe, skupiska mieszkaniowe, które umożliwiały zbiorowe działanie w dzielnicach, szkołach i kościołach, oraz, w pewnych wypadkach, stowarzyszenia obrony politycznej (Handlin 1973; Yinger 1994). W pracy Warnera „siła podsystemu etnicznego" jest wyznaczana poprzez rozmieszczenie przestrzenne, życie gospodarcze i system klasowy, rodzinę, kościół, język i związki etniczne (Warner i Srole 1945). Im silniejszy jest każdy z tych czynników w podtrzymaniu kultury etnicznej i powiązań grupowych, tym większe szanse grupy na przetrwanie jako prawdziwa wspólnota etniczna, która stanowi podstawę życia jej członków.

W nieco późniejszej pracy Morris (1968) również podaje definicję substancjalną: „Grupa etniczna jest odrębną kategorią ludności w większym społeczeństwie, którego kultura jest zazwyczaj różna od jej własnej. Członkowie takiej grupy są bądź uważają sami siebie lub uważani są przez innych za powiązanych ze sobą wspólnymi więzami rasy, narodowości lub kultury". Ale w tym samym artykule pisze on, że „grupowość" nie powinna być przyjmowana jako pewnik. Pisze:

> „[Powinniśmy] uczynić rozróżnienie pomiędzy grupą społeczną i kategorią społeczną. Przez grupę socjologowie rozumieją zwykle skupisko ludzi, przyjmowanych na jasnych zasadach, którzy są połączeni ze sobą poprzez formalne, zinstytucjonalizowane reguły i charakterystyczne, nieformalne zachowanie [...] musi ona być zorganizowana spójnie i trwale; to jest, prawa i obowiązki członków musi regulować wewnętrzny porządek i stosunki z innymi grupami. Członkowie zwykle utożsamiają się z grupą i nadają jej nazwę" (Morris 1968: 168).

Wszystko to przypomina wspominaną przeze mnie konceptualizację etniczności jako „rzeczywistych grup". Ale Morris sam przyznaje, że taka definicja jest problematyczna, lub co najmniej wymaga uściślenia. „W praktyce – powiada – grupy społeczne różnią się tym, do jakiego stopnia są zrzeszone" i mogą być czasami „zwyczajną kategorią populacji", niepodpadającą pod żaden z wyznaczników zbiorowego życia. Judith Nagata czyni podobne rozróżnienie. Przedstawiając obraz grup etnicznych z perspektywy „etic" (mówiąc w przybliżeniu, obraz obserwatorów, a nie uczestników), pisze ona:

> „Nasze podsumowanie etniczności z perspektywy »etic«, jako wyróżniającego fenomenu społecznego, wygląda w następujący sposób: kategoria lub grupa z jakimś poczuciem wspólnoty kultury, z której jeden lub więcej elementów będzie traktowanych jako podstawowe wyróżniki członkostwa (oraz wykluczania nie-członków). Ma ona zdolność do instytucjonalnego, samowystarczalnego i niezależnego istnienia. Świadomość, mobilizacja i formalna organizacja etniczności może przybierać różne formy, od rozproszonej tożsamości większości kategorii do wojowniczego aktywizmu ruchu politycznego; będzie to uzależnione od zewnętrznych okoliczności społecznych" (1981: 96).

Tuż przed tym fragmentem autorka pokazywała, w jaki sposób należy rozpatrywać „grupy etniczne" jako pojęciowo różne od, powiedzmy, grup pokrewieństwa lub grup płciowych:

> „Ostateczny czynnik zdaje się leżeć w instytucjonalnej samowystarczalności i samoreprodukcji wspólnoty etnicznej. Stąd powszechny związek, co najmniej na poziomie politycznym, z irredentyzmem, secesją i zagrożeniami dla integracji narodowej" (95).

Nagata podąża tu za pewnymi tezami Clifforda Geertza (rzeczywiście cytuje jego słynną pracę, Geertz 2005), twierdząc, że *ponieważ* grupa etniczna może być samowystarczalna, stanowi to zagrożenie dla „integracji narodowej", skoro lojalność jej członków względem niej może być większa czy też może poprzedzać lojalność wobec narodu. W odniesieniu do instytucjonalnej samowystarczalności i zdolności samoreprodukcji, stawia ona dość wysokie wymagania kwalifikacji grupy jako grupy etnicznej. Oznaczałoby to, że takie grupy wyróżniają się nie tylko kulturowo, ale i instytucjonalnie, poprzez dysponowanie szeregiem form organizacji, które odpowiadają wielu potrzebom swoich „członków". Rzeczywiście, samo słowo „członkowie" sugeruje pewną substancjalność w odniesieniu do etniczności lub grup etnicznych. Ale ponieważ grupy etniczne są prawie zawsze uważane za część większej populacji państwa narodowego, raczej nie dochodzi do przypadków, by taka instytucjonalna odrębność była zupełna. To samo dotyczy sytuacji, kiedy grupy przedzielone są granicami państwa, jak w przypadku Basków we Francji i w Hiszpanii. W podzielonej Ameryce na przykład, były dwie grupy instytucji dla białych i czarnych Amerykanów: szkoły, kościoły, osiedla, uniwersytety, szpitale; nawet cmentarze były podzielone płotami oddzielającymi czarnych od białych. Ale w Malezji (gdzie, nawiasem mówiąc, cmentarze są zwykle etnicznie jednorodne - z wyboru), którą Nagata ma na myśli, instytucjonalna „samowystarczalność" jest kwestią statusu społecznego lub zawodowego i przedmiotem zmian w polityce rządowej.

Nagata dostrzega ten zróżnicowany stopień organizacji pod koniec pierwszego, przywołanego powyżej, cytatu: „Świadomość, mobilizacja i formalna organizacja etniczności może przybierać różne formy". W następnym wyrażeniu zawarta jest sugestia, że etniczność może być „rozproszoną tożsamością większości kategorii"; oddaje to ideę niemal przeciwną do idei „grupy zbiorowej". Ale główna teza jej wywodu pojawia się w na pozór niewinnym i nieprecyzyjnym zakończeniu. Mówi ona, że to zróżnicowanie w zakresie politycznej świadomości i organizacji będzie zależało od „zewnętrznych okoliczności społecznych". Innymi słowy, poziom świadomości i organizacji politycznej grupy lub kategorii etnicznej będzie zależał w mniejszym stopniu od wewnętrznych, społecznych i kulturowych cech, a w większym od zewnętrznych, politycznych i gospodarczych uwarunkowań. Z pewnością tłumaczyłoby to, dlaczego tożsamości etniczne mogą być przez długi czas społecznie „milczące", a wybuchają, kiedy zmienia się sytuacja. Kiedy tak się dzieje, ludzie w obliczu konfliktu etnicznego zastanawiają się, „jak to możliwe, że zawsze żyliśmy w doskonałej zgodzie" z odmiennymi pod względem etnicznym sąsiadami. Ilustruje to przypadek wybuchu przemocy na tle etnicznym w czasie rozpadu Jugosławii.

Puentą tej analizy jest zatem wniosek, że powinniśmy zdawać sobie sprawę, iż zwrot „grupa etniczna" może nieść różne znaczenia słowa „grupa" – tej, jak się wydaje, niewinnej części zwrotu. Możliwe zróżnicowanie sięga od grup o rzeczywistym zbiorowym istnieniu do, jak w wyrażeniu Nagaty, „rozproszonej tożsamości większości kategorii". Jeżeli pomyślimy na przykład o publicznej rejestracji pochodzenia etnicznego, ludzie, którzy mienią się „Pakistańczykami" w brytyjskim Biurze Ewidencji Ludności, to po prostu ci ludzie, którzy na formularzu zaznaczyli: „Pakistańczyk". To, w jakim sensie stanowią oni pakistańską grupę etniczną lub „wspólnotę etniczną", jak czasami jest ona opisywana, jest przedmiotem dociekań socjologicznych. To rozróżnienie pomiędzy spójną grupą i rozproszoną tożsamością powinno pozostawać w pamięci za każdym razem, gdy rozpatrujemy etniczność – ale często nie jest.

Podsumowanie

Na początku wieku XX myślenie o rasie było szeroko rozpowszechnione i koncepcja, że ludność świata jest podzielona na nierówne rasy, była jak najbardziej akceptowana. Tego samego czasu sięgają początki teoretycznej krytyki takiego sposobu myślenia. Émile Durkheim i Franz Boas, francuski socjolog oraz urodzony w Niemczech antropolog, wskazali możliwość zastąpienia objaśnień opartych na kategoriach „rasowych" wyjaśnieniami ugruntowanymi społecznie i kulturowo. Praca amerykańskiego socjologa Roberta Parka w dużej mierze wskazała ten sam kierunek, zaś książka Huxleya i Haddona oficjalnie postulowała zniesienie pojęcia „rasy".

Poświęciliśmy również uwagę pracy Maxa Webera, żyjącego na przełomie XIX i XX wieku niemieckiego socjologa, który odegrał zasadniczą rolę w ufundowaniu socjologii. Długie fragmenty jego esejów były szeroko cytowane we współczesnych antologiach tekstów. Weber pozostawał w dużej mierze nieprzychylnie nastawiony do pojęcia „grupy etnicznej", ale pokazał, że zasadnicze znaczenie tego pojęcia leży w często fikcyjnym twierdzeniu o wspólnym pochodzeniu i w tym, jaki sens ma ono dla organizacji politycznej.

Analizowaliśmy pracę Lloyda Warnera, amerykańskiego antropologa, który napisał szczegółowe, empiryczne studium dotyczące amerykańskich grup etnicznych. Grupy etniczne rozumiał on głównie jako te, które emigrowały do Stanów Zjednoczonych z państw europejskich; stąd Amerykanie pochodzenia polskiego i Amerykanie pochodzenia irlandzkiego. Warner połączył swoją definicję grup etnicznych z koncepcją różnicy rasowej; fizycznie różna – zwłaszcza czarna – ludność pozostanie odmienna i społecznie upośledzona tak długo, jak długo biała większość będzie odbierała jej cechy rasowe jako wyznaczniki niższego statusu.

Omówiliśmy kwestię, w jakim stopniu „rzeczywiste" czy „substancjalne" są grupy etniczne; czy powinny być one uważane za grupy o niewyraźnej i luźno zdefiniowanej tożsamości, czy jako zwarte, naturalnie występujące grupy, stanowiące odrębne części populacji. By zilustrować ten problem, przywołaliśmy wywód Marcusa Banksa, mówiący o radzieckiej idei pojęcia *ethnos*. Prowadzi to nas do następnej ważnej kwestii dotyczącej „etniczności" lub „grup etnicznych" – trwającego od dawna sporu o pierwotność.

Rozdział 4

SPÓR O PIERWOTNOŚĆ

Pierwotność

Już na początku swojej książki na temat etniczności i nacjonalizmu w Rosji Walery Tiszkow (1997) starał się wskazać, że „koncepcja pierwotności została na Zachodzie definitywnie odrzucona". Rosyjska tradycja w naukach społecznych, „w dużym stopniu zdominowana przez podejście akcentujące pierwotność", nie mogła tego przyjąć. Nie mogła ona uznać, że tożsamości są konstruowane społecznie przez same podmioty etniczne i przez państwa, takie jak państwo radzieckie. Konstruktywizm jest ujęciem przeciwnym do pierwotności, ponieważ „dla zwolenników pierwotności istnieją obiektywne, wyodrębnione całości, obdarzone nieodłącznymi cechami, takimi jak terytorium, język, rozpoznawalne członkostwo, a nawet wspólna mentalność"(1).

Dla swoich celów (zob. rozdział 3 powyżej) państwo radzieckie traktowało *etnosy* jako obiektywnie istniejące, wyodrębnione całości; poradziecki zwrot w stronę „konstruktywizmu" jest zatem całkowicie zrozumiały. Państwo radzieckie starało się tak zobiektywizować grupy etniczne, by uczynić je dopuszczalnymi podziałami populacji, jako „naturalnie występujące" wspólnoty języka i kultury. Takie ujęcie nie zagrażało ani władzy państwa – ponieważ etnosy były mu podległe – ani nie sprzeciwiało się zasadom materialistycznej nauki społecznej. Krótko mówiąc, grupy te były prawdziwe, ale nie bardzo znaczące. Jednak dla Rosji poradzieckiej koncepcja, że etnosy istnieją jako rzeczywiste, jest ideą niebezpieczną, zagrażającą – poprzez ustanawianie separatystycznych etnicznych nacjonalizmów – nowemu państwu rosyjskiemu. Stąd odkrycie przez liberałów „konstruktywizmu", który mówi, że doktryny nacjonalistyczne nie tylko wynoszą naród jako najwyższą wartość, ale że wytwarzają one również samą ideę etnosu lub narodu. Tutaj grupy nie są już tak „prawdziwe", ale wciąż wysoce niebezpieczne.

Problem pierwotności nie jest jednak ani tak prosty, ani tak łatwy do rozwiązania, jak chciałby przekonać nas Tiszkow. W tym rozdziale zobaczymy, w jaki sposób pojawiło się pojęcie grup pierwotnych, przede wszystkim jednak musimy mieć jasność co do możliwych różnych znaczeń tego, co pierwotne i tego, co nie-pierwotne; wszak koncepcja „pierwotnego" (i jego krytyka) wydobyła na powierzchnię więcej niż tylko dyskusję na temat „obiektywistycznej nauki społecznej" i „konstrukcjonizmu". (Jest to bardzo wyraźna w historii socjologii dyskusja dotycząca tego, na ile badacze po prostu nazywają – istniejące obiektywnie – fakty społeczne, a na ile postrzegają oni fakty i kategorie społeczne jako konstruowane przez działające jednostki lub ludzi w życiu codziennym, i na ile oni sami tworzą intelektualne konstrukty). Koncepcja „pierwotności" postawiła jeszcze co najmniej jedno ważne pytanie: czy tożsamości etniczne są przedmiotem kalkulacji i namysłu, czy też są one raczej w większym stopniu określane przez sentyment i afekt niż przez racjonalność i kalkulację? Trudności w dyskusji na temat „pierwotności" potęgowane są poprzez pomijanie tych dwóch kwestii:

- Czy grupy są rzeczywiste (czy społecznie konstruowane)?
- Czy związki grupowe są afektywne (oparte na sentymencie) czy instrumentalne (oparte na racjonalnej kalkulacji)?

Na pierwsze pytanie daliśmy już jasną odpowiedź. Pojmowanie grup jako spójnych całości i jako naturalnych podziałów ludności wymagało zasadniczej rewizji. Konieczne było przetarcie szlaku dla tezy, że tożsamości są w pewnej mierze kreowane, podtrzymywane i zyskują ważność w politycznej działalności etnicznie zorientowanych jednostek i państwa. Ale konstrukcjonistyczny język „wynalazku" i „wyobraźni" wydaje się iść za daleko; nawet jeśli tożsamości są wynajdywane i ponownie odkrywane, istnieją pewne społeczne realia – na przykład różnica religijna, skupienie regionalne, zbiorowa organizacja i język – które stanowią substancjalną bazę dla konstruowania i organizowania tożsamości etnicznej. Być może da się wytyczyć wyraźne granice różnicy etnicznej i odwołać się do niej, ale w sytuacji braku jakichkolwiek namacalnych społeczno-kulturowych różnic trudno jest odgadnąć, ile potencjalnych podmiotów etnicznych odpowie na to wezwanie.

„Przywiązanie emocjonalne"

Przez całą historię socjologii istniała pojęciowa opozycja pomiędzy koncepcją racjonalności i kalkulacji a koncepcją afektu, sentymentu i emocji. Na przykład w pracy Durkheima z jednej strony pojawia się koncepcja zachowania powodowanego korzyścią, a z drugiej strony siłą poczucia przywiązania do wspólnoty czy „społeczeństwa" (Durkheim 1999; Fenton 1984). Rozróżnienie na działania racjonalne i emocjonalne było kluczowe dla Weberowskich typów idealnych „zorientowania na działanie". Podobna dychotomia widoczna jest w Parsonowskim rozróżnieniu pomiędzy wartościami instrumentalnymi i ekspresywnymi (Parsons 1968; Weber 2002). Obecnie to istniejące od dawna rozróżnienie analityczne przybrało nowy wygląd w dyskusjach o tym, jaki rodzaj społecznego działania, społecznego przywiązania i tożsamości zawiera się w pojęciu „etniczny". Nie ma wątpliwości, że w powszechnym dyskursie etniczne związki i tożsamości postrzegane są jako przynależące do sfery sentymentu; „przynależące" w sensie psychospołecznej więzi. Sentymenty etniczne mogą być postrzegane jako nie tylko nieracjonalne, ale również jako przeciwne racjonalności, kiedy pomimo korzyści, jakie ludzie mogą osiągnąć, działając w sposób nie-etniczny, wybierają oni działanie etniczne. Na przykład, pomimo wspólnych interesów, za sprawą sentymentów etnicznych robotnicy wydają się odchodzić od zbiorowej aktywności klasowej. Pomimo tego, że w interesie pracodawców jest najęcie najodpowiedniejszej załogi, osoby przyjmujące do pracy dyskryminują kandydatów z przyczyn etnicznych.

Chociaż nauka społeczna pod pewnymi względami preferuje model działania racjonalnego, w całej socjologii niewątpliwie rozpowszechniony jest dyskurs emocji czy „sentymentu". Mężczyźni, w popularnym powiedzeniu, „zachowują się źle", ponieważ powoduje nimi nieracjonalne poczucie męskości, a zachowują się nawet gorzej, kiedy to poczucie męskości jest zagrożone. Ludzie są podatni na polityczne slogany, ponieważ ich pozycja jest osłabiana przez powstałe poczucie gniewu lub niepokoju społecznego. Przykłady można by mnożyć; nam wystarczy świadomość, że język emocji i sentymentu stanowi otwarcie lub w sposób ukryty część socjologicznego myślenia. Na polu etniczności oba modele znajdują zastosowanie: ludzie postrzegani są jako „ślepo" wierni wobec grupy lub jako kalkulujący swój indywidualny czy grupowy interes. Jeżeli – uwarunkowane więzami etnicznymi – zachowanie wydawałoby się realizować jakieś jednostkowe lub zbiorowe, polityczne lub gospodarcze cele, wówczas działanie etniczne mogłoby zostać zreinterpretowane jako działanie *instrumentalne*. Przywiązanie etniczne o charakterze instrumentalnym było widziane jako „wyrachowane", a zatem niemożliwe do pogodzenia z ideą nieracjonalnej i emocjonalnej więzi, która została określona jako „pierwotna". Znowu rozwiązanie tego pojęciowego problemu okaże się bardziej złożone niż tylko prosta zmiana „prawdziwego/naturalnego i emocjonalnego" na „konstruowane i instrumentalne". Zanim powrócimy do rozważań podsumowujących, powinniśmy zbadać, jak termin „pierwotny" trafił do literatury przedmiotu.

„Pierwotny" jako pojęcie socjologiczne

Socjologiczny termin „pierwotny" nie miał specjalnego związku z problemem etniczności. Niektórzy badacze problemu nie dostrzegli tego. Pojęcie to było często omawiane tak, jakby było stworzone czy rozwijane, by wyjaśnić wymiar „etniczności" (Eller i Coughlan 1993). Innymi słowy, przyjęło się, że dyskusja dotyczyła raczej kwestii: „czy etniczność jest fenomenem pierwotnym", niż zupełnie innego problemu: „co oznacza termin pierwotny i co, jeśli w ogóle, może on wnieść w wyjaśnienie etnicznych więzi i tożsamości?". Pierwsze pytanie nie jest pytaniem zasadnym, drugie – jest. Pojęcie „pierwotny" odnosi się głównie do natury i jakości zobowiązań społecznych, do pytania: „w jakim społeczeństwie żyjemy?". Pytanie: „jakie to społeczeństwo?" można wyrazić w inny sposób: „co jest podstawą spójności społecznej?". Jest to chyba najtrwalsze, od dawna stawiane w historii socjologii pytanie. Jeżeli mamy zrozumieć „społeczeństwa" lub „działanie społeczne", musimy zrozumieć sposób, w jaki ludzie są ze sobą związani, zobowiązani względem siebie i jak utożsamiają się ze sobą. To znaczenie słowa „pierwotny" jako jednej z wielu prób uchwycenia natury więzi społecznych w różnego rodzaju społeczeństwach – a nie jako próby zdefiniowania etniczności – można prześledzić wstecz aż do czasu powstania w latach 50. artykułu autorstwa Edwarda Shilsa (Shils 1957).

Edward Shils i więzi pierwotne, osobiste, święte i świeckie

Shils zajmuje się najpierw problemem moralnej integracji w nowoczesnym porządku społecznym. Rozpoczyna od twierdzenia, że najwyższe ideały, obejmujące wartości obywatelskie lub świeckie, „mogą zostać utrzymane tylko częściowo, fragmentarycznie, okresowo i tylko w sposób przybliżony". Teza dotycząca wartości świeckich jest bardzo ważnym stwierdzeniem, do którego wrócimy w rozdziale 9. Shils najprawdopodobniej wprowadza to rozróżnienie pomiędzy idealnym systemem wartości i codzienną praktyką jako cechę wszystkich zorganizowanych społeczności. Ale jest ono szczególnie interesujące jako właściwość społeczności dążących do zdobycia obywatelskiego statusu, to jest społeczności, które starają się wprowadzić pewne uniwersalne wartości z zakresu obywatelstwa i obowiązków wobec „całości", wartości, które mają wyrosnąć ponad te zwyczajne; stąd odniesienie Shilsa do wartości świętych, jako przeciwieństwa zwyczajnych, przyziemnych. Szczególne sytuacje, przełomy narodowe czy ważne wydarzenia, jak wybory, przypominają nam o świeckich i świętych więziach. W innym czasie nasze zainteresowania dotyczą sfery dużo bardziej bezpośredniej: „na co dzień, najwyższe wartości społeczeństwa, to, co jest święte dla jego członków, zostaje zawieszone poprzez konieczność poświęcania uwagi konkretnym zadaniom, co czyni te wartości niejasnymi i daje wolność jednostkowej innowacji, kreacji i adaptacji" (131).

Ideolog (oznaczający tu orędownika ideałów obywatelskich) przegrywa z przywiązaniem ludzi do „ich partnerów, rodziny i chęci poprawy sytuacji" (131), ale to właśnie ustalony porządek pracy, rodzina i czas wolny, które stwarzają poczucie obowiązku i celu, są fundamentami społeczeństwa jako „dobrze prosperującej firmy". Tak więc nowoczesne społeczeństwo ani nie jest jedynie targowiskiem, gdzie jednostki wchodzą w relacje z innymi tylko przy określonych transakcjach, ani nie jest ono odtworzeniem moralnej jednorodności małych wspólnot lub tak zwanych „społeczeństw tradycyjnych". Implikuje ono pewne wielkie tematy moralne, własne nadrzędne wartości i własną moralność obywatelską; przy wielkich wydarzeniach świętość tych moralnych idei jest znów przywracana. Ale moralna integralność nowoczesnych społeczeństw jest również realizowana w wielu zobowiązaniach i sentymentach na dużo „niższym stopniu" społecznej organizacji. Tak właściwie wygląda sformułowany przez Shilsa „problem integracji", stawiany klasycznie przez Émile'a Durkheima (1893), Ferdinanda Tönniesa (1988) i innych badaczy, którzy starali się zrozumieć, jak nowoczesny porządek społeczny może być wolny, indywidualistyczny, otwarty i kontraktowy, nie stając się jednocześnie rozpaczliwie bezosobowym i zatomizowanym. Odpowiedź Shilsa jest dość wyraźna:

> „Jak rozumiem, nowoczesne społeczeństwo nie jest samotnym tłumem, nie jest hordą uchodźców, uciekających przed wolnością. Nie jest to *Gesellschaft* [odniesienie do koncepcji nowoczesnego społeczeństwa, autorstwa Tönniesa] bezduszne, egotyczne, pozbawione miłości, nielojalne, całkowicie bezosobowe i pozbawione jakichkolwiek sił scalających innych niż interes czy przymus. Spaja je nieskończoność związków personalnych, moralnych zobowiązań i konkretnych kontekstów, profesjonalna i twórcza duma, indywidualne ambicje, pierwotne powinowactwa i poczucie obywatelskie, które u wielu osób jest niskie, u niektórych silne, w większości zaś przeciętne."

Po tym początku, w którym pojawia się pierwsze odniesienie do słowa „pierwotny”, Shils przystępuje do przeglądu prac szeregu badaczy, którzy odegrali istotną rolę w analizie znaczenia małych grup w dużych społeczeństwach. Zawsze – jak twierdzi – szczególna ludzka lojalność dotyczy najbliższej grupy, do której ludzie przynależą. Fakt, że tak było, szczególnie uderza w przypadku jednostek wojskowych. Można by sądzić, że członkostwo w czymś większym – w armii będącej w służbie kraju –wzbudzi szerszą i wyższą lojalność ze strony żołnierzy. Nie potwierdziło się to ani w armii amerykańskiej (138), ani w armii radzieckiej. Armia radziecka była „bardzo potężną organizacją, jednocześnie bardzo spójną, mimo to w niewielkim stopniu spójność ta wydawała się wynikać z przywiązania do symboli ideologicznych czy politycznych, lub nawet z głębokiego patriotyzmu” (143).

W małych grupach wytwarzane są dość intensywne uczucia lojalności i powinności. Ma to miejsce szczególnie wewnątrz rodziny, z powodu znaczenia, jakie przypisuje się rodzinnym obowiązkom. Nie jesteśmy przywiązani do innego członka rodziny tylko jako osoba („Naprawdę lubię mojego wujka Harolda”), „ale jako posiadacze pewnych »relacyjnie znaczących« właściwości, które mogłyby być opisane jedynie jako pierwotne” („Wujowie są ważnymi ludźmi, o których trzeba się troszczyć”). Shils odrzuca nową (naówczas) myśl Georga Homansa, że rodzinne więzi wynikają po prostu ze wspólnego obcowania (142). Raczej – twierdzi on – powstaje szczególna jakość związku, „ponieważ więzom krwi przydawane jest pewne niewypowiedziane znaczenie”.

Sednem myśli Shilsa jest to, że pierwotne i obywatelskie więzi współistnieją w tym samym porządku społecznym. Pierwsze powstają z doświadczeń wewnątrz małych grup, jak w przypadku powstającej w jednostkach wojskowych solidarności, lub też stanowią część określenia relacji, jak w „pierwotnych” więziach rodzinnych. Drugie, więzi obywatelskie, są bardziej abstrakcyjne, od czasu do czasu przywoływane oraz honorowane, ale nie są one żarliwie podtrzymywane w życiu codziennym. Ogólnie rzecz biorąc, Shils formułuje podstawy rozumienia nowoczesnych społeczeństw i ich „jedności” czy „integracji”, fundamentalnego problemu, przed jakim stała klasyczna tradycja socjologiczna (zob. Nisbet 1967). Jego odpowiedź brzmi:

nowoczesne społeczeństwa nie są dramatycznie podzielone i „bezduszne"; ludzie nie są niepokojąco oddzieleni od siebie i pozbawieni jakichkolwiek więzi łączących ich z innymi; nie są też nic winni społeczeństwu jako całości, z racji pielęgnowania jakiegoś upodobnionego do świętego publicznego etosu moralnego. Charakteryzują ich raczej rzeczywiste powiązania „pierwszego porządku" wewnątrz sieci ich krewnych, ścisłe więzi i lojalnościowe sentymenty wewnątrz małych grup, związanych na przykład z miejscem pracy, miejscem zamieszkania czy sposobem spędzania wolnego czasu. Poza tym, okresowo, występuje u nich poczucie powinności względem wyższych wartości, bardziej abstrakcyjnych symboli i szerszego poczucia obywatelskiego obowiązku. Rozumowanie to pokrywa się z niektórymi elementami socjologii Durkheima, dotyczącymi spójności w nowoczesnych społeczeństwach (Fenton 1984). Jest to oczywiście ogólna teoria, mówiąca o naturze moralnych i społecznych powiązań we współczesnej rzeczywistości społecznej. Sporo uwagi poświęcono w późniejszej socjologii podobnej kwestii: w jakich warunkach ten codzienny porządek powiązań i okresowe, entuzjastyczne zaangażowanie w porządek obywatelski ulegają załamaniu?

Powinniśmy odnotować, że w tym, co pisze Shils, widoczne są dwie osobliwości, a nawet sprzeczności. Pierwsza, że choć w artykule używany jest termin „pierwotny", większą część omówienia Shilsa należałoby raczej określić jako traktującą o „grupach podstawowych", z dużo szerszym odniesieniem do grup opartych na osobistych relacjach, z którymi wydaje się łączyć nas pewne silne poczucie przywiązania (np. żołnierze umierają za swoich towarzyszy). Jest to bardzo mylące, ponieważ grupy podstawowe są zarówno *pozyskiwane* w życiu codziennym, co „dane" (tj. przez nas niewybrane), jak w przypadku naszych rodzin. Pierwotność jest często przedstawiana jako w gruncie rzeczy „dana", nie nabyta. Po drugie, Shils dowodzi, że te podstawowe powiązania mają charakter codzienny i świecki; znów jest to twierdzenie sprzeczne z koncepcją, że członkostwo w pewnych grupach, przynajmniej z punktu widzenia zwolenników teorii pierwotności, otoczone jest aurą świętości.

Clifford Geertz i integrująca rewolucja

Kolejne źródło terminu „pierwotny" możemy znaleźć w eseju antropologa Clifforda Geertza, opublikowanym po raz pierwszy w roku 1973 w jego książce *Interpretacje kultur* (wyd. pol. 2005). Jak wskazałem w mojej poprzedniej książce (Fenton 1999), Geertz zajmuje się – głównie w rozdziale *Integrująca rewolucja* – warunkami społecznej i politycznej stabilności w „nowo powstałych państwach", w postkolonialnej erze lat 60. Dowodzi on, że w wielu nowych państwach występuje wśród ludzi pierwotne poczucie przywiązania do innych, którzy są postrzegani jako będący tej samej „rasy", są krewnymi, mówią tym samym językiem i których odczucie wspólnoty przeszłości i przyszłości oparte jest na tym samym doświadczeniu miejsca, tej samej religii lub wspólnocie kultury i zwyczaju. Te wspólnoty zwyczaju, więzi krewniaczych, religii i miejsca stanowią podstawę dla ludzkiego poczucia samego siebie. Są to rzeczywiste i najbliższe wspólnoty, co do których ludzie czują, że do nich należą: „Wieloetniczne, zwykle wielojęzyczne, a czasami też wielorasowe populacje nowo powstałych państw często uważają bezpośrednie, konkretne i [...] posiadające oczywiste znaczenie podziały, jakie pociąga za sobą taka »naturalna« różnorodność za zasadniczą treść swojej indywidualności" (Geertz 2005: 294).

Dwie rzeczy w tym cytacie są szczególnie interesujące. Pierwsza, że odniesienie do „bezpośrednich i konkretnych" przywiązań społecznych niemal dokładnie odzwierciedla myśl Shilsa, którą przedstawiliśmy powyżej. Drugą niezwykle ważną rzeczą jest wzięcie w cudzysłów słowa „naturalny". Może wydawać się to nieistotne, ale jest to rzecz kluczowa. Stanowi bowiem wyraźny znak, że Geertz uważa za źródła różnorodności coś innego niż organiczne, biologiczne czy niezmienne podziały ludzkie, które nakazują swym członkom lojalność na sposób przed-społeczny. Cudzysłów sugeruje raczej, że ludzie mogą o tych podziałach myśleć jako o naturalnych. My wiemy, że są one kształtowane kulturowo i społecznie, jak również, że opierają się na miejscu, języku i wspólnym doświadczeniu historycznym.

W następnym fragmencie tok argumentacji Geertza odbiega znacząco od myśli Shilsa. Podczas gdy Shils zajmował stanowisko mówiące, że pierwotne więzi *współistniały* z okresowym poświęceniem się wartościom wyższego rzędu, Geertz wydaje się twierdzić, że moc tych pierwszych utrudnia rozkwit drugich. Tak więc pisze on, że ludzie w nowo powstałych państwach mogą uznawać za trudne i ryzykowne „podporządkowanie tych specyficznych i dobrze znanych identyfikacji ogólniejszym zobowiązaniom wobec jakiegoś wyższego i nieco obcego obywatelskiego ładu" (294). Wskutek tego, dowodzi, nowo powstałe państwa są „*wyjątkowo podatne na poważne poczucie niezadowolenia wynikające z pierwotnych przywiązań obywateli*" (295, podkreślenie moje). Dalej następuje fragment, który był cytowany częściej niż jakikolwiek inny, jako podstawowy dla omówienia użycia terminu „pierwotny":

> „Przez pierwotne przywiązanie rozumiemy takie przywiązanie, które wyrasta z rzeczy z góry danych – czy też, mówiąc precyzyjniej, *ponieważ kultura nieuchronnie wiąże się z tego rodzaju sprawami, z tego, co przyjmuje się za dane – społecznego istnienia*: głównie chodzi tu o bezpośrednią styczność i więzy pokrewieństwa, ale też, nade wszystko, o szereg danych wynikających z samego faktu przyjścia na świat w określonej, konkretnej wspólnocie religijnej, posługiwania się konkretnym językiem [...] oraz przestrzegania określonych praktyk społecznych. Owa zgodność pod względem więzów krwi, wspólnej mowy, obyczaju itd. *jest postrzegana jako coś, co samo w sobie* (i samoistnie) posiada nieopisaną wręcz moc, która czasami może zdominować wszystko inne. Człowiek jest przywiązany do swoich krewnych, sąsiadów, współwyznawców *ipso facto*; nie jest to tylko rezultat osobistych uczuć, praktycznej konieczności, wspólnych interesów czy podjętych zobowiązań – w ogromnej (jeśli nie przeważającej) mierze wynika to z jakiejś niewytłumaczalnej absolutnej wagi *przypisywanej* samym tym więzom. Generalnie siła takich pierwotnych więzi, a także ich rodzaj, który jest akurat w danym przypadku najistotniejszy, zmieniają się w zależności od osoby, bywają też różne w różnych społeczeństwach i w różnym czasie" (295, podkreślenie moje).

Geertz idzie tu dużo dalej niż Shils w próbach naświetlenia, czym jest pierwotne przywiązanie: jest to poczucie zobowiązania wobec innych, które jest raczej założone niż stanowi przedmiot kalkulacji czy rodzaj zobowiązania, nad którym bardzo dużo się rozmyśla; jest ono w pewien sposób po prostu dane. Sentymenty otaczające te więzi (społeczne przywiązania, zobowiązania) nie są łatwe do wyrażenia słowami (tj. są one niewypowiadalne), ale naturalnie czujemy, że są to zobowiązania, od których niełatwo jest uciec. To głębokie poczucie powinności nie jest tym samym, co zobowiązanie wynikające z relacji pragmatycznych, z „tylko osobistych" względów czy z odwzajemniania przysług. Jest to coś, czym czujemy się związani ze względu na typ zobowiązania, to jest bardziej lub mniej kategoryczne poczucie obowiązku, jakie zazwyczaj czujemy względem członków naszej rodziny.

Poprzedni akapit jest wyraźną parafrazą cytatu z Geertza. Jedyna różnica polega na tym, że przedstawiona przeze mnie wersja pomija pewne frazy językowe poprzedniej: „więzy krwi", „absolutna waga" i tym podobne. W obu przedstawieniach zawarte są trzy główne koncepcje. Pierwsza, że pierwotne więzi nie są przedmiotem rozmyślań, nie są one w przeważającej części przedmiotem kalkulacji. Po drugie, są one głęboko odczuwane i czujemy, że tego rodzaju zobowiązania lub poczucia przywiązania nie jest łatwo się zrzec lub od niego się uchylić. Obu tych właściwości dowodzi fakt, że nie jest łatwo wyrazić je słowami. Po trzecie, pojęcie „pierwotny" opisuje rodzaj przywiązania, które przypisuje wagę samej więzi – absolutną wagę, jak opisuje to Geertz. Ten trzeci element jest dokładnie tym, co Shils pierwotnie opisuje jako „relacyjnie znaczące właściwości". Shils dowodzi, że postrzegamy pewne związki jako rodzajowo różne od innych. W przypadku Shilsa przykładem wzorcowym jest związek krewniaczy. Jak już wcześniej u niego dostrzegliśmy: „Przywiązanie do innego członka pewnej grupy krewniaczej nie jest tylko funkcją interakcji [...] jest tak, ponieważ więzom krwi przydawane jest pewne niewypowiedziane znaczenie".

Są jeszcze inne, dość istotne kwestie, które możemy dostrzec w tym cytacie. Najbardziej godne uwagi, oddające ton późniejszej dyskusji na temat „pierwotności", są wyrażenia, w których Geertz jasno wskazuje, że ten rodzaj przywiązania i sentymentu wywodzi się z uwarunkowań społecznych, a nie z jakiejkolwiek pozaspołecznej natury grupy. Ta jego myśl uwyraźnia się w wyrażeniach: „*przyjęte* dane", „*postrzegane jako coś*, co posiada moc" i „waga *przypisywana* samym tym więzom". Każde z tych wyrażeń wskazuje na społeczny i kulturowy proces, który nadaje tego typu stosunkom szczególne znaczenie. Znaczenie to nie jest, by tak rzec, na pierwszym miejscu, nie leży ono w naturze grupy. Pojawia się ono, ponieważ ludzie poznają, że pewne rodzaje stosunków są jakościowo odmienne od innych. Pierwotność także nie jest stałą i uniwersalną właściwością jakichś związków; to, jak głęboko te więzi są odczuwane, zmienia się w zależności od społeczeństwa, „bywa też różne w różnym czasie".

Równie ważny dla dookreślenia terminu „pierwotny" jest wykaz – dostarczonych przez Geertza – przykładów dotyczących okoliczności, które mogą wzmagać poczucie tego rodzaju zobowiązań i przywiązania. We fragmencie tym *nie ma* na przykład *mowy o grupie rasowej czy etnicznej*. Geertzowi chodzi o znaczenie miejsca i rodziny, poczucie przynależności wywodzące się z tożsamości religijnej, z mówienia tym samym językiem i ze wspólnoty zwyczajów. Antropolog odwołuje się do tych części świata, gdzie takie identyfikacje są szczególnie istotne i gdzie tego rodzaju grupy żyją dosłownie obok siebie. Na większości terenu Azji Południowo-Wschodniej znajdziemy ludzi posługujących się różnymi językami (np. malajskim, jawajskim, dialektami chińskiego), o różnych tożsamościach religijnych (muzułmanin, chrześcijanin, buddysta) i wyraźnie odmiennych zwyczajach, takich jak strój czy zwyczaje żywieniowe (Chińczycy, jedzący wieprzowinę, w przeciwieństwie do muzułmanów).

Po Geertzu

Sednem stanowiska Shilsa i Geertza było założenie, że możliwe jest wykrycie związków, które mają charakterystyczną – pierwotną – jakość, odróżniającą je od, powiedzmy, związków zawieranych na podstawie umowy. Niemniej jednak, toczącej się dużo później dyskusji towarzyszyła fałszywa przesłanka, że *definiowali oni* raczej *etniczność* niż omawiali idealny typ związku społecznego. W dodatku stanowisko Geertza przedstawiane było w fałszywy sposób, jako ukazujące „więzi etniczne" jako niemalże przedspołeczne, trwałe, biologiczne, czysto „emocjonalne" i irracjonalne (Eller i Coughlan 1993). To wypaczenie znaczenia słowa „pierwotny" i jego związku z etnicznością stało się podstawą długiej debaty w literaturze socjologicznej nad różnicą pomiędzy „pierwotnym" i (na przemian) „okolicznościowym", „sytuacyjnym", „instrumentalnym" czy innym modelem etniczności (Scott 1990). Chodzi tu oczywiście o dwa odmienne pytania badawcze: pierwsze, jaka jest natura samej więzi etnicznej; drugie, czy i kiedy więź etniczna ma znaczenie. Zostały one połączone ze sobą w taki sposób, że stanowisko „instrumentalne" postrzegane jest jako nie-pierwotne, ponieważ przeciwstawia afektowi wyrachowanie. Te różne modele mogłyby zostać zdefiniowane w następujący sposób:

Okolicznościowy: tożsamość etniczna jest ważna tylko w określonych kontekstach; tożsamość jest stała, ale okoliczności decydują, czy ma ona znaczenie;

Sytuacyjny: sama tożsamość, wykorzystywana czy uczyniona istotną, zmienia się zgodnie z sytuacją społeczną jednostki; jeśli zmienia się sytuacja, to zmienia się odpowiednio tożsamość;

Instrumentalny: odwoływanie się do tożsamości może być widziane jako służące materialnym lub politycznym celom, a zatem jest kwestią wyrachowania.

Żaden z tych modeli nie stoi w sprzeczności z pierwotnościowym oglądem natury etniczności. By to wyjaśnić, można powiedzieć, że ktoś może mieć przypisaną tożsamość etniczną, która jest zakorzeniona w jego osobowości i doświadczeniu życiowym, a mimo tego ciągle istnieją okoliczności, pod wpływem których może ją wykorzystać instrumentalnie.

Judith Nagata

Odniesienie do tych rozbieżnych perspektyw możemy znaleźć w pracy Judith Nagaty, piszącej niedługo po Geertzu, Glazerze i Moynihanie (Nagata 1981). Glazer i Moynihan przeprowadzili rozróżnienie pomiędzy pierwotnościowym i okolicznościowym modelem etniczności, ale dokonali tego, tworząc z „pierwotności" jej karykaturę, tak jakby miała ona oznaczać trwałe podziały społeczeństw, które są niemal pewnym źródłem rozdzielenia lub konfliktu (Glazer i Moynihan 1975). Glazer i Moynihan, których pracę omawiamy szczegółowo w następnym rozdziale, sami później stwierdzili, że to karykaturalne spojrzenie było błędne. Etniczność, powiadają, to nie „przydział istot ludzkich do ustalonych segmentów".

Rezultatem tego było ustalenie opozycji pomiędzy przedspołecznym poglądem na temat „pierwotności" a stanowiskiem „okolicznościowym", które postrzega więzi etniczne jako zależne od zmieniających się czynników społecznych i wpływów zewnętrznych. Innymi słowy, to, czy ludzie odczuwają swoją lojalność względem grupy etnicznej jako ważną, zależy nie od natury samego przywiązania, ale od oceny, czy „w tych okolicznościach" więź etniczna jest tą, która może zostać przywołana i użyta. Nagata (1981) dość dokładnie wskazuje, dlaczego krytycy modelu „pierwotnościowego" tak chętnie zastąpiliby go tak zwanym modelem okolicznościowym. „Perspektywa pierwotnościowa – zauważa autorka – pozostawia pewnych badaczy społecznych bezradnymi, ponieważ nie mają oni odpowiednich narzędzi, by zajmować się takimi przywiązaniami i sentymentami, które zdają się niebezpiecznie wymykać ze świata namacalnych korzyści i sytuują się po stronie emocji i nieracjonalności" (Nagata 1981: 89). Dla kontrastu możemy myśleć o „tożsamości etnicznej, a *zwłaszcza etnicznej organizacji*", jako „stosunkowo elastycznej i otwartej na zmiany dyktowane przez czynniki zewnętrzne".

To rozróżnienie pomiędzy etniczną *tożsamością* i etniczną *organizacją* jest interesujące. W pierwszym przypadku chodzi o wyjaśnienie, jak tożsamość jest kształtowana. Dlaczego, na przykład, ludzie zaczynają uważać język, jakim mówią, za pewnego rodzaju wyznacznik przynależności grupowej i, co więcej, przynależności, z której niełatwo się rezygnuje lub się ją lekceważy? Drugie pytanie dotyczy okoliczności, w jakich tożsamość staje się podstawą dla ruchu społecznego, dla wspólnej działalności politycznej lub dla jakiegokolwiek rodzaju zbiorowej organizacji, która wykracza poza codzienność samej tożsamości. Oznacza to przejście od świadomości typu: „jestem użytkownikiem języka malajskiego, czuję się jak u siebie w domu, mówiąc po malajsku", do: „my, użytkownicy języka malajskiego, musimy trzymać się razem, organizować się, bronić tego, co mamy" lub „czasami bycie Malajem jest ważne, czasami nie jest".

Artykuł Nagaty pokazuje, jak okoliczności wpływają na sposób, w jaki dana osoba będzie samą siebie przedstawiała. Ktoś może być wyraźnie „Malajem" w jednej sytuacji, kiedy na przykład, jak pisze Nagata, jest wielu nie-Malajów w tym samym regionie. W innych okolicznościach rozróżnienia *pośród* Malajów mogą stać się istotne, jak u Malajów, którzy określają siebie jako takich, ale pochodzą z sąsiedniej Sumatry (wyspa blisko Malezji, część Indonezji). I na odwrót – w zależności od okoliczności, ludzie mogą postrzegać miejsce swego pochodzenia, rodowód i aspekty własnej tradycji i kultury jako fundamentalne dla swej egzystencji. W tych okolicznościach, twierdzi autorka, ludzie przydają znaczenia „pierwotności" tym właściwościom; są one postrzegane jako fundamentalne, nawet organiczne, z pewnością wynikające z miejsca (urodzenia) i podobne w swej naturze do więzi pokrewieństwa. Kiedy „cechy kulturowe" postrzegane są w ten sposób, są one – według Nagaty – „upierwotniane", a zatem, by wyrazić się jaśniej niż Geertz, „pierwotność" jest zależna od relacji, a nie tkwi po prostu w samej jej naturze.

Ostatnio spór sprowadza się raczej do pustych spekulacji, opartych głównie na „marionetkowym" przedstawianiu „pierwotnych" przywiązań. Eller i Coughlan (1993) postanowili dowieść, że więzi etniczne nie mogą być uważane za pierwotne, jeśli „pierwotne" sprowadzimy do czegoś przedspołecznego, organicznego lub w sposób niedający się określić – opartego na emocjach. Komentują oni Shilsa, nie bacząc, że Shils nie pisał o grupach etnicznych i w rzeczywistości nawet nigdy nie użył słowa „etniczny". Autorów *The poverty of primordialism* interesuje w szczególności użycie słowa „niewysławialny"; piszą oni, że znaczy to „niedający się wyrazić słowami", lub nawet w innych kontekstach „niewypowiadalny, zakazany". Zaledwie jedną stronę dalej piszą: „Dobrze wiadomo, że ludzie są często niezdolni do wyjaśnienia swoich uczuć i zachowań [...] ale socjologów nie powinna satysfakcjonować taka potoczna wizja świata". Nie jest jednakże oczywiste, czy Geertz akceptuje tę potoczną wizję świata, czy raczej opisuje charakter więzi. W tym względzie Eller i Coughlan przyznają, że błędy te mogły być nie tyle błędami Shilsa i Geertza, co mogli je popełnić „późniejsi badacze", którzy postrzegali „pierwotne więzi jako niewysławialne i, w związku z tym, niemożliwe do zbadania przez socjologów" (190). Oczywiście ani wcześniejsi, ani późniejsi badacze nie sądzili, że „pierwotne" więzi są „niemożliwe do zbadania"; raczej, że mogą być one powiązane z typem sentymentów, które są uznawane za oczywiste, przyjmowane jako „dane" i, w zasadzie, nierozważane ani nieoceniane przez podmioty (raczej już przez osoby z zewnątrz).

Nie jest łatwo stwierdzić, kim, w ocenie Ellera i Coughlana, byli ci późniejsi badacze, ponieważ praktycznie cała literatura, jaką przytaczają, pochodzi z „okolicznościowego" nurtu widzenia etniczności. Wyjątkiem (przywoływanym przez nich) jest praca Van Den Berghe'a, który rozumienie etnicznych sentymentów starał się oprzeć na socjobiologii, twierdząc, że jednostkowe działanie zgodne z etniczną przynależnością jest przeniesieniem na poziom grupy zasady samozachowawczości (Van Den Berghe 1981). Powtarzającym się u Ellera i Coughlana nieporozumieniem jest pogląd, że Geertz mówi o więziach, zobowiązaniach czy tożsamościach „pierwotnych" jako bardziej „naturalnych" i „przedspołecznych" niż ugruntowanych społecznie (por. wspaniałe omówienie w: Gil-White 1999). Zdają się oni myśleć o „pierwotnym" jako nadrzędnym wobec wszystkich doświadczeń społecznych (196); rzeczywiście, jeżeli Geertz tak myślał, mieliby oni rację, atakując tę koncepcję jako głęboko niesocjologiczną. Jeżeli „pierwotny" miałby oznaczać jedynie „naturalny", „organiczny", „przedspołeczny", nieskażony przez kulturę, wówczas Eller i Coughlan mieliby rację. W walce pomiędzy naturalnym i społecznym lub pomiędzy naturą i społeczeństwem dla socjologów może wygrać tylko „społeczne". Trudno jest jednak wyobrazić sobie, że tak znakomity antropolog jak Geertz mógł myśleć o cechach ludzkich jako przedspołecznych i przedkulturowych.

W istocie, jest to główna nauka, jaką adepci socjologii powinni wynieść z tego pogmatwanego i mylącego sporu. Jednakże wielu *aktorów* społecznych (w socjologii oznacza to ludzi w życiu codziennym, w przeciwieństwie do *obserwatorów*) może myśleć o swoim przywiązaniu do określonej tożsamości etnicznej jako w mistyczny sposób związanym z „krwią"; socjolodzy i antropolodzy niemal zawsze myślą w inny sposób (por. Gil-White 1999). Widzą oni, że tożsamości etniczne zmieniają się; sposób, w jaki są one kształtowane, nie jest stały, a cele, jakim te tożsamości służą – na przykład jako jednoczące w walce – mogą być wykorzystywane przez „przywódców etnicznych". Jest to po prostu porządna socjologia; nie ma tam żadnych przedspołecznych faktów. A zatem, nacisk kładziony na to, co nazywane jest w socjologii etniczności „konstrukcjonizmem", jest niczym więcej jak tylko odpowiednim zastosowaniem standardowych twierdzeń socjologicznych: to, co jest postrzegane przez aktorów społecznych jako naturalne, przez socjologów rozpoznawane jest jako społecznie konstruowane. Bez wątpienia jest też wielu aktorów społecznych, którzy nie ulegają złudzeniom.

Zgodnie z tym rozumowaniem, to, co jest opisywane jako „przymioty" ludzkiej egzystencji, to właśnie podstawowe więzi, sentymenty i cechy kulturowe, nabywane poprzez proces wychowywania. Jak ujął to John Rex, „w rzeczywistości istnieje szereg więzi społecznych, które są nieodłączną częścią kondycji ludzkiej" (1996: 189). W tym sensie „każdy z nas posiada etniczność". Rex wiąże tu blisko koncepcję etniczności z rodziną lub, bardziej naukowo, z procesem socjalizacji. Etniczność jest zatem czymś, do czego jesteśmy „socjalizowani". Równie ważne jest to, z czego wyrastamy. W swym wywodzie Rex ujął tę kwestię w sposób bardzo podobny jak ja w tej książce:

> „Jeśli przyznamy, że wszystko to [odnośnie socjalizacji] jest prawdą, nie ma niczego tajemniczego w istniejących więziach. Mogą one zostać zrozumiane i opisane socjologicznie. To, co jest dyskusyjne, to sugestia, że więzi te łączą nas z innymi w sposób ostateczny, na całe życie. W rzeczywistości nie pozostajemy przez całe życie dziećmi. Możemy zastąpić więzi, które zostały nam dane w rodzinach biologicznych, innymi, które sami wybieramy. Postępując w ten sposób, możemy utożsamiać się z coraz szerszym gronem wybranych osób, coraz szerszym zakresem więzi, którymi możemy uzupełnić i zastąpić te nabyte

w naszej wspólnocie urodzenia [...] To, co musi zostać wyjaśnione, to rozszerzanie się poczucia autentycznej, etnicznej więzi z szerszym kręgiem osób i na dorosłe życie [...] Zadaniem socjologa powinno być opisanie i wytłumaczenie procesu, który do tego prowadzi" (Rex 1996: 189).

Przynajmniej *pewni* ludzie w *pewnych* okolicznościach mają w dalszym ciągu silne poczucie przywiązania do szerszej grupy, łączące się w historii osobistej z procesem socjalizacji. Mogłoby to stanowić wytłumaczenie tego, dlaczego w odkrywczym studium Gil-White twierdził, że dowody wskazują na to, iż wielu ludzi rzeczywiście postrzega swoją tożsamość etniczną jako „pierwotną" (Gil-White 1999).

Podsumowanie: pierwotne grupy etniczne

Termin „pierwotny" dotyczył początkowo czysto teoretycznego rozróżnienia pomiędzy więziami obywatelskimi i nieobywatelskimi, przy czym więzi obywatelskie rozumiane były jako te związane z obywatelstwem i okołoobywatelskimi zobowiązaniami w nowoczesnym państwie. Przeciwnie więzi pierwotne; wynikały one z urodzenia w danej rodzinie, wspólnocie, religii czy grupie językowej. Urodzenie i doświadczenie życia w tych podstawowych grupach pociąga za sobą szereg charakterystycznych postaw i usposobień kulturowych. W tym znaczeniu opozycja pierwotny-obywatelski była podobna do znanej grupy socjologicznych rozróżnień takich jak „uniwersalistyczny i partykularystyczny" (zob. Parsons 1968), czy *Gemeinschaft* i *Gesellschaft* (Tönnies 1988). Rozróżnienia te są wysoce schematyczne; ale niewielu by zaprzeczyło, że coś jest na rzeczy w rozróżnieniu pomiędzy związkami, które mają pewną „daną" lub przypisaną im jakość i związkami, które porządkowane są za pomocą czynników „kontraktowych", ze względu na „korzyści" lub regulacyjne priorytety państw i formalnych organizacji.

W zakresie namysłu nad etnicznością trudności zaczęły się, kiedy niektórzy autorzy zaczęli mówić w taki sposób, jak gdyby „pierwotność" była właściwością więzi etnicznych. Później zostało to przełożone na „pierwotnościowy" model grup etnicznych (lub etniczności), jako przeciwny innym modelom, opisywanym głównie jako „instrumentalne" i „okolicznościowe". Jest to zupełnie jałowa dyskusja i wydaje się, że jej protagoniści, nade wszystko Eller i Coughlan, rzeczywiście nie zrozumieli istoty sprawy lub zajmowali się czymś zupełnie innym od tego, co, jak twierdzili, poddają krytyce. Ostatecznie Eller i Coughlan wydają się zaprzeczać nie istnieniu pierwotności jako cechy grup etnicznych, ale istnieniu pierwotności w ogóle (Eller i Coughlan 1993). To znaczy, by „przemyśleć istnienie", pierwotność musi w pewien sposób odwrócić się od afektu, potężnego wpływu zażyłości i zgodności z panującym zwyczajem w życiu społecznym oraz niejasnego poczucia przywiązania, które wypływa z urodzenia i procesu socjalizacji, używania języka oraz głęboko zakorzenionych zwyczajów myślenia i praktyki społecznej.

Mówienie o tego rodzaju „zgodności z panującym zwyczajem", „zażyłości", „konwencjach języka i myślenia" i tym podobnych nie służy objęciu niezbadanego i niemożliwego do zbadania stopnia irracjonalności w ludzkim zachowaniu, i oczywiście nie temu, by twierdzić, że „irracjonalność i uczucie" są dominującymi siłami w życiu społecznym (por. Bourdieu 1990). Jest to po prostu przyznanie, że sposoby myślenia są rzeczywiście głęboko zakorzenione i często związane z wczesnym okresem życia, z miejscem, rodziną i większymi grupami czy regionami. Ci, którzy jako pierwsi wprowadzili rozróżnienie pomiędzy więziami obywatelskimi i pierwotnymi, mówili właśnie o tym i nie opisywali grup etnicznych jako „pierwotnych". Zupełnie możliwe jest stworzenie koncepcji grup etnicznych, która pozwoliłaby nam je ujrzeć – lub bardziej abstrakcyjnie, ujrzeć więzi etniczne lub etniczność – jako ustanawiane przez czynniki, które są obywatelskie, instrumentalne, okolicznościowe i pierwotne. Mówiąc wprost, kwestia pierwotności więzi etnicznych jest kwestią do zbadania, a nie do zdefiniowania. Model etniczności, który z góry zakłada działanie zorientowane etnicznie (lub przynależność do grupy etnicznej, politykę etniczną) jako instrumentalne (okolicznościowe, sytuacyjne) lub jako emocjonalne, nie przyczyni się do zgłębienia problemu.

Rozdział 5

KLUCZOWE KWESTIE W LITERATURZE NA TEMAT ETNICZNOŚCI

Po wprowadzeniu terminów „rasa", „naród" i „grupa etniczna", przyjrzeliśmy się najważniejszym socjologom, którzy posługiwali się terminem „grupa etniczna". Dość dokładnie przyjrzeliśmy się również dyskusji wokół „pierwotności", która stanowiła wstęp do pytań o naturę więzi etnicznych. Termin „etniczność" został spopularyzowany przez Nathana Glazera i Daniela Moynihana w latach 60., za sprawą ich pracy *Beyond the Melting Pot*, a następnie w roku 1975, za sprawą książki *Ethnicity: Theory and Experience*. Jak wskazaliśmy, dyskurs etniczności zaczął przełamywać dyskurs rasy, częściowo łącząc się z nim, a częściowo go zastępując. Odnosiliśmy się do Hirschmana i innych (2000), spekulując, że termin „etniczność może ostatecznie wyprzeć rasę", i przyznając jednocześnie, że w USA terminologia rasowa ciągle dominuje w oficjalnych kategoryzacjach i dyskursie potocznym. Jeżeli przyjrzymy się bliżej pierwszym pracom Glazera i Moynihana, zobaczymy, jak kształtowały się niektóre z zasadniczych aspektów „dyskursu etniczności". W tym rozdziale wrócimy do tych wczesnych prac, sprawdzając również, jak odbierane są one teraz, na początku XXI wieku; na potrzeby tego zadania będziemy opierać się na zbiorze esejów dokonującym retrospektywnego oglądu pracy Glazera i Moynihana.

Przyjrzymy się krytycznie dwóm innym ważnym źródłom. Dzięki słynnemu zbiorowi esejów opublikowanych w tej samej dekadzie co praca Glazera i Moynihana, Fredrik Barth (1969) wniósł trwały wkład w nasz sposób myślenia o etniczności. Natomiast w *Racial Formation in the United States* Omi i Winant (1986) sceptycznie odnosili się do modelu etniczności, przedstawiając argumenty za uznaniem „formowania rasowego" za zasadniczą formę strukturyzacji społeczeństwa Stanów Zjednoczonych.

Glazer i Moynihan: etniczność – nowy termin, nowy fenomen?

Jak zauważyliśmy, *Oxford English Dictionary* przytacza najwcześniejsze użycie rzeczownika „etniczność" – w przeciwieństwie do wyrażenia „grupy etniczne" i innych przymiotnikowych użyć – już w roku 1953, ale nie ma wątpliwości, że to prace Glazera i Moynihana w latach 60. i 70. uczyniły ten termin oczywistym w Ameryce lub przynajmniej często używanym wśród naukowców, w prasie i w ogólnym dyskursie. Ich pierwsza książka, pod tytułem *Beyond the Melting Pot: The Negroes, Puerto Ricans, Jews, Italians, and Irish of New York City*, została opublikowana w roku 1963 (i wznowiona z nowym wstępem w roku 1970). Druga, *Ethnicity: Theory and Experience* (1975), to redagowany przez nich zbiór, do którego napisali esej wprowadzający, od tamtego czasu szeroko cytowany, jako ustalający pewne, obecnie dobrze znane poglądy na temat etniczności. Po wprowadzeniu i omówieniu głównych wątków, zbadamy też godną uwagi ciągłą aktualność ich pracy. Wiosną 2000 roku, „35 lat później", w czasopiśmie „International Migration Review" grupa uczonych dokonała ponownej oceny pracy Glazera i Moynihana (Alba 2000; E. Anderson 2000; Foner 2000; Glazer 2000; Kasinitz 2000).

Pierwsza z tych dwóch-książek używa terminu „etniczność", ale tylko jako pojęcia opisującego obszar jej zainteresowań. Tom z roku 1975 zawiera esej na temat etniczności jako „rzeczy nowej". Głównym tematem książki z 1963 roku było spostrzeżenie, że tożsamości etniczne utrzymały się w taki sposób, jakiego poprzednie pokolenia socjologów, takich jak na przykład Park i Warner, nie przewidziały. Warner sądził, że grupy etniczne zanikną z powodu siły asymilacji głównego nurtu amerykańskiej kultury. Grupy rasowe miały zaś przetrwać z powodu trwałej oceny odmienności rasowej przez białą większość. Jednakże Glazer i Moynihan nie twierdzili, że kultury etniczne, kultury oparte na języku, ubiorze, religii, zwyczajach żywieniowych i wyborach małżeńskich w taki czy inny sposób, wbrew wszelkim przewidywaniom, przetrwały szturm amerykanizacji. Ich główna teza w pierwszym tomie brzmi, że grupy etniczne przetrwały *pomimo kulturowej zmiany wewnątrz nich* – zmiany mającej w dużej mierze postać amerykanizacji.

> „Grupy etniczne zatem, nawet wówczas, gdy odrębność języka, zwyczajów i kultury zanika, jak w dużej mierze dzieje się w drugim pokoleniu, a jeszcze bardziej w trzecim, są wciąż odtwarzane przez nowe doświadczenia w Ameryce. Samo istnienie nazwy prawdopodobnie wystarcza, by charakter grupy uformował się w nowych sytuacjach, ponieważ nazwa łączy jednostkę z pewną przeszłością, państwem, rasą. Jednak [...] człowiek jest połączony ze swoją grupą więziami rodzinnymi i przyjacielskimi. Ale jest też połączony przez więzi interesu. Grupy etniczne w Nowym Jorku są również grupami interesu; jest to prawdopodobnie najbardziej istotny fakt, który ich dotyczy" (Glazer i Moynihan 1963: 17).

W Nowym Jorku istniał pewien etniczny schemat skupisk mieszkaniowych, który łączył się ze schematem zawodowych i społecznych skupisk klasowych. Tak więc widzimy, na przykład, „czarnych nowojorczyków w Harlemie, w niskopłatnej pracy w obsłudze"; „Włosi – piszą oni – to właściciele domów w Staten Island, na północnym Bronksie, na Brooklynie i w Queensie". Te związki i skupiska tworzą rzeczywistą podstawę tożsamości etnicznych. Miało to również znaczenie o tyle, że politycy mogli odwoływać się wprost lub pośrednio do określonej klienteli politycznej – okazując sympatię wobec „ludzi jak ty", to jest żyjących w tej okolicy, mających takie dochody, mówiących z takim akcentem – obierając sobie za cel elektorat irlandzki czy włoski. Zakończenie powyższego cytatu przywołuje to etniczno-

-klasowe połączenie jako „najbardziej istotny" fakt, jaki zaobserwowali Glazer i Moynihan, wskazując, że w dużym stopniu przyczynia się on do wytłumaczenia tego, najwyraźniej niespodziewanego, zwrotu wydarzeń: przetrwania grup opartych na tożsamości etnicznej.

Ale, co zauważył również Banks (1996), z perspektywy czasu jednym z najbardziej znaczących rysów związanych z *Beyond the Melting Pot*, było wznowienie tej książki w 1970 roku, z nowym wstępem do drugiego wydania. Co ciekawe, Glazer i Moynihan wydają się miejscami zapominać o swej wcześniejszej wizji degradacji „kultury". Książka dowodzi – piszą oni – że „etniczność pozostaje istotna; będzie nadal istotna dla polityki i kultury" (vii); chwilę później odnoszą się do »grup etnicznych« określanych przez wspólną kulturę, jak również wspólne pochodzenie" (xiv). Różni się to od ich wcześniejszego akcentowania trwałości etniczności wbrew „amerykanizacji" i osadzania tożsamości etnicznych w rzeczywistości klasowej i wspólnotowej. W istocie, argument „klasowy" jest podtrzymany we wprowadzeniu do drugiej edycji, jednak już nie tak wyraziście. Ale nie są to główne przesunięcia akcentów, na jakie wskazują odautorskie komentarze, zawarte we wprowadzeniu do drugiego wydania.

Jedna z głównych zmian dotyczy rozumienia grupy, którą Glazer i Moynihan oraz inni badacze stale określali jako „Murzynów". „To, że Murzyni byli lub stawali się jedną grupą w społeczeństwie składającym się ze świadomych siebie grup, było podstawowym założeniem książki" (wprowadzenie do drugiego, pochodzącego z 1970 roku, wydania *Beyond the Melting Pot*). Byli oni postrzegani jako jedna z wielu grup etnicznych, nie jako potomkowie byłych niewolników obecni od 350 lat w Ameryce, ale jako imigranci, którzy przybyli do Nowego Jorku, tyle że z południa. Rzeczywiście, autorzy skłaniali się do traktowania południa jako odrębnego kraju, potęgując przekonanie, że Murzyni byli imigrantami, jak polscy imigranci z Europy. A zatem, jak pisali autorzy, w Nowym Jorku, z jego otwartością wobec imigrantów, „Murzyn nie stanowiłby jakiejś wyjątkowej kategorii, ponieważ Murzyni dołączyli do reszty społeczeństwa drogą konfliktu i przystosowania się, jako grupa etniczna" (xiii).

Do roku 1970 ich pogląd, akceptujący przedstawienie „Murzynów" jako grupy etnicznej opartej na imigracji do wielkich miast amerykańskich, nie utrzymał się. Autorzy piszą: „Jako grupa etniczna są oni jedną z wielu. Jako »grupa rasowa«, jako »czarni«, według nowej terminologii, tworzą oni jedyną w swoim rodzaju grupę w amerykańskim społeczeństwie" (xiii), a ponieważ kategorie etniczne nie sprawdziły się, „zdajemy się przechodzić – piszą Glazer i Moynihan – do nowego zestawu kategorii, czarnych i białych. I to jest złowieszcze".

Nie ma wątpliwości, że owa wstrząsająca rewizja po latach tej części ich rozprawy z roku 1963 była konsekwencją wydarzeń, do których doszło między rokiem 1963 a 1970. Była to epoka wzrostu ruchu Czarna Siła, *Black Power* (Carmichael 1976), powstania Partii Czarnych Panter i serii zamieszek w wielu amerykańskich miastach, które szczególnie nasiliły się po zabójstwie przywódcy Afroamerykanów, Martina Luthera Kinga. Agresja czarnych wyzwoliła w Glazerze i Moynihanie dużą dozę niechęci i, jak się wydaje, goryczy i złości. Kilka przykładów pokazuje ich reakcję na bojowość czarnych i poparcie dla niej pośród białych radykałów. Komentując bezdyskusyjny charakter ich żądań, piszą oni: „nie wzięli [oni] pod uwagę tego, że inne grupy miały swoje interesy, miały władzę i mogą zareagować przeciwko agresywnym i aroganckim żądaniom, które tę szczególną zjadliwość i arogancję zawdzięczały w dużej mierze czarnej kulturze ulic" i: „inwektywy stały się jedyną formą [prowadzenia sprawy] przez czarnych bojowników, z poparciem białej inteligencji".

W dalszej części nowego wprowadzenia autorzy przytaczają dyskusję pomiędzy „czarnymi radykałami" i pracodawcą, który tłumaczy im, że inni wiele lat czekali na szansę awansu i lepszej pracy. Pokazują czarnoskórego, który mówi: „Czy sądzisz, że Murzyni będą czekać tak długo na dobrą pracę?". Oto, piszą Glazer i Moynihan, odpowiedź na to pytanie: „Wszyscy inni czekają". Następnie autorzy dokonują obliczeń czasu ich oczekiwania, ale koncentrując się tylko na okresie, kiedy czarni Amerykanie migrowali do Nowego Jorku (począwszy od końca wieku XIX, dalej przez wiek XX), nie zaś na czasach, kiedy migrowali oni z Afryki do brytyjskich kolonii Nowego Świata – 400 lat to dość długi czas oczekiwania.

Podsumowując, wnioskują oni, że model etniczny tylko częściowo się sprawdził. „My, czarni i biali, nadal zmagamy się z *naszym podstawowym dylematem*, miejscem czarnych w amerykańskim społeczeństwie" (podkreślenie moje). Cytaty powyżej sugerują, że dochodzą oni do tej konkluzji z niemałą irytacją i niezadowoleniem.

Nowe wprowadzenie (1970) powtarza sądy o możliwych powodach trwania etniczności. Częściowo może ono być skutkiem zaniku innych tożsamości, między innymi tożsamości religijnych i zawodowych. Pomimo że wcześniej przedstawiali oni argumenty za istnieniem powiązania pomiędzy związkami etnicznymi oraz klasowymi i wspólnotami mieszkaniowymi, skłaniają się ku postrzeganiu tożsamości etnicznych jako *zastępujących* tożsamości klasowe; jest to myśl powtarzana później wiele razy. Ale rozważają oni również, a następnie odrzucają, inną, i raczej niepokojącą, możliwość: że postawy „białych" grup etnicznych, Polaków, Irlandczyków, Włochów, Żydów i innych, stanowią – cichy lub ukryty – wyraz białych interesów i poglądów odnośnie czyhających ze strony czarnej ludności „zagrożeń".

> „Słowem, czy odrodzenie się etniczności jest po prostu kwestią odrodzenia się rasizmu, jak często się teraz twierdzi? Czy reakcja białych grup etnicznych oraz średnich klas pracujących na coraz bardziej agresywne żądania Murzynów jest kwestią obrony etnicznych i zawodowych pozycji i przywilejów, czy jest to kwestia rasowej antypatii [...] i rasizmu?" (xxxviii).

Glazer i Moynihan twierdzą, że nie jest to wystarczające wytłumaczenie. Etniczność białych grup nie może być wykluczona jako forma rasizmu. To, co Irlandczycy myślą i czują jako irlandzcy Amerykanie (bardziej niż jako biali Amerykanie) nie jest wybiegiem, ale rzeczywistością; „etniczność jest rzeczywistą, odczuwaną podstawą politycznego i społecznego działania" (xxxviii). Ta zmiana akcentu powodowana jest innymi kluczowymi względami. Etniczność ma tutaj nie tylko charakter „instrumentalny", to znaczy nie jest tylko poszukiwaniem, pod etnicznym sztandarem, politycznych i materialnych korzyści. Jest ona „rzeczywista" i jest podstawą dla działania „społecznego", nie tylko działania politycznego. Pozwala to ujrzeć etniczność jako znaczącą w dużo szerszym rozumieniu niż pierwsze stwierdzenie.

„Pojawiło się coś nowego"

W roku 1975 Glazer i Moynihan, ten niezwykły duet złożony z klasycznego amerykańskiego naukowca o liberalnych poglądach i politycznego działacza, który pracował w administracji Nixona, znowu wydał książkę. *Ethnicity: Theory and Experience* to zbiór esejów mówiących o globalnych kontekstach konfliktu etnicznego, polityki i społeczeństwa, z długim esejem wstępnym autorstwa redaktorów. Etniczność wydaje się nową rzeczą – piszą oni – a nie tylko nowym terminem. Nie jest to intelektualna moda, rzeczywiście „pojawiło się coś nowego" (2) i jest to „powstanie nowej kategorii socjologicznej jako istotnej dla zrozumienia dzisiejszego świata, który sam ma wymiar socjologiczny". Ten nowy fenomen to „wyraźny i nagły wzrost skłonności ludzi, w wielu krajach i w wielu środowiskach, do akcentowania znaczenia swojej grupowej wyrazistości i tożsamości oraz nowych praw, które wynikają z charakteru ich grupy".

Ponadto, znaczenie, jakie zaczęto przypisywać przynależności do grupy etnicznej, wyszło poza mniejszości i rozciągnęło się na „*wszystkie grupy społeczeństwa* odbierające siebie jako wyraźnie inne z powodu ich kultury i pochodzenia" (4, podkreślenie moje). W rezultacie „etniczność" staje się głównym narzędziem analizy społeczeństwa jako całości, *ponieważ obejmuje ona każdego*:

„Nowe słowo odzwierciedla nową rzeczywistość. Tym nowym słowem jest etniczność, a zmiana w jego zastosowaniu polega na rozwoju pojęcia »grupa etniczna«, które rozszerza się z mniejszości i podgrup będących na marginesie społeczeństwa – czyli grup, po których spodziewano się, że się zasymilują, znikną, staną się egzotycznymi lub kłopotliwymi, ale tylko reliktami – na duże części społeczeństwa" (5).

A zatem w Stanach Zjednoczonych – piszą Glazer i Moynihan – nawet starzy Amerykanie, „potomkowie Anglosasów", uważani są za grupę etniczną.

Grupy te są stale postrzegane, jak w poprzednim tomie, jako grupy interesu, które lobbują i zgłaszają roszczenia materialne w imieniu swoich członków. Autorzy dowodzą, że etniczność jest mocniejszą formą tożsamości niż klasa, a jest tak, ponieważ klasy są „normatywnie" takie same – wszystkie one chcą, używając słów amerykańskiego związkowca Samuela Gompersa, tej samej rzeczy: więcej. Mówią autorzy: „różnice etniczne *są* różnicami lub przynajmniej są postrzegane jako takie" (15). Ale jeśli grupy etniczne są grupami interesu, dzieje się tak nie tylko dlatego, że tworzą one wspólnoty (na przykład w Nowym Jorku), które zamieszkują wspólne przestrzenie, w podobny sposób żyją i mają taką samą pozycję klasową. Jest tak również dlatego, że etniczność stała się rządową zasadą dystrybucji środków: „Strategiczna skuteczność etniczności jako podstawy zdecydowanych roszczeń wysuwanych pod adresem rządu ma swój kontrapunkt w pozornej łatwości, z jaką rząd używa kategorii etnicznych jako podstawy dla rozdysponowywania przydziałów" (10). Autorzy postrzegają to jako odwrócenie zasady „barwoślepoty" w zakresie obywatelskich praw legislacyjnych, która zakazywała używania „kategorii deskryptywnych" jako podstawy dystrybucji. Ale „od momentu przyjęcia ustawy w roku 1964", rząd wymagał rejestrowania płci i rasy we wszystkich ważniejszych instytucjach, jako formy etnicznego dozoru. Miało to na celu zarówno ocenę rozwoju antydyskryminacyjnych działań, jak również dopasowanie sektora usług do obsługiwanych przezeń grup, poprzez umieszczanie w nim personelu o tym samym profilu kulturowym, etnicznym i rasowym co jego klienci: „azerski narkoman, azerski terapeuta" – stwierdzają autorzy.

Glazer i Moynihan po latach

Warto poświęcić więcej uwagi dwóm przedstawionym tu książkom, nie tyle z powodu samej ich wartości – autorzy przyznają, że są „niepewni" wielu rzeczy – ale ponieważ miały one bardzo duży wpływ i postawiły pytania, które ciągle pozostają w centrum problematyki etniczności. Przyjrzymy się, jakie były to pytania i jakie odpowiedzi dawały na nie poglądy Glazera i Moynihana.

Etniczność: nowe słowo, nowa rzeczywistość

Dopiero niedawno zaczął być badany fenomen trwania etniczności. Nie jest to niezdolność starszych kultur do zmiany, ale ich trwanie w nowych kształtach, w nowych kontekstach – jak na przykład Włosi trzeciego pokolenia w Nowym Jorku. Zjawisko to zauważalne jest nie tylko w Nowym Jorku (jak w książce Glazera i Moynihana z 1963 roku) czy też w Stanach Zjednoczonych; występuje ono wszędzie (1975). Trwanie etniczności zaprzeczyło „liberalnym przewidywaniom" co do jej asymilacji z nowymi kulturami obywatelskimi i uniemożliwiło zanik „przypisanych" więzi i tożsamości. Ale Glazer i Moynihan nie do końca są przekonani, że wchodzimy do nowego świata etniczności. Odnoszą się oni do etniczności symbolicznej – do tożsamości etnicznych pozbawionych różnic kulturowych. Termin ten rozwinął Herbert Gans dla opisania sytuacji, w której tożsamości etniczne przetrwały, pomimo zmniejszenia się różnicy kulturowej. Glazer i Moynihan stwierdzają, że „*w takim rozumieniu liberalne przewidywania były słuszne*" (podkreślenie moje).

Etniczność instrumentalna

Prace Glazera i Moynihana były postrzegane jako punkt odniesienia w dyskusji o instrumentalnym charakterze etniczności (por. Banks 1966), gdzie etnicznie zorientowane działanie postrzegane jest jako oportunistyczne, mające służyć konkretnym celom, które mogą zostać osiągnięte poprzez umocnienie tożsamości etnicznych. Jest to pogląd przeciwny do postrzegania grup etnicznych jako ugruntowanych, organicznych podstaw społecznej i kulturowej różnicy. Glazer i Moynihan powtarzają oczywiście w wielu miejscach stwierdzenie o grupie interesu oraz, niekiedy, przedstawiają grupy etniczne jako quasi-klasy. Ale znowu nie są w tym konsekwentni. Nawet jeśli dowodzą oni, że amerykańskie grupy etniczne zamerykanizowały się, mówią także o grupach etnicznych jako „wyróżniających się" i o poczuciu różnicy „z powodu kultury i pochodzenia".

Etniczność podtrzymywana przez państwo

Ważnym uzupełnieniem drugiego tomu Glazera i Moynihana jest myśl, że interesy etniczne mogą być realizowane w powiązaniu z państwem. Kiedy państwo używa kategorii etnicznych w dystrybucji środków, zarówno buduje, jak i umacnia kategorie etniczne oraz czyni z etniczności instrument polityczny. Wzmianka na temat Azerów świadczy, że nie robiło to na autorach wrażenia. Działanie państwa w zakresie określania grup etnicznych i regulacji praw, przywilejów i zakazów zgodnie z kryteriami etnicznymi jest co najmniej tak samo ważne, jak wyznaczone przez etniczność relacje między jednostkami i zbiorowościami.

Rasa i etniczność

Niemalejące znaczenie „rasy" w ogólnym dyskursie, a w amerykańskich relacjach „czarny-biały" w szczególności, skłania Glazera i Moynihana do ponownego rozważenia ich poglądu, że pojęcie etniczności mogłoby wchłonąć lub zastąpić „rasę". Ich niepokój związany z upartym trwaniem tak zwanego „podziału kolorów" w Stanach Zjednoczonych był najbardziej widoczny we wprowadzeniu z roku 1970; wydawali się oni wówczas wyraźnie wstrząśnięci wydarzeniami, jakie miały miejsce w miastach Ameryki pomiędzy rokiem 1963 a 1970. Do roku 1975 ich niepokoje osłabły i nie mówią już o tym wiele. Rozdział w tomie z tego roku na temat Murzynów amerykańskich mówi o „neoetniczności" i „etniczności politycznej" (określenie „Murzyni" jest ciągle używane w tej książce, ale ustępuje miejsca „czarnym". „Afroamerykanie" pojawiają się, ale jeszcze nie „Amerykanie pochodzenia afrykańskiego").

Mniejszości i większości

Jednym z ważnych odstępstw od wcześniejszych, własnych i cudzych prac jest w tomie Glazera i Moynihana z roku 1975 odniesienie do etniczności jako cechy grup większościowych. W Ameryce i w innych miejscach „grupy etniczne" były postrzegane jako mniejszości lub jako mniejsze i określone grupy, istniejące w ramach większej całości. Większość nie była postrzegana jako posiadająca cechy etniczne, a jedynie jako mająca cechy

„nasze", „większości ludzi"; „my" było tym, od czego różnili się „inni ludzie", nie zaś częścią ogólnego systemu zróżnicowania. Jest to zupełnie odmienne spojrzenie niż u Lloyda Warnera, którego pracę omawialiśmy wcześniej. Najogólniej rzecz ujmując, pytanie zadawane przez Glazera i Moynihana brzmiało: „etniczność – czy wszystkich nas to cechuje?" i, w pracy z 1975 roku, autorzy odpowiadają: „tak".

Tych pięć problemów – *nowość etniczności*, *etniczność instrumentalna*, *etniczność i państwo*, *rasa i etniczność* oraz *etniczność większości* – pozostaje głównym obszarem sporu w zakresie przedmiotu. W odniesieniu do niektórych kwestii nasz sposób myślenia rozwinął się i zostały one wyjaśnione; w innych przypadkach to rzeczywistość się zmieniła. Ogólnie rzecz biorąc, porzucana jest na przykład definicja grup etnicznych jako „po prostu" grup kulturowych, w dużym stopniu dzieje się tak pod wpływem ważnego eseju Bartha z 1969 roku (jest on pokrótce wspomniany w książce Glazera i Moynihana z roku 1975). Kultury, tu panuje zgoda, nie pokrywają się dokładnie z formami przynależności etnicznych, a grupy etniczne nie mogą być identyfikowane w pierwszym rzędzie poprzez różnicę kulturową. Podobnie pojęcie etniczności jako cechy grup większościowych jest szeroko omawiane, chociaż ciągle utrzymuje się powszechne kojarzenie „etnicznego" z mniejszością i egzotyczną innością.

Jednak sprawa, która nurtuje Glazera i Moynihana bardziej niż wydają się oni przyznać – rasa i rasizm w Ameryce – bardzo posunęła się naprzód w ostatniej ćwierci XX wieku. Główny akcent w określeniu „Amerykanie afrykańskiego pochodzenia" przesunął się z Murzynów (ang. *Negroes*) na czarnych (ang. *Blacks*), a następnie na Afroamerykanów (ang. *Afro-Americans*, *African Americans*) – na termin, który zrównuje się poniekąd z innymi określeniami złożonymi, których pierwszy człon wskazuje na kraj pochodzenia (w tym przypadku kontynent pochodzenia). Znaczenia – i większej liczebności – nabrały nowe duże grupy, włączając w to Latynosów i Amerykanów pochodzenia azjatyckiego, co skomplikowało podstawowy podział na czarnych i białych. Z drugiej strony, myśl, że „czarni" zakłócili wzorzec etniczności (jak twierdzili Glazer i Moynihan) poprzez przywrócenie „rasy", zmniejszyła swe znaczenie.

Dyskurs rasy utrzymuje się w Ameryce, jak wykazaliśmy w rozdziale 1, na równi z dyskursem etniczności. Być może Glazer i Moynihan powinni ponownie przemyśleć swe stanowisko, że etniczności białych nie należy rozumieć jako reakcji na żądania czarnych. Zaprezentowana przez nich interpretacja etniczności białych zyskała popularność. Jak dowodzi Waters (1990: 164), „Ta analiza pokazuje dwie rzeczy: że etniczność symboliczna utrzymuje się, ponieważ zaspokaja u Amerykanów potrzebę wspólnoty bez konieczności ponoszenia osobistych kosztów, oraz że społeczną konsekwencją tego rodzaju etniczności może być subtelne umocnienie rasizmu". Jednym z odcieni ożywienia zainteresowania białych ich etniczną tożsamością jest to, że ożywienie to stanowiło reakcję na etniczność czarnych. Kierowali oni do nich przekaz: „Jeżeli wy możecie tego dokonać, możemy i my". Esej Glazera i Moynihana z roku 1975 idzie tym tropem, kiedy autorzy odwołują się do wydzielania przez państwo środków. Legislacja praw obywatelskich pociągnęła za sobą konieczne procedury, stworzone, aby kontrolować, czy i jak określone grupy etniczne mają do owych środków dostęp. Był to czas, kiedy tożsamość etniczna nabrała nowego znaczenia. Jak dowodzą autorzy, ustanowienie praw obywatelskich zniosło obywatelskie znaczenie rasy i prawie w tym samym momencie stworzyło procedury służące kontroli sytuacji i urzeczywistnieniu wizji prawdziwej równości. Ta zmiana sprawiła, że duża część ludności w sposób nadspodziewany zainteresowała się swoją własną tożsamością grupową.

Krytyka etniczności

Dzięki pracom Glazera i Moynihana bardzo wzmogło się zainteresowanie socjologii etnicznością w Stanach Zjednoczonych. Szczególnie ważna jest praca, która przedstawiła zastrzeżenia co do tego, jak „paradygmat etniczności" został wykorzystany w Stanach Zjednoczonych. Jest to książka Michaela Omiego i Howarda Winanta, *Racial Formation in the United States*, *from the 1960s to the 1980s*, opublikowana po raz pierwszy w roku 1986. Chociaż jest to krytyka etniczności jako modelu socjologii, dużo twierdzeń jest dość zgodnych z tym, czego dowodziliśmy w tej książce. Omi i Winant byli jednymi z pierwszych, którzy otwarcie opowiadali się za tym, że kategorie rasy oraz towarzyszące im konstrukcje ideologiczne (to jest, nacechowane politycznie koncepcje, dotyczące grup rasowych) powinny być rozumiane jako konstruowane społecznie i politycznie. Są oni zatem zupełnie przekonani, że kategorii „rasy", z przypisywaną jej stałą, dziedziczną i biologicznie umotywowaną różnicą, nie da się obronić. W tym sensie akceptują oni paradygmat „rasy" jako konstrukcji społecznej, które to rozumienie przyjęliśmy w tej książce.

> „Znaczenie rasy jest określane i poddawane w wątpliwość przez całe społeczeństwo, zarówno w działaniach zbiorowych, jak i w praktyce osobistej. W tym procesie same kategorie rasowe są formowane, przekształcane, niszczone i naprawiane. Używamy terminu formowania rasy dla określenia procesu, w którym siły społeczne, gospodarcze i polityczne ustalają treść i znaczenie kategorii rasowych i w którym owe kategorie są z kolei kształtowane przez znaczenia rasowe" (Omi i Winant 1986: 61).

Wypowiedź ta przedstawia kategorie społeczne jako społecznie „konstruowane", „formowane", i dowodzi, że siły *rozstrzygające* są „siłami społecznymi, gospodarczymi i politycznymi". Taki punkt wyjścia stanowi sedno koncepcji „nieredukowalności". W naukach społecznych termin „redukcjonizm" (redukowalny, nieredukowalny) dotyczy zazwyczaj idei hierarchii wyjaśniania. Jeżeli na przykład A wyjaśnia B, wówczas A widziane jest w hierarchii wyjaśniania jako będące „ponad" B. W ten sposób akcentowanie A jest postrzegane jako „osłabiające" pozycję B i traktujące je jako w pewien sposób mniej istotne, ponieważ jego miejsce w strukturze społecznej, czy wręcz w historii, jest uzależnione od A. W takim kontekście książka Omiego i Winanta jest apelem o przyznanie „rasie" ważniejszego miejsca w amerykańskiej myśli społecznej. Ma to również związek z wieloma kwestiami, które rozważaliśmy w tej książce; wydaje się nie ulegać wątpliwości, że dyskurs rasy był i pozostaje dużo bardziej trwały w Stanach Zjednoczonych niż gdziekolwiek indziej.

Główne pytanie o przyczynowość jest jednak trudniejsze. Lepszym modelem wyjaśniania jest raczej zaproponowanie, że A i B są w pewien sposób ściśle ze sobą związane, niż sugerowanie, że A powoduje B lub odwrotnie. Przede wszystkim wydaje się to bliskie temu, co proponują Omi i Winant (zob. powyższy cytat o siłach społecznych). Ale tuż po tym cytacie (w którym celowo opuściłem następne zdanie) następuje to oto stwierdzenie:

> „Kluczowe dla tej formuły jest traktowanie rasy jako zasadniczej osi relacji społecznych, która nie może być podporządkowywana żadnym ogólniejszym kategoriom pojęciowym, ani do nich ograniczana" (61–62).

Ta wypowiedź brzmi jak odwrócenie tendencji redukcjonistycznych; zgodnie z nią, żaden fakt w amerykańskiej historii nie może być nadrzędny wobec faktów rasowych czy rasizmu. Jakkolwiek byłoby to trudne do „udowodnienia", jest to niewątpliwie główny temat książki *Racial Formation*. Teorie klasowe – a wydawałoby się niemal niemożliwe odłączenie amerykańskiego rasizmu od historii klasowej i klasowego kształtowania amerykańskiego społeczeństwa – Omi i Winant postrzegają jako rozpoznające wagę rasy, ale jednocześnie obce Stanom Zjednoczonym: „Ponieważ wiele radykalnych ujęć często znajdowało się pod wpływem ruchów i tradycji *mających swe punkty odniesienia poza Stanami Zjednoczonymi*, nie udaje im się rozpoznać specyficzności warunków amerykańskich" (3, podkreślenie moje).

W obszarze ich głównego zainteresowania pozostaje jednak ciągle „nieredukowalność". Jak powiedzieli sami autorzy, są oni zainteresowani tym, by „umieścić ideę rasy w sercu amerykańskiej historii politycznej [...], podkreślić [...] niedające się zredukować polityczne aspekty rasowych sił sprawczych" (4). Godne uwagi jest to, że mówią oni o zasadniczym znaczeniu „rasy", a nie rasizmu. Wiąże się to z tym, że odrzucenie dyskursu, w którym „rasa" jest głównym terminem, oznaczałoby dla nich odrzucenie czegoś zupełnie kluczowego dla opisu rzeczywistości. Tak wygląda ich krytyka „etniczności", która ujawnia jedynie, czym owo zjawisko jest.

Część ich książki poświęcona paradygmatowi etniczności jasno wskazuje, że ich zastrzeżenia nie dotyczą socjologii etniczności w ogóle, *ale konkretnych założeń, które, jak sądzą, są konstytutywnymi elementami teorii etniczności w USA*. Mówiąc krótko, ci, którzy zajmują się etnicznością w USA, postawili diagnozy na temat tego, w jakim kierunku będą zmierzały grupy etniczne (rasy) w Stanach Zjednoczonych; diagnozy te okazały się zupełnie bez pokrycia. Omi i Winant wskazują dwa najważniejsze, i fałszywe, założenia: że wszystkie grupy etniczne w USA, włączając Afroamerykanów, po przejściu przez długotrwały proces zmian zasymilują się z amerykańską większością, oraz, że takie założenie implikuje, iż Afroamerykanie mogą być rozpatrywani wedle tych samych kryteriów co imigranci z Europy i ich potomkowie. „Teoria etniczności przypisywała czarnym i innym mniejszościom rasowym takie role, jakie odegrały wcześniejsze pokolenia europejskich imigrantów [...] Ale [...] strukturalne bariery sprawiały, że analogie do imigrantów były czymś niewłaściwym" (20). Takie podejście, twierdzą Omi i Winant, oznacza „zlekceważenie rasy *per se*" i znowu jest to przedstawiane jako zlekceważenie „rasy", nie zaś rasizmu. Z całego tego rozumowania możemy wydobyć dwie główne tezy. Pierwsza, że niewłaściwe jest traktowanie pozycji czarnych Amerykanów jako analogicznej do pozycji imigrantów z Europy, i druga, że uczynienie tego oznacza przyjęcie niemalże jednolitego wzorca asymilacji i mobilności społecznej, a zatem pominięcie istotnego znaczenia rasizmu. Te błędne założenia, przyjmowane przez „teorię etniczności" w USA, Omi i Winant odrzucają. Tym, co ich zdaniem model imigracji lekceważy, jest sama siła i intensywność sprzeciwu ze strony białej Ameryki wobec włączania do swego organizmu czarnej ludności i wobec prezentowanej przez nią mobilności społecznej (por. Fenton 1999). Na sympozjum, które miało miejsce ponad 30 lat po publikacji książki *Beyond the Melting Pot* (przez niektórych określanej jako BMP), przyznano, że niektóre z tych twierdzeń były błędne.

Jednym ze źródeł błędu w tomie Glazera i Moynihana było założenie, że masowa migracja dobiega końca. Jak obrazowo ukazuje Nancy Foner, koncepcja, że „obsada głównych ról na kolejne dekady jest skończona", była błędem. Miast zniknąć, masowa migracja odrodziła się, chociażby w samym Nowym Jorku, przyjmującym rzesze imigrantów:

> „Nowoprzybyli pochodzą głównie z Azji, Ameryki Łacińskiej i Karaibów – i ciągle napływają w liczbie ponad 100 tysięcy rocznie. W roku 1970 18 procent mieszkańców Nowego Jorku urodziło się za granicą. Do roku 1998 imigranci stanowili ponad 1/3 ludności miasta, zbliżając się do poziomu z przełomu wieków" (Foner 2000: 225).

Panuje powszechna zgoda co do tego, że ci nowi imigranci mogą skomplikować, ale nie ostatecznie podważyć, nadrzędny amerykański czarno-biały system binarny. Dotyczy to głównie, pisze Foner, „zachodnich Hindusów, którzy są często wrzucani do jednego worka z Afroamerykanami i doznają takich samych przeszkód prawnych jak oni; w takim samym stopniu dotyczy to Latynosów o ciemnej karnacji". Białe grupy w USA stale asymilują się z amerykańską większością. Większość autorów w omówieniu *Beyond the Melting Pot* („International Migration Review", wiosna 2000) wydaje się zgadzać, że tożsamości istotnie roztopiły się we wspólnym kotle, nawet jeśli niektórym grupom udało się utrzymać „ponad tym kotłem" pewną pozycję. Był to, jednakże, kocioł biały: „jest to wystarczający dowód, że asymilacja jest procesem bardzo ważnym, prawdopodobnie trendem dominującym wśród białych w Stanach Zjednoczonych" (Alba i Nee 1997).

Wysoka świadomość pochodzenia etnicznego pośród nowych nie-białych imigrantów była spowodowana ich rasizmem względem czarnych Amerykanów: „Jedynym powodem, dla którego wielu dzisiejszych imigrantów akcentuje swą tożsamość etniczną, jest to, że chcą oni odróżnić siebie samych od miejscowych czarnych i Portorykańczyków, dwóch najbardziej napiętnowanych mniejszości Nowego Jorku" (Foner 2000: 259).

Dwa inne błędy popełnione w tomie *Beyond the Melting Pot* zostały rozpoznane w omówieniu tej książki, i to przez jednego z autorów tej pozycji. Pierwszym z błędów było niedocenienie siły reguł rasowych w USA czy też wiara, że rozwój praw obywatelskich zapoczątkowany w latach 60. będzie przebiegał bez zakłóceń i stale posuwał się naprzód. Pojawił się wsteczny trend w odniesieniu do czarnych Amerykanów zarówno w sferze politycznej, jak i ekonomicznej:

> „Politycy zyskują władzę, ukazując siebie jako przeciwnych postępowi czarnych. Dziś doświadczamy transformacji amerykańskich miast z centrów produkcyjnych w centra obsługi i wysokich technologii. Utrata dobrze płatnych prac przy produkcji [...] doszczętnie zniszczyła czarną klasę pracującą" (E. Anderson 2000: 267).

Sam Glazer zauważył, że ich zawarte w *Beyond the Melting Pot* spostrzeżenia na temat protestów czarnych były „przesadzone" i nieodpowiednie w tonie. Ale nade wszystko stwierdził on, że „było jeszcze jedno założenie, które z perspektywy czasu okazało się błędne", mianowicie traktowanie „znowu powiększającej się populacji Afroamerykanów i Portorykańczyków jako ludności imigranckiej".

Kultury i granice

W redagowanym przez Glazera i Moynihana tomie z 1975 roku została pokrótce wspomniana praca Fredrika Bartha, norweskiego antropologa, którego pisma miały wyjątkowy wpływ na badanie etniczności. Praca Bartha, wydana w 1969 roku, została napisana jako część wprowadzająca do tomu esejów pochodzących z konferencji w Bergen, która odbyła się w 1967 roku (Barth 1969). Dwaj autorzy esejów z tego tomu piszą o chłopskich lub nomadycznych wspólnotach w Norwegii. Inni zajmują się tożsamościami etnicznymi w Sudanie, Etiopii, Meksyku, Pakistanie, Afganistanie i Laosie. Główna teza pracy Bartha brzmi, że tożsamość grupy etnicznej podtrzymywana jest przez istnienie tego, co nazywa on „granicami" – liniami, które oddzielają jedną grupę od drugiej. Linie te nie są kreślone przez prostą kulturową różnicę, na przykład „A" są ludzie, którzy mówią „A"-językiem. Granice te są wyznaczane przez zachowanie społeczne, które odpowiada świadomości członkostwa i wyznaczanym między grupami różnicom; „przedmioty" kulturowe, które są wykorzystywane do zarysowania tego rozróżnienia, mogą być bardzo rozmaite i mogą stanowić zaledwie małą część kulturowego repertuaru poszczególnej grupy. Można by to przedstawić za pomocą twierdzenia: „A" są ludźmi, którzy nie są „B", i mówienie „A"-językiem jest rodzajem świadomości tej różnicy i jej manifestacji. Zgodnie z twierdzeniem Bartha, rozstrzygająca różnica kulturowa mogłaby być naprawdę zupełnie mała (w porównaniu do, powiedzmy, głównej różnicy językowej).

Pomimo tego, że spostrzeżenia te zostały oparte w większości na pracach dotyczących społeczeństw Trzeciego Świata, znaczenie głównego założenia Bartha ma bardzo ogólne zastosowanie. Rodzaje podzielonych społeczeństw, które omawia Barth – społeczeństw i zbiorowości o charakterystycznym sposobie życia, w dużej mierze samowystarczalnych, ale pozbawionych oficjalnej władzy centralnej – występują często w krajach postkolonialnych, zamieszkując po obu stronach granicy sąsiednich państw (tak jak Patanowie w Pakistanie i Afganistanie). Ponieważ państwa postkolonialne starają się umocnić swoją władzę i sprawować ją nad różnorodną ludnością, wspomniane grupy są zagrożone. Mniejszości – odróżniające się poprzez elementy języka lub religii – jeżeli nie stanowią części większości lub politycznie wpływowej elity, czują się wzięte pod lupę. Ponadto tam, gdzie nowo powstałe państwa są słabe, zarówno ekonomicznie, jak i w zakresie kontroli swego terytorium, może okazać się, że kontrola czy zahamowanie rywalizacji pomiędzy sąsiednimi grupami lub grupami żyjącymi obok siebie leży poza zasięgiem możliwości państwa. Podobne grupy, z których wiele mieszka w krajach Afryki i Azji, są poniekąd tradycyjnie badane przez antropologów, takich jak Evans-Pritchard (1962) w erze kolonialnej, Edmund Leach (1982) nieco później, Barth i jego współpracownicy w okresie dekolonizacji i później. Według Bartha, Patanowie z Pakistanu i Afganistanu są „grupą etniczną"; dla

Glazera i Moynihana są nimi potomkowie włoskich imigrantów w Nowym Jorku. Ten rozrzut pomiędzy zupełnie odmiennymi sposobami życia w zupełnie różnym otoczeniu nie powstrzymał badaczy przed mówieniem o „etniczności" tak, jakby – niezależnie od jej usytuowania – była ona zawsze tym samym rodzajem fenomenu.

Barth rozpoczyna od omówienia tego, jak antropolodzy definiują zwykle grupy etniczne; przywołuje on cztery punkty definicji:

- Grupa, która jest w dużej mierze samowystarczalna;
- Grupa, która podziela fundamentalne wartości kulturowe;
- Grupa, która tworzy pole komunikacji i interakcji;
- Grupa, która ma członków identyfikujących siebie i identyfikowanych przez innych jako stanowiących kategorię dającą się odróżnić od innych kategorii tego samego porządku.

Barth nie wyklucza żadnego tradycyjnego znaczenia powyższych twierdzeń, ale stara się wskazać, że nie jest możliwe definiowanie grupy etnicznej jako „posiadacza" poszczególnej kultury, co zdarza się, kiedy chce się ją uczynić dystynktywną. Im głębiej Barth wchodzi w ten problem, tym bardziej skłania się do uznania „organizacji społecznej" jako cechy rozstrzygającej i wskazuje czwartą z wymienionych powyżej cech jako decydującą:

> „Nie możemy przyjąć proporcjonalnych relacji pomiędzy jednostkami etnicznymi oraz podobieństwami i różnicami kulturowymi. Cechy, które są brane pod uwagę, nie są sumą »obiektywnych« różnic, lecz jedynie tych, które aktorzy społeczni sami uważają za znaczące – pewne cechy kulturowe używane są przez nich jako sygnały i emblematy różnicy, inne są ignorowane" (14).

Nie oznacza to, że kultura nie jest ważna ani że nie można zauważyć rzeczywistych wzorców różnicy kulturowej. Barth mówi o widomych sygnałach lub znakach różnicy kulturowej, włączając w to ubiór, język, kształt domu i styl życia, jak również wartości i normy moralne. Jednak rzeczą rozstrzygającą w definiowaniu grupy etnicznej jest „utrzymywanie granicy" pomiędzy jedną i drugą grupą. Kultura grupy może się zmieniać lub, jak mówi sam Barth, „zostać przekształcona" (14), a przedmiot kulturowy, który odróżnia „A" od „B", może ulec zmianie. Niemniej jednak same „A" i „B" pozostają. To prowadzi Bartha do najzwięźlejszej definicji jego stanowiska, najczęściej później powtarzanej: „Rozstrzygającym punktem dochodzenia staje się z tej perspektywy granica etniczna, która określa grupę, nie zaś zestaw kulturowy, który ona zawiera" (15).

Ustanowiwszy sposób myślenia o grupach etnicznych, Barth przystępuje do zbadania, jak członkowie grup etnicznych mogą zachowywać się, tak indywidualnie, jak i zbiorowo. Zachowania etniczne są konstruowane inaczej wewnątrz grupy, a inaczej, kiedy zachowania te przekraczają granice etniczne. Między ludźmi, którzy podzielają tożsamość, istnieje – jak określa to Barth – „zgoda, że się gra w tę samą grę". Kiedy tak się dzieje, za sprawą nawiązanej relacji staje się rzeczą możliwą „zajęcie się najróżniejszymi sferami i dziedzinami aktywności". Takie stosunki nie są – używając innej socjologicznej terminologii, dotyczącej relacji społecznych – jednowymiarowe. Stosunek, na przykład stosunek wymiany, w którym członkowie „A" wymieniają rzeczy z członkami „B", jest jednowymiarowy, jeżeli poza tą wymianą „A" mają niewiele lub nic wspólnego z „B". A zatem, jak określa to Barth, „następstwem oddzielenia innych jako obcych jest stwierdzenie pewnych ograniczeń w zakresie wspólnoty myślenia i ograniczenie interakcji do tych sfer, w których sposób myślenia jest taki sam, i do sfer wzajemnego interesu" (15).

Nacisk kładziony przez Bartha na identyfikację członków swojej grupy i obcych, na system klasyfikacji, „granice" i wspólny sposób rozumowania, który kształtuje wzajemne relacje, doceniony jest przez późniejszych antropologów (por. Banks 1996, a w szczególności Eriksen 1993). Ta sfera wspólnego rozumienia rządzi stosunkami między członkami grupy, a także między członkami grupy i obcymi oraz zakresem stosunków, jaki między nimi się wytwarza (na przykład, czy tylko handlują oni ze sobą, czy też łączą ich inne sytuacje?). Ale najbardziej uderzającym przesłaniem (dość krótkiego) eseju Bartha był postulat, by odłączyć „kulturę" od grupy etnicznej.

Rozpoczęliśmy tę książkę od pokazania, jak wszystkie trzy główne pojęcia mieszczące się w zakresie zainteresowań badaczy etniczności – rasa, grupa etniczna i naród – mają silne konotacje z dwoma zjawiskami: pochodzeniem i kulturą. Zauważyliśmy, że wszystkie trzy, rasa, naród i grupa etniczna, mogą być uznane, w szerszym ujęciu, za „wspólnoty pochodzeniowe i kulturowe". Wszystkie one są formami społecznej tożsamości, formami włączenia i wyłączenia, formami klasyfikacji społecznej i formami interakcji społecznej, w którą zawsze uwikłana jest kultura i pochodzenie. Stwierdziliśmy później, że „kultura i pochodzenie" jest rdzeniem tych pojęć, natomiast w znaczeniach, jakie niosą ze sobą te poszczególne terminy, widoczne są pewne zasadnicze różnice. Pojęcie rasy ma na przykład długie, historyczne związki z dziedzicznymi cechami fizycznymi, z widzialną różnicą, jak również z abstrakcyjną teorią podziałów ludzkiego gatunku, choć teoria ta jest mocno zdyskredytowana. Idea narodu ma szczególnie silne związki z prawem do samostanowienia, jest blisko związana z „państwem", jak widać to w zestawieniu „państwo narodowe". Naród niekoniecznie musi pokrywać się z ideą wspólnej tożsamości etnicznej. Jeżeli wszyscy, którzy przybędą do danego kraju (a przynajmniej ci legalni imigranci) mogą stać się jego obywatelami i akceptowany jest wieloetniczny model społeczeństwa, wówczas idea – lub ideał – narodu pokrywa się z obywatelskim ideałem „obywateli kraju". Idea narodu określona jest prawnie i konstytucyjnie, nie etnicznie. Przeciwnie idea grupy etnicznej – jej historia łączy się z obcością i statusem mniejszości, z ideą „grupy" jako czegoś, co jest mniejsze od społeczeństwa jako całości. Ten związek również został osłabiony przez rozszerzenie pojęcia etniczności na etniczny charakter większości, czego dokonali Glazer, Moynihan oraz inni badacze.

Ale w tym momencie zauważamy częściowe odłączenie pojęcia „grupy etnicznej" od kultury. To odłączenie od kultury stanowi odejście od „tradycyjnej", socjologicznej i antropologicznej idei grupy etnicznej jako wyznaczanej i definiowanej przez różnicę kulturową. Owo odłączenie od kultury przybrało co najmniej trzy formy. Jedną z nich stanowi Barthowskie twierdzenie: typ kultury łączony z określoną grupą (np. z Patanami w Pakistanie i Afganistanie) może się zmieniać, a elementy kultury, które są postrzegane jako odróżniające ją od innych, są zazwyczaj zaledwie kilkoma elementami kulturowej rzeczywistości. Drugim przypadkiem odłączenia grupy etnicznej od kultury jest twierdzenie Glazera i Moynihana: grupy etniczne (w USA) coraz bardziej upodabniają się do siebie pod względem kultury i zachowania; język, religia i zwyczaje związane z pokrewieństwem, które niegdyś je odróżniały, zniknęły lub straciły swą siłę, niemniej jednak tożsamość etniczna przetrwała. Przypomina to zjawisko, które Gans opisał jako etniczność symboliczną (1979) i później jako religię symboliczną (1994). I trzeci pogląd: tam, gdzie różnica kulturowa wykorzystywana jest jako wyznacznik odmienności, przydawanie jej charakteru rodowego jest (lub może wydawać się) płytkie lub niczym nieuzasadnione; zostało to określone mianem „wynalezienia kultury" (Hobsbawm i Ranger 1983). Żaden z tych przykładów nie powinien zakłócić świadomości, że etniczność i kultura są ze sobą blisko powiązane. Ale przykłady te uświadamiają również, że sposób, w jaki kultura odnosi się do etniczności lub tę etniczność określa, nie jest tak prosty, jak mogłoby się czasami wydawać.

Podsumowanie: kultura, rasa i etniczność – etniczność symboliczna, władza i wybór

Zasadniczymi wątkami tego rozdziału było omówienie pracy Glazera i Moynihana, głosu Omiego i Winanta, retrospektywna ocena *Beyond the Melting Pot* i określenie znaczenia znanego eseju Bartha. Zbiorcze ujęcie tych tematów pozwala na pewne wstępne wnioski.

Zrównywanie „grupy etnicznej" z „odmiennością kulturową" musi zostać zmodyfikowane (zob. powyżej). Mogłoby wydawać się, że wspólne dla wszystkich jest widzenie grup etnicznych jako „kopert" zawierających w sobie odmienne kultury, ale akcent, jaki Barth położył na „granice grupowe" – większy niż na „treść kulturową" – uchyla to twierdzenie. Idea odmienności kulturowej ma skłonność do stosowania w odniesieniu do grup etnicznych pewnych klasyfikacji („A" są ludźmi, którzy robią to, wierzą w tamto, mówią „A"-językiem). Koncepcja granicy grupowej wskazuje na ujęcie relacyjne (skąd „A" wiedzą, kto jest „A" i kto jest „B", i jak wyznaczają granicę pomiędzy sobą?). Ta zmiana akcentów u Bartha nie wyklucza wagi samej różnicy kulturowej; tam, gdzie grupy postępują zgodnie z określonymi zwyczajami, ubierają się w określony sposób i posługują się swoim językiem, rzeczy te wymagają przebadania i analizy. Owszem, są to również znaczenia, przez które ludzie definiowani są jako określone grupy, ale to, że artefakt kulturowy, taki jak język czy ubranie, może funkcjonować jako wyznacznik granicy, nie oznacza wcale, że artefakty te nie mają znaczenia dla samych ludzi. Przywiązują oni wagę do zgodnego z panującym zwyczajem ubioru, do języka; w wieloetnicznych i wielojęzycznych społeczeństwach obrona praw językowych zaczyna nabierać bardzo dużego znaczenia dla członków grupy. Takie pośrednie stanowisko w kwestii wagi „treści kulturowej" w stosunku do „opartych na granicach relacji" zajmuje wyraźnie Stephen Cornell (Cornell 1996).

Z krytyki „dyskursu etniczności" w Stanach Zjednoczonych przeprowadzonej przez Omiego i Winanta płyną dwa wnioski. Pierwszy, że nie wszystkie grupy etniczne mają w strukturze społecznej tę samą pozycję. Widoczna u niektórych badaczy tendencja do łączenia idei etniczności z założeniem asymilacji grup etnicznych i ich mobilności społecznej nie stosuje się w równym stopniu do wszystkich grup etnicznych w USA. Błędem Glazera i Moynihana było zignorowanie strukturalnej i historycznej różnicy w kwestii możliwości włączenia do społeczeństwa Afroamerykanina i przybyłego do USA europejskiego imigranta. Społeczny odbiór Murzyna amerykańskiego, oparty na binarnym, biało-czarnym podziale etnicznym, przekłada się na granicę między Afroamerykaninem i europejskim imigrantem. Chociaż ważne są również różnice etniczne pomiędzy czarnymi Amerykanami, są one zwykle ignorowane przez innych (Waters 1999). Ponadto przypadek amerykański (tak jak wiele innych przypadków) świadczy, że etniczność nie dotyczy tylko „różnicy", ale strukturalnej nierówności i hierarchii różnic. Jak pokazuje polityka kulturalna USA, różnice kulturowe nie są „po prostu" różnicami. Są one również hierarchicznie porządkowane i niejednolicie wartościowane (Hollinger 1995; Steinberg 2000).

Ten rozdział wprowadził nas również w pojęcie „etniczności symbolicznej" (Gans 1979). W tej kwestii Gans dowodzi, że tożsamość etniczna utrzymuje się, nawet jeśli „różnica kulturowa" grupy, która jest często postrzegana jako „treść" jej etnicznej odmienności, w poważnym stopniu zanikła. Słowem, ludzie, którzy uważają się za „polskich Amerykanów", mogli utracić wiele bądź większość ze swej polskości, ale ciągle poczuwać się do polskiej tożsamości. Model ten przedstawia tożsamość etniczną jako w gruncie rzeczy „opcjonalną", ale w wielu przypadkach tożsamości etniczne są dalekie od opcjonalności. Bardzo niewiele jest jej w przypadku stosunków Serbów i Albańczyków z Kosowa. Nie można tutaj mówić o zwykłej „symbolicznej tożsamości etnicznej", z której przedstawiciele tych grup mogą się wycofać. Podobnie w USA: niektóre grupy mają większą możliwość wyboru niż inne. Jak dowodziła Waters we wspaniałym studium *Ethnic Options* (Waters 1990: 156): „Tak jak etniczność jest elastyczna, symboliczna i dobrowolna dla białych Amerykanów średniej klasy, tak nie jest ani elastyczna, ani symboliczna, ani dobrowolna dla nie-białych i latynoskich przedstawicieli amerykańskiego społeczeństwa". To właśnie tutaj kończy się w USA „dyskurs etniczności", a zaczyna się „dyskurs rasy". Grupy etniczne są „dobrowolne" i same wyznaczają własne granice; mniejszości rasowe poddawane są wymuszającym działaniom innych. Lecz choć prawdą jest, że niektórzy ludzie dysponują większą władzą i mają większe możliwości wyboru, postrzeganie pewnych ludzi jako w pierwszym rzędzie określonych przez rasizm innych nie jest słuszne. Widoczne rozróżnienie „biali-czarni" jest ważną i potężną granicą etniczną; w USA podział ten nałożył się na wiele innych rozróżnień etnicznych.

Rozdział 6

MIGRACJA, ETNICZNOŚĆ I MOBILIZACJA

Dotychczasowa opowieść

W rozdziałach od 1 do 4 koncentrowaliśmy się na odszukaniu głównych znaczeń terminów „grupa etniczna", „rasa" i „naród". Rozdział 1 rozpoczęliśmy od prześledzenia etymologii, która wskazała, że te trzy terminy mają wspólne podłoże, że wyrażają one ideę ludu, mojego ludu lub naszego ludu, mającego wspólną genezę. Jednocześnie wskazaliśmy, jakie znaczenia są charakterystyczne dla każdego z tych terminów, odróżniając jeden od drugiego. Termin „rasa" jako jedyny wiąże się z biologiczną koncepcją podziałów gatunku ludzkiego, obecnie zdyskredytowaną z punktu widzenia socjologii, ale wciąż wpływową pod względem ideologicznym. Następnie, w rozdziale 2, pokazaliśmy, jak odmiennie mogą prezentować się „lokalne" dyskursy etniczności w różnych krajach i w różnych kontekstach. Przyglądając się pewnym kluczowym momentom rozwoju literatury na temat etniczności, dostrzegliśmy, jak „etniczna" terminologia zaczęła powoli wypierać terminologię „rasową" (zob. rozdział 3), chociaż w USA „rasy" są ciągle opisywane jako wymierne kategorie podziału ludności. Wielu amerykańskich badaczy twierdzi, że pojęcie rasy jest tak potężnie zakorzenione społecznie, iż socjolodzy nadal powinni go używać.

Poświęciliśmy też uwagę (w rozdziale 4) dyskusji zasadniczej dla tej dziedziny – sporowi na temat natury samej etniczności jako „pierwotnej" tożsamości. Następnie (w rozdziale 5) zajęliśmy się omówieniem studium Glazera i Moynihana z lat 60. na temat Nowego Jorku, które to studium okazało się kluczowe dla socjologii etniczności i które wprowadziło koncepcję etniczności instrumentalnej i politycznej. Następnym zasadniczym novum było rozwinięcie przez Bartha koncepcji granic etnicznych, omówienie sposobu, w jaki grupy definiują siebie jako (kulturowo) różne od innych. W pierwszej części książki omówiliśmy również nawiązania do książki Glazera i Moynihana, jakie miały miejsce u końca stulecia.

Czym jest etniczność oraz jak i kiedy staje się ona ważna jako kategoria socjologiczna?

Możemy uznać, nieco upraszczając, że wcześniejsze rozdziały omawiały, „czym jest etniczność", zaś druga połowa książki stara się odpowiedzieć na pytanie, „w jaki sposób i w jakich sytuacjach etniczność staje się ważna jako kategoria socjologiczna?". Zdefiniowaliśmy tożsamość etniczną jako tożsamość wspólnotową i indywidualną, wyrażaną przez ideę „naszego ludu, naszego pochodzenia", która *wyraźnie różni się* pod względem intensywności, z jaką jest odczuwana i wyrażana. Pewne cechy etniczności jako ważnego wymiaru relacji społecznych stale się powtarzają. Jak wskazaliśmy, jedną z nich jest społeczna konstrukcja pochodzenia, drugą są wyznaczniki kultury i wyraźne różnice, konstruowane kulturowo. Społeczne (to jest istniejące na poziomie stosunków społecznych, a także na poziomie społeczeństwa i państwa narodowego) dyskusje na temat ochrony kultury i jej rozwoju są powszechnym elementem mobilizacji etniczności. Prawdopodobnie najczęstszą formą walki o ochronę kultury jest walka organizująca się wokół kwestii języka i religii w nauce szkolnej. W Malezji na przykład utrzymywanie tamilskich szkół podstawowych jest jednym ze sposobów wzmacniania tożsamości malezyjskich Hindusów. W Anglii pewnym grupom zależy na tym, by wspierać edukację islamską, w ramach głównego nurtu edukacyjnego i poza nim (Rex 1996).

Istnieje jedna odpowiedź na pytanie, dlaczego tożsamość etniczna, *kiedy zostanie zmobilizowana*, może stać się potężnym źródłem działania. Przyczyną tego jest fakt, że może ona być, dla jednostki czy dla wspólnoty, tożsamością totalną; jeżeli ludzie martwią się o swoje posady, swoje sąsiedztwo, swoją edukację i edukację swoich dzieci, swój status prawny i osobiste bezpieczeństwo, *w określonych sytuacjach w to wszystko może zostać włączona tożsamość etniczna*. W innych sytuacjach tożsamość etniczna może prawie wcale nie wpływać na indywidualną tożsamość jako podstawa działania jednostki, wręcz może być zupełnie przez jednostkę nieodczuwana, albo odczuwana jako jakaś szersza i mętna kategoria o znikomym dla podejmowanych działań znaczeniu. Pomiędzy tymi biegunami znajdują się sytuacje, kiedy tożsamość etniczna jest rozpoznana i rozumiana, ale przywoływana tylko w niektórych okolicznościach, okazując się nieistotną w innych. A zatem możemy myśleć o *etniczności totalnej*, *zerowej* lub *milczącej* i *etniczności tymczasowej*. Przydawanie etniczności znaczenia totalnego można zauważyć w sytuacjach, kiedy organizacja etniczna i etniczne atrybuty znaczenia ogarniają wszystkie lub prawie wszystkie sfery życia. W tych okolicznościach tożsamość etniczna jest totalna lub sumująca – angażuje wszystko inne. Zerową lub milczącą etniczność można odnaleźć wszędzie tam, gdzie istnieje jakiś materiał kulturowy, mogący wywołać wzrost tożsamości etnicznej, ale, praktycznie rzecz biorąc, dla wszelkich zamiarów czy stawianych celów nie ma on żadnego znaczenia społecznego. Etniczność tymczasowa jest czymś więcej niż etniczność milcząca, ale jej pobudzenie występuje sporadycznie i przypadkowo. To, czy tożsamość etniczna przybiera jedną czy drugą postać, zależy w dużym stopniu od – zewnętrznych wobec jednostki – okoliczności społecznych. Na przykład, kiedy dzielnice są zamieszkane głównie przez przedstawicieli jednej grupy etnicznej, bardzo rzutuje to na ich życie codzienne; wycieczki poza dzielnicę odczuwane są przez nich jako „wyprawy". Jeżeli grupa etniczna lub grupa nacechowana etnicznie jest dodatkowo w przeważającej części skupiona w niszy ekonomicznej (tak jak wszyscy niewolnicy, wszyscy handlarze), wówczas tożsamość etniczna ma dodatkową siłę społeczną.

Użycie tych założeń socjologicznych umożliwia nam przyjęcie czegoś, co można określić mianem teorii wyboru etnicznie zorientowanego działania. Nie jest to twierdzenie, że etnicznie zorientowane działanie stanowi prostą konsekwencję wyboru jednostki (np. „Chcę pokazać, że jestem Irlandczykiem i działam tak jak Irlandczyk"), nie jest to również twierdzenie, że wybór etnicznie zorientowanego działania jest wyborem racjonalnym, że jest on w jakiś sposób instrumentalny („Chcę pokazać, że jestem Irlandczykiem i działam tak jak Irlandczyk, ponieważ mi to odpowiada i umożliwia realizację moich celów"). Okoliczności, w jakich ludzie wybierają sposób działania (a w szczególności działanie zgodnie z zasadą etniczną) mogą być i często są dość wymuszone. Niezależnie od tego, jaka jest osobista chęć jednostki, jest ona ograniczana przez współczłonków grupy etnicznej lub przez tych, którzy są inni pod względem etnicznym. W następnych rozdziałach tej książki zamierzamy zbadać pewne sytuacje, w których ludzie działają – lub nie – zgodnie z ich tożsamością etniczną. Szczególny nacisk położymy na analizę okoliczności jako warunków działania.

Thomas Eriksen (1993) stworzył pewną typologię różnych kontekstów etniczności; typologia ta została wykorzystana i zmodyfikowana w książce pt. *Ethnicity: Racism, Class and Culture* (Fenton 1999). Niektóre z tych typów wymieniamy tutaj.

Typy i konteksty etniczności

Imigracyjni pracownicy i ich potomkowie, zazwyczaj, chociaż nie zawsze, w wielkomiejskich centrach bogatych krajów; w wieku XIX wielu ludzi emigrowało z Europy do Stanów Zjednoczonych, co przyniosło włączenie europejskich chłopów do rozwijającej się gospodarki przemysłowej USA; w wieku XX i XXI migracje dotyczą już wielu krajów i wielu różnych regionów i nie są już ograniczone do pracowników rolnych i przemysłowych.

Grupy pluralistyczne, które były zazwyczaj spuścizną po krajach kolonialnych, do których sprowadzono wielu niewolniczych pracowników, często „zamiast" proletariatyzowania rdzennej ludności, drobnych rolników, prowadzących niewielkie gospodarstwa, czy pracujących w gospodarstwach osadników; sprowadzeni z Indii pracownicy w pewnych sytuacjach zastąpili pracę niewolników, pracując i żyjąc w warunkach niewiele lepszych od niewoli.

Ludność poniewolnicza, spośród której najbardziej znana jest ta w Brazylii, USA i na Karaibach; jej migracje były przymusowe, ograniczone i zwykle związane z gospodarstwami plantacyjnymi (produkcją cukru, korzeni, kawy, ananasa, bawełny, tytoniu); większość zniewolonej ludności Nowego Świata wywodziła się spośród ludności zachodniego wybrzeża Afryki i Afryki Środkowej.

Ludność rdzenna, ubezwłasnowolniona i wywłaszczona przez osadników kolonialnych, organizująca się, by odzyskać ziemię i kulturę, jak Maorysi w Nowej Zelandii.

Etno-narody, gdzie kwestionowane są granice nowożytnego bytu narodowego, państwa i autonomii grupy; zazwyczaj występują tam, gdzie nacjonalistyczny ruch polityczny (jak w Quebecu w Kanadzie, w kraju Basków w Hiszpanii, zob. Guiberneau 1999) stara się oderwać lub osiągnąć dużą autonomię; terytorium, autonomia regionalna czy niepodległość są kluczowymi wymiarami etnonacjonalizmów lub „narodów bez państw" (Fenton i May 2002; McCrone 1998).

W tej książce nie zbadamy wszystkich możliwych kontekstów tworzenia się i mobilizacji tożsamości etnicznych (zob. Fenton 1999). Ostatnie dwa z przedstawionych typów tworzą dość szczególne obszary badań (zob. Ghai 2000; Guiberneau 1999; McCrone 1998; Fleras i Elliot 1992; Fleras i Spoonley 2000). Trzy pierwsze są przypadkami i konsekwencjami migracji pracowniczej, która kształtuje się w różny sposób, od zupełnie dobrowolnej do całkowicie wymuszonej. Ponadto, w większości społeczeństw państwo kontroluje bacznie nie tylko imigrację (a w niektórych przypadkach emigrację), ale odgrywa również rolę w ustalaniu pozycji imigrantów i mniejszości. Waga przydawana etniczności jest w każdym społeczeństwie częściowo wynikiem działań państwa i ochrony, jaką państwo zapewnia grupom etnicznym. Życie wielu pracowników-imigrantów, włączając w to naturalnie ludność zniewoloną, było określane poprzez fakt, że państwo ledwie gwarantowało im bezpieczeństwo i ochronę, nie wspominając o uznaniu kulturowym czy prawnym. W rozdziałach 6 i 7 omówimy te poszczególne kwestie – migrację, mobilizację etniczną, relacje mniejszościowo-większościowe, mobilność społeczną i tożsamość – jako kluczowe tematy socjologii etniczności.

Trendy w światowej migracji

Zanim zajmiemy się dokładnie etnicznością w kontekście migracyjnym, krótko przyjrzymy się migracji światowej, wielkiemu zjawisku rządzącemu się określonymi prawami. Castles i Miller, za sprawą pracy *Age of Migration* (1993), jak również Castles za sprawą *Ethnicity and Globalisation* (2000), stworzyli nieoceniony przewodnik po tych zagadnieniach. *Globalisation in Question* (Hirst i Thompson 1999) umieszcza migrację w scenerii światowej i ekonomicznej. Od XVII do XIX wieku jakieś 15 do 20 milionów ludzi zostało przetransportowanych z Afryki do pracy niewolniczej w Nowym Świecie. Byli to ludzie posługujący się wieloma różnymi językami, których lokalne i regionalne kultury były często zastępowane w Nowym Świecie kulturami synkretycznymi, religiami i tradycjami muzycznymi z Brazylii, Haiti, Jamajki i południa Stanów Zjednoczonych.

W wieku XIX USA stało się ważnym celem emigrantów, głównie z Europy; w pierwszej połowie wieku byli to głównie emigranci z terenów brytyjskich kolonii:

> „Najlepszą epoką dla odnotowanych dobrowolnych, masowych migracji było stulecie po 1815 roku. Około 60 milionów ludzi opuściło Europę i przeniosło się do obu Ameryk, krajów Oceanii oraz południowej i wschodniej Afryki. Około 10 milionów ludzi dobrowolnie wyemigrowało z Rosji do centralnej Azji i na Syberię. Milion osób przeniosło się z południowej Europy do północnej Afryki. Około 12 milionów Chińczyków i 6 milionów Japończyków pozostawiło swoje ojczyzny i wyemigrowało do wschodniej i południowej Azji. 1,5 miliona osób opuściło Indie na rzecz południowo-wschodniej Azji oraz południowej i zachodniej Afryki" (Hirst i Thompson 1999: 23).

Wszyscy komentatorzy zgadzają się, że w ostatnich dziesięcioleciach doszło do globalizacji migracji; zjawisko emigracji i imigracji dotyczy obecnie takiej liczby krajów jak nigdy przedtem, przemieszcza się większa liczba osób, i to zdecydowanie szybciej niż w przeszłości:

„Spośród około 80 milionów imigrantów (przemieszczających się w ostatnich czasach i w skali światowej) czwartą część stanowią ci, którzy są uważani za legalnie przybywających pracowników, następna ćwierć to nielegalnie osiadli cudzoziemcy, kolejna – małżonkowie i dzieci, a reszta to uchodźcy i osoby ubiegające się o azyl" (Castles i Miller 1993: 168).

„Międzynarodowa migracja jest częścią ponadnarodowej rewolucji, jaką jest przekształcanie społeczeństw i polityki na całym świecie [...] kraje takie jak Stany Zjednoczone, Kanada, Australia, Nowa Zelandia czy Argentyna są klasycznymi celami emigracji. Ich profil mniejszościowy składa się głównie z imigrantów europejskich i ich potomków. Autochtoniczna ludność tych krajów została częściowo wyniszczona i wywłaszczona; dziś ci, którzy ocaleli, są marginalizowani i doświadczają dyskryminacji" (Castles i Miller 1993: 5).

Światowy bilans tych, którzy muszą emigrować, jak odnotowuje Wysoka Komisja ONZ do spraw Uchodźców (United Nations High Commission for Refugees, UNHCR) (styczeń 2002), wygląda nieco inaczej. Prawie 20 milionów osób jest wymienionych jako „osoby objęte specjalną troską i mandatem UNHCR". Regiony, gdzie wskaźnik takich osób jest największy, to Azja (8,8 mln), Europa (4,8 mln) i Afryka (4,1mln); mniejsze ich liczby odnotowane są w Ameryce Północnej (1 mln), Ameryce Łacińskiej i na Karaibach (0,8 mln) oraz w krajach Oceanii (80 tys.) (UNHCR 2002).

Ci uchodźcy tworzą prawie $^1/_5$ światowych szacunkowych 100 milionów migrujących, którzy z kolei stanowią około 1,7% światowej populacji (Castles i Miller 1993: 4). „Ponadnarodowa rewolucja" migracji gwałtownie narasta, staje się coraz bardziej globalna, dotyczy coraz większej ilości krajów jako społeczeństw przyjmujących imigrantów i stanowiących punkt wyjścia dla emigracji. Na przykład bogate w ropę naftową kraje Bliskiego Wschodu są obecnie w dużej mierze społeczeństwami imigranckimi; kraje południowej Europy, szczególnie Grecja, Włochy, Hiszpania i Portugalia, historycznie „eksporterzy" ludności, stali się jej „odbiorcami"; w Japonii zwiększa się populacja imigrantów, a Malezja sporą część swojej rolniczej siły roboczej zawdzięcza sąsiedniej Indonezji. Ponadnarodowa migracja nasila się, powiększają się też ponadnarodowe wspólnoty.

Migrujący i społeczeństwa pluralistyczne

Społeczeństwa omawiane często jako społeczeństwa postkolonialne czy pluralistyczne (Rex 1973, 1996; Fenton 1999) przejęły spuściznę różnicy kulturowej. Wielu z tych, którzy teraz stanowią w społeczeństwach postkolonialnych podstawę różnicy etnicznej, przybyło do swych nowych państw pod koniec wieku XIX i na początku wieku XX. Dobrym przykładem są Hindusi, sprowadzeni na początku wieku XX do pracy na plantacjach w Malezji. Wyraźna zmiana znaczenia etniczności w podobnych (podobnych pod względem przyjmowania hinduskich pracowników) społeczeństwach postkolonialnych, to jest na Sri Lance, Fidżi, w Gujanie, Trynidadzie i Malezji, nadeszła wraz z osiągnięciem niezależności politycznej w latach 60. Wówczas ekonomiczna i polityczna podstawa ludzkiego zaangażowania w społeczną całość uległa transformacji. Ludzie dojrzeli, że ich jednostkowe życie jest związane z kierunkiem obranym przez państwo i że można na nie wpływać przez polityczne uczestnictwo. Porządek kolonialny, przynajmniej częściowo, izolował od siebie członków różnych grup, tak samo jak tych, którzy zajmowali różne obszary w dziedzinie gospodarki. Byli oni słabo zaangażowani w system polityczny, zdominowany przez panującą władzę, którą sprawowali we wszystkich powyższych przypadkach Brytyjczycy. Wraz z nadejściem demokracji i zwiększeniem indywidualnych możliwości w zakresie gospodarki, mógł zacząć się proces indywiduacji lub odłączania się od grupy. Pojawia się zatem pytanie: jak daleko sięga ten proces indywiduacji? Czy ludzie mogą odłączyć się od zbiorowych zobowiązań i zbiorowej tożsamości, która była uświadomioną czy ukrytą podstawą poczucia bezpieczeństwa jeszcze w niedawnej przeszłości? W większości przypadków pierwszymi efektami wprowadzenia polityki demokratycznej jest wzmocnienie tożsamości etnicznej. W demokratycznej rywalizacji ukryte tożsamości stają się politycznie wyraźne i konkurują ze sobą.

Oto, dlaczego tak wielu badaczy sądziło, że odkryło „odrodzenie etniczne" w latach 60. i 70., w okresie dekolonizacji, pierwszych dekadach rywalizacji politycznej w postkolonialnych formach rządów. Naturalnie nie miało tam miejsca etniczne odrodzenie w takim znaczeniu, że zapomniane wspólnoty i tożsamości w jakiś cudowny sposób odżyły. Ukryta tożsamość, ustanowiona i ugruntowana w codziennym życiu, stała się w nowy sposób znacząca, zaczęła odgrywać rolę w rywalizacji w sferze politycznej, która mogła przyczynić się do utrzymania dotychczasowych sposobów życia. Tak często wyglądała etniczność w społeczeństwach postkolonialnych, którym udawało się (nawet jeśli z trudnością) utrzymywać demokratyczne zasady w polityce, na przykład w Malezji, na Sri Lance i Fidżi (zob. Horowitz 1989). Każda jednostka w nowym demokratycznym (niezależnym) państwie jest uczestnikiem systemu politycznego, jednak historia wspólnotowej solidarności i odrębności sprawia, że jej udział jest zapośredniczony przez wspólnotową tożsamość. Nowe państwo stara się stworzyć nowy naród, wcielając i do pewnego stopnia unieważniając poszczególne wspólnoty. Osiągnięto to w pewnym stopniu w Malezji (Milne i Mauzy 1999), z pewnością zaś nie na Fidżi (Lawson 1992, 1997). W innych sytuacjach, w przypadku despotycznych i skorumpowanych rządów postkolonialnych, polityka etniczna może pozostawać niewidoczna, ale później – kiedy centralna władza słabnie lub rozpada się – wybucha, jak miało to miejsce w Indonezji w latach 90..

Migrujący i osadnicy

Wiele z opisanych powyżej migracji dotyczyło wieku XIX, przemieszczeń pracowników polowych, którzy byli zatrudniani na plantacjach, i chłopów zatrudnianych w sektorze przemysłu, a także robotników i pracowników obsługi, przybywających do bogatych krajów w wieku XX. Jednak nie wszystkie przemieszczenia odtwarzają wzór: od biednego do bogatego; niektóre idą drogą: od bogatego do bogatego, tak jak migracje ludności z krajów europejskich do USA, Kanady i Australii. Nie wszystkie też migracje skazane są na słabo lub gorzej płatną pracę w nowym kraju. Migracje profesjonalistów – powszechnie określane w języku angielskim jako „brain drain" (drenaż mózgów) – ukazują lekarzy, inżynierów, księgowych, nauczycieli, naukowców i badaczy, informatyków przenoszących się z krajów Trzeciego Świata do krajów rozwiniętych (hinduscy i afrykańscy lekarze do Wielkiej Brytanii, hinduscy specjaliści od oprogramowania do USA i Niemiec), z byłych radzieckich i wschodnioeuropejskich krajów do społeczeństw zachodnich (rosyjscy naukowcy do Ameryki) i z krajów rozwiniętych do krajów rozwiniętych (angielscy badacze do USA). Zwykle to kraje pochodzenia ponoszą niektóre lub wszystkie społeczne koszty „wyprodukowania" tych profesjonalistów, nawet jeśli końcowy etap ich szkolenia odbywa się już w kraju przeznaczenia. Około 12% wszystkich pracowników akademickich na angielskich uniwersytetach urodziło się poza Wielką Brytanią (Fenton, Carter i Modood 2000).

Kraje, do których trudno jest się dostać, mogą stać się szczególnie otwarte, kiedy wystąpią tam pewne braki na polu określonych specjalizacji. A zatem zarówno Niemcy, jak i USA przyjmują wykwalifikowanych informatyków z Indii, ponieważ hinduska edukacja w zakresie matematyki i technologii jest na najwyższym poziomie. Hinduscy pracownicy są dobrze opłacani w Ameryce, szczególnie w porównaniu do ich ewentualnych zarobków w Indiach. Jednak gdyby nie byli oni dostępni na rynku pracy, amerykańscy pracodawcy musieliby ponieść dużo większe koszty w przypadku zatrudnienia personelu wykształconego na miejscu. Nie tylko dlatego, że miejscowy personel domagałby się i oczekiwałby większej zapłaty, ale też dlatego, że w przypadku braku hinduskich „konkurentów" ich sytuacja na rynku byłaby o wiele mocniejsza. Państwowa Służba Zdrowia w Wielkiej Brytanii musiała uzgodnić wspólną dla obu stron strategię sprowadzania wykwalifikowanego personelu pielęgniarskiego zarówno z krajów europejskich, jak i innych części świata.

Są też inne, zróżnicowane i ważne, cechy migracji pracowniczej, profesjonalistów i zwykłych pracowników. Dwiema podstawowymi cechami takiej migracji jest jej legalność i trwałość. Na wszystkich imigrantów pracujących legalnie przypadają na świecie miliony imigrantów nielegalnych; na wszystkich pracowników z odpowiednimi dokumentami przypadają miliony pracowników „bez dokumentów" (Castles 2000). Legalność jest tu kwestią szczególnie ważną, ponieważ nielegalni pracownicy i ci, którzy obawiają się, że legalność ich pobytu może zostać zakwestionowana, nie mogą zachowywać się jak pełnoprawni obywatele swego nowego kraju, nie mogą nawet korzystać ze środków pomocy, które inaczej byłyby dla nich dostępne. Nawiązując do tego, co powiedzieliśmy o ludziach mogących polegać na państwie czy na obowiązywaniu prawa służącego ich ochronie – bądź dającego uzasadnioną nadzieję, że mogłoby temu służyć – pracownicy „bez dokumentów", nawet jeśli żyją w stabilnych państwach, nie mają takiej władzy, do której mogliby zwrócić się po ochronę. Ponadto, problem legalności wykracza poza kwestię samych nielegalnych pracowników. Na przykład w społeczeństwie, gdzie prawo pobytu i prawo sprowadzenia małżonka lub małżonki oraz osób będących na utrzymaniu, a także prawo wyjazdu i powrotu, są ciągle kwestionowane w odniesieniu do ludzi bez odpowiednich dokumentów, prawa te mogą zostać zakwestionowane i podważone w odniesieniu do tych wszystkich, którzy na początku swego pobytu byli „nielegalni". Niepewność i lęk z jednej strony (wśród rodzin imigrantów), a podejrzliwość i agresja z drugiej (pośród publicznych władz, urzędników imigracyjnych) „rozciąga się" poza tych, którzy faktycznie dostali się do kraju nielegalnie. Ten zestaw oczekiwań, podejrzeń, obaw i ostrożności determinuje decyzje podejmowane zarówno przez samych imigrantów, jak i policję oraz urzędników imigracyjnych.

Nie należy sądzić, że społeczeństwa przyjmujące imigrantów konsekwentnie zwalczają imigrantów nielegalnych. Robią tak publicznie, a „zwyczajni obywatele" – w przeciwieństwie do polityków – często włączają się w potępianie nielegalnych imigrantów i traktowanie ich jako „zagrożenia" dla integralności ich społeczeństwa. Ale nie ma wątpliwości, że docelowe dla nielegalnych imigrantów kraje będą stale milcząco godzić się na ich przybywanie, po prostu dlatego, że stanowią oni siłę roboczą, która z trudem mogłaby być pozyskana z jakichś innych źródeł. Pracownicy „bez dokumentów” mają tu wyższość nad legalnie osiadłymi pracownikami z punktu widzenia tak państwa, jak i pracodawców. Jeżeli pracownicy imigranccy są narażeni na powszechny wyzysk, pracownicy nieposiadający dokumentów są narażeni na super-wyzysk, ponieważ wystarczy jeden fałszywy ruch z ich strony, by stracić pracę lub narazić się na zdemaskowanie. Jednocześnie, kiedy imigranccy pracownicy oceniają akceptowalność ich zarobków, porównując je po części z zarobkami w ich ojczystych krajach, pracownicy „bez dokumentów” przyjmą prawdopodobnie nawet niższą płacę oraz brudną i niebezpieczną pracę. Wielu nielegalnych robotników, na przykład w USA i w Malezji (z, odpowiednio, Meksyku i Indonezji, biedniejszych sąsiadów, z którymi państwa te mają granicę lądową), stanowi niezbędną siłę roboczą przy zbieraniu owoców i na plantacjach olejowca gwinejskiego; trudno uwierzyć, aby te dwa – przyjmujące pracowników – państwa użyły już wszystkich środków, by zapobiec wpuszczaniu pracowników „nielegalnych” i by wydalić ich z kraju. Z drugiej strony, trwała lub okresowa kampania przeciwko nielegalnym pracownikom, która nie sprawia bynajmniej, że wszyscy oni wyjeżdżają, służy temu, by utrzymać wśród nich atmosferę niepewności, przy jednoczesnym czerpaniu zysków z ich pracy. Malezja na przykład potrzebuje ludności około dwukrotnie większej w stosunku do obecnego stanu, jeżeli ma dysponować zasobami ludzkimi odpowiadającymi potrzebom modernizującej się gospodarki. To rodzi pytanie, jak wyglądałaby sytuacja Malezji, gdyby usunęła dziesiątki tysięcy nielegalnych indonezyjskich plantacji i indonezyjskich pracowników budowlanych („Guardian”, 16 sierpnia 2002), jak również pochodzące z Indonezji służące, których obecność umożliwia malezyjskim kobietom podjęcie pracy.

Drugą odnotowaną powyżej cechą jest trwałość. Ludzie zachowują się zupełnie inaczej, kiedy mają świadomość, że wchodzą lub są zaangażowani w związek, który ma trwać, niż kiedy jakiś związek ma być jedynie krótkotrwały. Sprawdza się to przy każdej wymianie czy inwestycji, która prowadzona jest z takim założeniem. Wielu emigrantów opuszcza swój kraj ojczysty z zamiarem powrotu, zwłaszcza dzisiaj, kiedy podróż jest szybka i łatwa – inaczej niż wtedy, kiedy górale w wieku XIX opuszczali zachodnią Szkocję łodzią. Zdecydowana większość tych, którzy wyemigrowali z Karaibów do Wielkiej Brytanii w latach 50. przypuszczała, że powróci do domu po kilku latach, jak uczyniło to wielu włoskich imigrantów w Ameryce. Socjologiczne interpretacje wyboru miejsca zamieszkania przez pakistańskich imigrantów w Wielkiej Brytanii częściowo zależały od tego, czy zamierzali oni tam zostać (Rex i Moore 1967; Dahya 1974). Gdyby zamierzali wrócić do Pakistanu, zamieszkanie w Wielkiej Brytanii traktowaliby jako korzystne tymczasowo; gdyby zamierzali zostać w Anglii, stałoby się to inwestycją. W sytuacjach takich jak ta imigranci często zostają, mimo wcześniejszego zamiaru powrotu – stąd tak często mówi się o „micie powrotu". Czynniki sprzyjające decyzji o pozostaniu zaczynają urastać do dużych rozmiarów: jeżeli są dzieci, wkrótce mogą zdobyć średnie wykształcenie; pokolenie imigrantów może dostrzegać niewiele pozytywów ewentualnego powrotu; mogą również usłyszeć od kogoś, kto powrócił, że ojczyzna bezpowrotnie się zmieniła od czasu, kiedy byli tam po raz ostatni, a więc jest mniej atrakcyjna. Zmiany w prawach i procedurach imigracyjnych mogą również skłaniać ludzi do pozostania na miejscu: gdyby wybrali powrót do domu, mogliby nie móc wrócić, a „dom" mógłby okazać się rzeczywiście nieatrakcyjny.

Etniczność, mniejszość i większość

Migracja i definicja imigracyjnych pracowników i ich rodzin jako „etnicznych" jest bardzo ważnym problemem dla tych, którzy zajmują się „etnicznością" lub społeczną mobilizacją wspólnot kulturowych i pochodzeniowych. Wiele grup jest określanych we współczesnym świecie jako „etniczne", dlatego że są postrzegane przez rdzenną ludność jako przybysze z zewnątrz, bez względu na to, czy przybyli stosunkowo niedawno czy też w odległej przeszłości. Pierwsze i drugie pokolenie imigrantów, którzy osiedlili się w danym kraju, narażone jest na etykiety i stereotypy – zarówno miłe jak i mniej przyjemne – na które nie mają żadnego wpływu. W Anglii „przybysze", którzy przyjechali w latach 50. i 60., byli pokoleniem, które odtąd dorobiło się dzieci, wnuków i prawnuków urodzonych w Anglii. Pomimo tego ci pierwsi przybysze i ich potomkowie jako całość określani są przez niektórych mianem „imigrantów".

W pierwszym czy drugim pokoleniu, ludzie mający rodziców z Półwyspu Indyjskiego i z Karaibów zaczęli stosować pewien nacisk, o ile nie kontrolę, w odniesieniu do terminów, jakie były używane publicznie. Z jednej strony widoczne było dążenie do solidarności tych, którzy mogą doświadczać rasowej wrogości – politycznej konsolidacji wszystkich „czarnych". Z drugiej strony była to walka o społeczną świadomość różnorodności i różnic, przysłanianych lub ignorowanych tak przez używaną w polityce etykietę „czarnego", jak i generalizujące terminy – „czarny", „Azjata" – używane przez brytyjskie media i naukowców (por. Modood 1992).

W przypadku Hindusów na Fidżi i w Malezji, są oni wciąż odbierani jako nie-rdzenni, pomimo że przebywają w tych krajach już od wieku lub nawet dłużej. To utrzymywanie się statusu „przybysza" lub „imigranta" jeszcze długo po imigracji występuje na całym świecie i stanowi podstawę definicji wspólnoty etnicznej. Idea „pochodzenia" jest w dużej mierze związana z krajem początku, pomimo że może ona zupełnie lekceważyć, i często rzeczywiście lekceważy, różnice społeczne pośród samej imigracyjnej ludności. Dla przykładu, „Amerykanie pochodzenia włoskiego" to nowa kategoria, która powstała w nowej sytuacji i nie uwzględnia ona wewnętrznych różnic między, powiedzmy, Sycylijczykami i innymi grupami regionalnymi. Niektóre aspekty różnicy kulturowej, takie jak zwyczaje żywieniowe, są częściowo zachowywane, a częściowo przekształcane i przyjmowane przez nie-Włochów; inne, jak różnice językowe, zanikają.

Chociaż kwestia utrzymania różnicy kulturowej, opisywana jako studium „adaptacji", „akulturacji" i „asymilacji", była zawsze podstawowym przedmiotem zainteresowania socjologii (Yinger 1994; Gordon 1964), dziś socjolodzy uznają, że, jakkolwiek problem ten pozostaje ważny (Alba 2000), niemniej jednak nie jest on zasadniczy, bądź przynajmniej nie jest zasadniczy w takim rozumieniu, w jakim było to zwykle przedstawiane. Jest tak z wielu powodów. Po pierwsze, odkryto, iż zmiany w zwyczajowych praktykach, używaniu języka, podtrzymywaniu wiary religijnej i przynależności do niej oraz egzekwowaniu norm małżeńskich i reguł pokrewieństwa niekoniecznie muszą oznaczać zmiany podążające w jednym kierunku, to jest w kierunku upodabniania się do dominującego modelu większości. Po drugie, rozpoznano, że zmiany w tradycji i kulturze, z uwzględnieniem zmian „akulturacyjnych", niekoniecznie pociągają za sobą zanik zbiorowej tożsamości. W odniesieniu do USA zauważono, że zbiorowe tożsamości utrzymały się tam, pomimo powszechnie panującego wzorca „amerykanizacji". Jest to przypadek, w którym doszło do akulturacji, a mimo to tożsamości przetrwały. Gans odwoływał się do tego przypadku jako przykładu „etniczności symbolicznej" (Gans 1979, 1994; zob. omówienie w poprzednim rozdziale).

Po trzecie, dyskutowana kwestia pozostaje ważna dla podtrzymania rozróżnienia pomiędzy tym, co robią *jednostki* (w odniesieniu do ich etnicznej tożsamości) oraz tym, czy i w jaki sposób utrzymuje się tożsamość *zbiorowa*. Nieco upraszczając, amerykańska żydowskość może przetrwać, tak jak może przetrwać grupa zwana „amerykańskimi Żydami" lub „żydowskimi Amerykanami", nawet jeśli dziesiątki tysięcy amerykańskich Żydów wyrzeka się żydowskości lub przestaje być, w jakimkolwiek sensie, „Żydami". Pozostaje tu również pytanie, czy jednostki w opisanej populacji „działają jak Żydzi", to jest, czy wybór swego zachowania uzależniają od swojej tożsamości etnicznej. I na koniec, definicja tożsamości nie jest stała, podobnie jak formy kulturowe uznawane za znaczące w odróżnianiu od siebie poszczególnych grup. Jak dowodził Barth, przedmioty kulturowe, które są odbierane jako wyznaczające różnicę i utrzymujące granice, to przedmioty „wybrane" z szerokiego wachlarza wyznaczników różnic; ich dobór może się zmienić. Może to się odnosić do przedmiotów kulturowych, które są uznane za znaczące przez członków grupy *i* postrzegane jako znaczące przez innych, nie-członków. Na początku pobytu Pakistańczyków w Wielkiej Brytanii ich sposób odżywiania się i ubiór były postrzegane przez nie-Pakistańczyków jako oznaki ich odmienności. Później to praktyki i religia islamska stały się głównym wyznacznikiem różnicy, często podkreślanym zarówno przez członków tej grupy jak i osoby z zewnątrz, szczególnie w okresie sporu wokół Salmana Rushdiego, kiedy to muzułmanie protestowali przeciwko jego książce *Szatańskie wersety* (Samad 1992).

W ten sposób wspólnoty imigranckie i ich potomkowie stanowią powszechnie podstawę odmienności etnicznej. Ale socjologia etniczności nie jest równoznaczna z socjologią migracji; nie tylko dlatego, że kategoria „etniczności" obejmuje różne formy i podstawy etnicznej i etniczno-narodowej tożsamości, na przykład uciskanych rdzennych ludów albo narodów niebędących większością lub etno-narodów, ale również dlatego, że socjologia etniczności interesuje się przede wszystkim sposobem, w jaki tożsamość etniczna i wynikające z niej wzajemne zobowiązania są organizowane społecznie i politycznie, zaś niekoniecznie zajmuje się w pierwszym rzędzie migracją.

Społeczna i polityczna organizacja etniczności

Dwa przykłady pomogą nam zrozumieć, co może oznaczać „społeczna i polityczna organizacja etniczności". Oba przykłady pokazują, że chociaż rodzinne i – szerzej – krewniacze zobowiązania nie mogą być zrównywane z etnicznością, niemniej jednak zorientowanie na rodzinę stanowi swego rodzaju „codzienną praktykę", w której rozgrywa się wiele znaczących sytuacji mających związek z etnicznością. Pierwszą kwestią do rozpatrzenia jest fakt, że migracja jest pod kilkoma względami zjawiskiem indywidualizującym. W wielu przypadkach, z oczywistym wyłączeniem uchodźców politycznych, podstawowym motywem migracji jest poprawa sytuacji osobistej i rodzinnej. Emigranci zgodzą się, że wiąże się to zarówno z wieloma stratami, jak i zyskami; zasadniczym problemem jest trudność utrzymania dotychczasowych wzorców życia, odległość pomiędzy członkami rodziny i rasizm napotykany w nowym kraju. Do pewnego stopnia ci, którzy opuszczają swój kraj, wiedzą, że emigracja wiąże się z tego typu problemami, chociaż wielu migrujących z krajów Wspólnoty Brytyjskiej do Anglii było zaskoczonych siłą rasistowskich postaw i zachowań.

Ale emigranci mogą *nie* do końca przewidzieć stopień, w jakim poszukiwaniu satysfakcjonującej pracy i chęci rozwoju będzie towarzyszyła indywidualizacja. Chociaż może ich łączyć *wspólny* cel doskonalenia się czy gospodarczej poprawy, podążanie jednostkową, indywidualną ścieżką promocji własnej osoby jest celem życiowym jednostki, ostatecznie przeciwstawnym idei solidarności rodzinnej, a nawet solidarności etnicznej. Napięcia wewnątrz rodzin imigranckich bądź byłych rodzin imigranckich *oraz* wewnątrz rodzin nie-imigranckich często dotyczą nawet nie tego, czy jednostki mogą realizować swe życiowe cele kosztem solidarności rodzinnej, ale *jak* radzą one sobie z tym napięciem i do jakiego stopnia może posunąć się ta indywidualizacja. Dokładnie ten sam problem mobilności-lojalności występuje w miejscowych rodzinach klasy pracującej, gdzie jednostki mogłyby „odnieść sukces" (wysoce pożądane) i „zapomnieć, skąd się wywodzą" (nieaprobowane) (Roberts 1990). *W rodzinach o korzeniach imigranckich na całym świecie to samo napięcie wyraża się zwykle w paradygmacie etnicznym*. Dodatkowo, do etnicznej wersji problemu indywiduacji dochodzą na ogół podziały klasowe wewnątrz „wspólnoty" definiowanej jako etniczna. A zatem, jeśli grupa ma niski status jako grupa etniczna – ze względu na system hierarchii etnicznej i rasistowskie oceny ze strony większości – możliwe, że odnosząca sukces jednostka będzie postrzegana jako dopuszczająca się podwójnej zdrady, zdrady klasy i zdrady ludu. Gwoli precyzji, zdrada klasy może być postrzegana jako zdrada ludu.

Drugi przykład dotyczy zwłaszcza indywiduacji kobiety i jej pozycji w rodzinie, w pracy i w życiu zawodowym oraz w podtrzymywaniu odmienności etnicznej. Jest to szczególny przypadek, który stanowi rozszerzenie powyższego problemu indywiduacji poprzez dodanie doń wymiaru *gender* i wymiaru etniczności. Żaden zestaw socjologicznych twierdzeń nie obejmie wszystkich przypadków. Migracje często dotyczą kobiet, jak w przypadku służących i pielęgniarek werbowanych z biednych krajów do bogatych. Ale w przypadku, gdy emigrują mężczyźni, często dochodzi do zakłócenia „tradycyjnych" wartości i praktyk. Mężczyźni mogą zerwać z tradycją poprzez wiązanie się z kobietami, które nie należą do tej samej mniejszości etnicznej;

mogą oni oczywiście porzucić, przynajmniej czasowo, ograniczenia w ubiorze, nie przestrzegać religijnych norm i codziennych praktyk. Mężczyźni Punjabi w Anglii, by dostać pracę, zaprzestali noszenia turbanów (Ballard i Ballard 1977; Ballard 1994). Zmiany w zwyczaju mogą zajść również z powodu braku kobiet, które, gdyby były obecne, miałyby za zadanie egzekwowanie zwyczajów rodzinnych i etnicznych. Obecność kobiet może być istotnym czynnikiem w przestrzeganiu zwyczaju. Uczą one swoje dzieci języka, odgrywają kluczową rolę w planowaniu rodzinnego interesu, często przewodzą „łączeniu" – dotrzymywaniu zobowiązań wobec innych, pamiętaniu o urodzinach i innych rodzinnych uroczystościach i, w pewnym sensie, „kontrolują" mężczyzn. Kobiety są również ważnym podmiotem samych zwyczajów, jako, na przykład, główny element uzgodnień małżeńskich; to, co czasami jest uważane za tradycyjne poglądy i praktyki, to często reguły, dotyczące ról płciowych i właściwego zachowania kobiet (zob. Anthias i Yuval-Davis 1992; Bradley 1996; Shaw 1988).

Opisane napięcia widoczne są zarówno w przypadku migracji, jak i w kształtowaniu oraz przekształcaniu tożsamości etnicznej i etnicznych wspólnot (Jacobson 1997a, 1997b). Jest to napięcie pomiędzy solidarnością, która jest ideałem rodziny, rodziny wielopokoleniowej i życia wspólnoty etnicznej, oraz indywiduacją i indywidualizmem, które łączą się z „sukcesem" i mobilnością w nowym środowisku. Napięcie to jest szczególnie odczuwalne dla kobiet; kobiety wywodzące się ze „wspólnot tradycyjnych" napotykają nie tylko na opór wobec swojej mobilności ze strony grupy większościowej, rozporządzającej społecznym i kulturowym kapitałem niezbędnym do włączenia, ale również opór ze strony swoich wspólnot pochodzeniowych, gdzie „wyzwolenie" kobiet – to jest ich indywiduacja i indywidualizm – jest w sposób szczególny postrzegane jako zerwanie z tradycyjnymi wartościami. Tak więc kobiety z mniejszościowych grup etnicznych przewodzą walce z rasizmem i dyskryminacją, pochodzącym spoza ich wspólnoty i walczą z patriarchatem wewnątrz swoich wspólnot („Guardian", 14 kwietnia 2001). Nie dziwi zatem, że uważają one, iż feminizm prezentowany przez kobiety z grup większościowych (w bogatych zachodnich krajach, takich jak Wielka Brytania i Stany Zjednoczone, zazwyczaj przez kobiety białe) rozmija się z dylematami i sprawami kobiet z grup mniejszościowych lub jest na nie obojętny (Mirza 1997). Podobnie dwa priorytety kobiet z grup mniejszościowych są trudne do pogodzenia: wskazywanie na rasizm i dyskryminację, których doświadczają zarówno one, jak i ich bracia, a jednocześnie przeciwstawianie się swym pobratymcom w kwestii „tradycyjnego" stosunku do kobiet.

Mobilność i opór

O tak zwanych etnicznych grupach mniejszościowych napisano już bardzo wiele, szczególnie w odniesieniu do dwóch podstawowych rzeczy. Pierwsza z nich to określenie natury rasizmu, którego doświadczają grupy mniejszościowe, druga – jak wytłumaczyć rasizm, co jest jego źródłem. W odniesieniu do pierwszego problemu, najprawdopodobniej jest tak, że termin „rasizm" ma niewielki związek z wiarą w hierarchię rasową i wrodzoną nierówność. Hierarchia ras jest ustalana przede wszystkim poprzez fizyczne, widoczne różnice, a powszechne poglądy na ten temat wykazują bliskie związki z dziewiętnasto- i dwudziestowieczną pseudo-nauką o rasach gatunku ludzkiego. Takie poglądy miały swoje bardzo szkodliwe oraz, jak się wydaje, łagodne i paternalistyczne wersje; ich sens, bardziej niż pojęcie „rasizmu", oddaje zwrot „biała dominacja", które to hasło jawnie głoszono pod koniec pierwszej połowy XX wieku w USA czy południowej Afryce (Cell 1982; Fredrickson 1972, 1988). Powojenne brytyjskie rządy otwarcie wyrażały tego typu rasistowskie poglądy („zachowajmy Anglię białą"), podczas gdy dyskusja na temat imigrantów z krajów Wspólnoty Brytyjskiej toczyła się na osobności (Carter, Harris i Joshi 1987; Rattansi 2002). Ale ta koncepcja rasizmu okazała się dalece nieodpowiednia dla omówienia wszystkich form wyłączenia społecznego, dyskryminacji ograniczającej możliwości, utrzymywania dystansu społecznego, oceny różnicy kulturowej, etnicznych wzorców nierówności oraz otwartej nienawiści i przemocy. Mamy wyraźnie do czynienia z czymś bardziej złożonym niż „tylko" zastosowanie doktryny rasowej różnicy i nierówności.

Odpowiedzi na pytanie, czym jest rasizm, miało dostarczyć odnalezienie wielości form rasizmu – instytucjonalnego, kulturowego i społecznego – lecz przez takie podejście termin traci nie tylko swoją precyzję, ale zaczyna przypominać opis, diagnozę i wyjaśnienie za jednym zamachem (Miles 1993). Wydaje się, że słowu temu pisane jest zachowanie szerokiego i rozproszonego, wieloaspektowego znaczenia, jakie ma ono w dyskursie publicznym, co sprawia, że dyskusje publiczne są bardzo niejasne i mylące. Jednak w dyskursie publicznym jest zazwyczaj coś, co jest niezaprzeczalne, szeroko rozpowszechnione i znaczące: jest to zupełny brak akceptacji lub niechęć względem widocznych na scenie publicznej mniejszości, a także opór wobec dopuszczania ich do głosu, któremu czasami towarzyszą najbardziej bulwersujące akty przemocy nie tylko ze strony poszczególnych jednostek, ale również ze strony funkcjonariuszy państwa, policji i systemu karnego.

Tam, gdzie panuje rasizm, na porządku dziennym są akty przemocy, wykluczenie społeczne i nierówne traktowanie (Virdee 1995). Ale musimy też być bardziej precyzyjni w odniesieniu do poszczególnych kontekstów, różnych form rasizmów i wyjaśniających je, niekiedy bardzo odmiennych, okoliczności. Wieviorka uczynił pierwszy krok w tej kwestii, przeprowadzając rozróżnienie pomiędzy rasizmem różnicującym i nierównościowym. Stwierdza on, że pierwszym podstawowym celem rasizmu jest ustanowienie całkowitej „inności" wykluczonej, pogardzanej lub uciskanej grupy (Wieviorka 1995). W ten sposób inna grupa jest nie tylko odmienna kulturowo, ale jest również w pewnym sensie „nie do zrozumienia" lub „niemożliwa do zaakceptowania czy do przyjęcia" ze względu na jej całkowitą inność. Drugim celem jest utrzymanie innych „na ich właściwym miejscu", na niższych pozycjach, w służbie dominującej klasy czy grupy etnicznej, oraz umocnienie ich statusu jako mniej wartościowych i niezasługujących na pełne włączenie do społeczeństwa na równych prawach.

Pierwszy typ rasizmu (różnicujący) można zilustrować poprzez postawę większości niemieckiej względem Żydów w nazistowskich Niemczech, zaś typ drugi (nierównościowy) przez postawę białych Amerykanów względem czarnych Amerykanów.

Rasizm różnicujący może skłaniać się do całkowitego usunięcia „innych", ponieważ postrzegani są oni jako zupełnie różni, a ich obecność może być odbierana jako nieczysta, zanieczyszczająca. W rasizmie nierównościowym odruchem jest nie tyle usunięcie innych, co wykorzystanie „ich", czy utrzymanie społecznej wyższości nad nimi. Jak zauważa sam Wieviorka, rozróżnienie to jest użyteczne, ale nie zawsze daje się utrzymać. Pokazuje ono jednak, że nie ma jednej, konkretnej, ostatecznie określonej rzeczy zwanej „rasizmem", której możemy przypisać wszelką siłę sprawczą. Raczej istnieje wiele kontekstów, relacji i sytuacji, związanych z siłą i dominacją, w których „inni" są przedstawiani jako z natury odmienni lub gorsi; właśnie tego typu przedstawienia określają całe, wyznaczane przez rasizm, relacje. Idea „wrodzonej różnicy" może być przedstawiana jako idea różnicy naturalnej (to jest: „typowe dla nich", ujęte rasowo) lub jako idea różnicy kulturowej, gdzie kultura widziana jest jako ustalona właściwość („oto, co oni robią", „oto, jacy oni są").

A zatem, na przykład, na początku okresu osiedlania się czarnych mieszkańców Karaibów i południowych Azjatów w Anglii wiele z wczesnych przejawów rasizmu dotyczyło spraw zdrowia i choroby, kontaktu społecznego i kwestii zamieszkania (Solomos 1993; Layton-Henry 1984). Imigranci byli kojarzeni z infekcją gruźliczą; sale balowe były miejscami, gdzie białe kobiety mogły spotkać się z czarnymi mężczyznami, ale były też miejscami, gdzie stosowano kontrowersyjną „segregację rasową"; wiele z wczesnych dyskusji na temat przybywania imigrantów dotyczyło ich zamieszkania. Później obawy zdrowotne osłabły, segregacja rasowa oficjalnie została zakazana, zaś większego znaczenia zaczęła nabierać kwestia nauki i zatrudnienia. Co więcej, centrum uwagi przesunęło się z pokolenia imigrantów na ich dzieci i wnuki, które czuły się znieważane przez twierdzenie, że mają mniejsze niż inni prawa lub mniejsze uprawnienia do korzystania z dóbr społecznych. Zatem do nowego, XXI wieku, kwestia *rasizmu* przejawia się *w Anglii* na dwa sposoby: pierwszy odnosi się do mobilności społecznej, równych możliwości i włączenia do społeczeństwa, drugi odwołuje się do tożsamości narodowej i reakcji ze strony (części) większości na nową politykę wielokulturowości, etniczności i tożsamości.

Powrócimy do drugiej kwestii związanej z rasizmem – kwestii tożsamości narodowej – nieco później. Tym, co nas tutaj interesuje, jest porządek mobilności, ponieważ jest on jednocześnie źródłem zbiorowego działania – mobilizacji przeciwko rasizmowi i dyskryminacji – oraz formą indywiduacji, to jest nakierowaniem jednostki na jej włączenie do społeczności, do którego może ona dążyć kosztem zbiorowych więzi i sentymentów. Innymi słowy, jedyną odpowiedzią na rasizm i dyskryminację jest tu, w gruncie rzeczy, odpowiedź uniwersalistyczna, rozszerzanie i udoskonalanie równych możliwości oraz ustalanie merytokratycznego porządku. Mobilność społeczna *niekoniecznie* musi podważać tożsamość etniczną, ponieważ ludzie mogą w dużym stopniu zachować swe przywiązanie do „wspólnoty kulturowej i pochodzeniowej", nawet jeśli zróżnicowanie klasowe wewnątrz niej staje się coraz większe. Wyraźnie widać zatem, że tożsamość etniczna nie jest uzależniona od wspólnej podstawy klasowej. Z drugiej strony jednak, wiele ze wspólnych doświadczeń imigrantów, którzy przybyli do wielkich miast, *jest* doświadczeniem klasy; im większa mobilność społeczna i zróżnicowanie klasowe wewnątrz wspólnoty miejskich imigrantów (i ich potomków), tym bardziej ta podstawa wspólnego doświadczenia jest osłabiana. Możemy być pewni, że dla rządów i działaczy politycznych w wieloetnicznych społeczeństwach zlikwidowanie połączenia pomiędzy klasą (niekorzystnym położeniem) i tożsamością etniczną jest ważnym celem, nawet jeśli trudnym do osiągnięcia. A zatem w Anglii, w nowym stuleciu, orędowników „różnorodności" i „wieloetniczności" zachęcić może akcentowanie przez partię New Labour „modernizacji" i idei równych możliwości, która odwołuje się raczej do merytokracji niż redystrybucji.

Ta strategia etnicznej mobilności, realizowana tak przez rządy, jak i przywódców wspólnot, z wielu powodów odnosi jedynie częściowy sukces. Jednym z nich jest to, że kiedy napływający ludzie odbierani są przez (znaczną część) większości jako zarówno odmienni etnicznie, jak i w mniejszym stopniu uprawnieni bądź też wcale nieuprawnieni do otrzymywania wsparcia i korzystania z różnych form pomocy (ochrona zdrowia, mieszkanie, edukacja), z każdym momentem ze strony większości będzie narastał opór. We wczesnym okresie emigracji mieszkańców Karaibów i południowej Azji do Anglii dało się zauważyć starania ze strony Brytyjczyków, by ograniczyć mobilność „kolorowych" imigrantów jedynie do wąskiego zestawu możliwości zatrudnienia i zamieszkania (Smith 1989; C. Brown 1984; Miles 1993; Brown i Gay 1985). Możliwość ruchu poza tymi sektorami lub awans wewnątrz nich był bardzo utrudniany przez – często skrywane – działania mające ograniczyć mobilność imigrantów i, następnie, ich dzieci. Następne pokolenia zaczęły starać się o pracę w zupełnie nowych obszary zatrudnienia – w zawodach urzędniczych, administracyjnych i w służbie publicznej, usługach przemysłowych i sektorach zawodowych – i niemal we wszystkich tych sektorach pojawił się opór wobec ich przyjęcia lub też ich włączenie miało niepełny charakter (Fenton, Carter i Modood 2000). Ten wzorzec oporu zaczął być opisywany jako „rasizm instytucjonalny". Niektóre jego przejawy mogą być gwałtowne i agresywne, ale w większości organizacji jego sednem jest wzór milczącego oporu wobec mobilności „mniejszości".

Nie należy jednak sądzić, że tożsamość etniczna i trwałość granic społecznych jest w całości czy nawet przede wszystkim wynikiem działań potężnego „innego". Oznaczałoby to sprowadzenie tożsamości etnicznej do rodzaju „reakcyjnego" statusu, w którym ludzie „A" postrzegani są jako zachowujący swą tożsamość jako zbiorowość „A", ponieważ zbiorowość „B" traktuje ich źle lub odmawia dopuszczenia ich w pełni do społeczności „B". Bez wątpienia ludzie w jakimś stopniu sami kontrolują własną tożsamość i dokonują własnych wyborów odnośnie partnerów życiowych, wzorców małżeńskich, kręgów powiązań, zawodów, przynależności religijnej i edukacji swoich dzieci – wszystkich elementów, które mogą mieć wpływ na utrzymanie granic etnicznych lub też mogą być ich częścią. Ale wybory te nie są dokonywane w próżni, w autonomicznej przestrzeni grupy etnicznej. Są one częściowo dokonywane w odpowiedzi na pewne działania, czy też jako sposób odnoszenia się do „innych", którzy pilnują granic między tymi grupami. A zatem rasizm w najszerszym ujęciu – jako zestaw aktów przemocy, stereotypów, społecznych wykluczeń, publicznych i prywatnych obelg oraz zniesławień i ukrytych praktyk lekceważenia – musi mieć udział w utrzymywaniu granic etnicznych (Jenkins 1997). Nazywanie tego wszystkiego rasizmem oznacza szukanie pojedynczej (i raczej niewyraźnej) przyczyny dla bardzo różnych procesów społecznych. Ta mnogość aktów „milczącego oporu wobec mobilności mniejszości", doświadczanego czasami w sposób dramatyczny, a czasami całkowicie prozaiczny przez „etnicznie innych" nauczycieli, studentów, uczniów, pielęgniarki, lekarzy, ekspedientów i klientów, robotników fabrycznych, dziennikarzy, sąsiadów, sporstmenów i widzów, jest w znacznej części odtworzeniem granic etnicznych w codziennym życiu. Częściowe wykluczenia i jawne lub ukryte szkody wynikające z etnicznych antagonizmów mogą wywoływać zbiorową i wspólnotową reakcję w postaci etnicznej mobilizacji grupy i walki o uznanie jej kultury i wspólnoty.

Podsumowanie

W pierwszej części tego rozdziału omówiliśmy okoliczności, w jakich odmienność społeczna i kulturowa staje się w nowym kontekście podstawą tożsamości etnicznej. Spośród wszystkich tych kontekstów najwięcej uwagi poświęciliśmy zjawisku migracji. Większość badaczy odnotowuje nie tylko fakt, że od lat 60. znacznie zwiększył się zakres i skala migracji światowych, ale przewiduje też, że zjawisko migracji będzie się stale nasilało i że będzie ono dotyczyło większości krajów świata. Z pewnością przyczyni się to do powstania nowych „sytuacji etniczności", w których grupy imigrantów będą postrzegały siebie lub będą postrzegane przez innych jako odmienne z pewnych istotnych względów. Ale etniczność nie dotyczy jedynie różnicy; w wielu przypadkach na całym świecie różnica kulturowa wiąże się z nierównymi stosunkami społecznymi. Nie chodzi tu po prostu, używając języka Bartha, o utrzymanie granic pomiędzy grupami, ale również o utrzymanie nierówności władzy i nierówności w zakresie dostępu do środków społecznych.

Rozdział 7

UWARUNKOWANIA ETNICZNOŚCI: GLOBALNA EKONOMIA I NIESTABILNE PAŃSTWA

W poprzednim rozdziale mówiliśmy o masowych ruchach ludności z Europy do Stanów Zjednoczonych, jakie miały miejsce w wieku XIX. Ruchy te były uwarunkowane przez dużą skalę zmian ekonomicznych, w szczególności upadek gospodarstw chłopskich w Europie, dostępność ziemi i dynamiczny rozwój industrializmu kapitalistycznego w Stanach Zjednoczonych. Pokazaliśmy, jak międzynarodowe migracje wpływają na kształt tożsamości etnicznej. W tym rozdziale przyjrzymy się trzem dalszym i bardziej abstrakcyjnie rozumianym grupom uwarunkowań, które wpływają na kształt zróżnicowania etnicznego. Są to uwarunkowania, pod wpływem których aktorzy społeczni wybierają działanie zgodnie z ich etniczną identyfikacją.

Owe warunki działania rozumiane są tu jako: 1) globalne i lokalne konsekwencje wyraźnych nierówności ekonomicznych, 2) stopień, w jakim państwo jest w stanie zagwarantować swoim obywatelom bezpieczeństwo, to jest mniejsza lub większa „niestabilność" państwa, oraz 3) wpływ, jaki na politykę państwową, włączając w to politykę etniczną, ma polityka międzypaństwowa i zmiany geopolityczne. Najbardziej znaczącą zmianą geopolityczną ostatnich czasów był upadek świata komunistycznego.

Określanie warunków działania etnicznego

Możliwość stworzenia jednolitej teorii „etniczności" jest iluzją, tak samo jak poszukiwanie ostatecznej, precyzyjnej definicji etniczności lub grup etnicznych. Jakkolwiek kuszące może być słowo „etniczność" – a wydaje się, że schwytało ono w swoją sieć wielu autorów – jest ono przeważnie stosowane do opisu bardzo szerokiego pola zainteresowań. Samo w sobie nie ma ono dokładnego punktu odniesienia ani siły wyjaśniającej. Jak dowodziłem wcześniej (Fenton 1999), *warianty* czy „formy" „grup etnicznych" są co najmniej tak znaczące, jak zajmowany przez nie wspólny grunt, a *konteksty*, w których występują, są raczej źródłem ich wyjaśnienia niż jakimikolwiek właściwościami samej etniczności. Aby zrozumieć walki australijskich Aborygenów, musimy wiedzieć coś o „rdzenności" jako regule politycznej i jako podstawie całego ruchu oraz jego konkretnych przejawów w historii australijskiej (będącej konkretnym przypadkiem); musimy też wiedzieć dużo o kraju, kolonialnym wywłaszczaniu, wzroście gospodarczym w Australii, władzy państwowej i kolonialnym tworzeniu państwa australijskiego (będącego kontekstem historycznym). Jeżeli określamy również to, jak grupy organizują się, strzegą swych granic i stawiają żądania zarówno o charakterze instrumentalnym, jak i symbolicznym, stosujemy socjologiczne teorie i do przypadku, i do kontekstu.

W rozdziale 6, podążając za Eriksenem (Eriksen 1993; Fenton 1999), przedstawiłem zarys ukazujący różne typy (bardziej lub mniej) zorganizowanych grup, które mogłyby być i są opisywane jako „etniczne". Drugim zadaniem było wskazanie szeregu kontekstów historycznych, wewnątrz których te grupy czy zbiorowe tożsamości przybrały kształt: niewolnictwo, kolonialny porządek społeczny, migracje światowe i nieukończony proces formowania się narodu. Są to konteksty, które wpływają na wzmocnienie etnicznej tożsamości i powstanie etnicznej polityki. Są to również dziedziny, wewnątrz których ludzie wybierają, są zmuszani lub nakłaniani do działania, według swoich tożsamości etnicznych. Do tego właśnie problemu chciałbym powrócić. Zamierzam nakreślić teorię globalnej i społecznej zmiany jako tła dla ruchów kulturowych, mobilizacji politycznych i zbiorowych tożsamości, które powszechnie opisywane są jako etniczne, a równie często jako „nacjonalistyczne" i „rasistowskie". Nie stworzymy tu socjologii całościowej czy globalnej, ale możemy ustalić pewne zasadnicze cechy współczesnego świata, które najsilniej wpływają na kształt fenomenu zwanego „etnicznością".

Cechy współczesnego świata

We współczesnej gospodarce światowej ciągle występują wielkie nierówności pomiędzy najbogatszymi i najbiedniejszymi strefami świata; nierówności te nie zmniejszyły się od czasu rozpadu kolonii, to jest od lat 60.. Niemal na pewno nierówności te powiększyły się, nie tylko z powodu absolutnego ubóstwa materialnego, łączącego się z niedostatkiem i chroniczną niepewnością, które trwa w najbiedniejszych strefach świata, ale również ze względu na wzbogacenie się pewnej części ludności do nieznanego dotąd poziomu. Nierówności te ukazuje już samo umieszczenie państw narodowych na prostym wykazie najbiedniejszych i najbogatszych krajów - od USA, Niemiec i Japonii do Czadu, Bangladeszu i Burkina Faso. Ale dokładniejsze przedstawienie tego problemu nie tylko oddziela światowych bogaczy od biedaków, ukazując bogate i biedne strefy i państwa, ale również rozpoznaje bogate i biedne klasy wewnątrz nich. Najbardziej przekonujący i zwięzły tego rodzaju opis możemy znaleźć w książce *Globalisation and the Postcolonial World*, autorstwa Ankie Hoogvelt (2000, zob. również Hirst i Thompson 1999), która to praca stanowi podstawę dla dalszej części rozważań.

Hoogvelt zaznacza przede wszystkim, że „relacje ekonomiczne, społeczne i relacje władzy zostały [w jej książce] przekształcone tak, by przypominać nie piramidę, ale trzypoziomową strukturę koncentrycznych kręgów. Wszystkie trzy kręgi przekraczają narodowe i regionalne granice". Później w następujący sposób definiuje te trzy koncentryczne kręgi:

- Elity wszystkich kontynentów i narodów, w różnych kontekstach geograficznych mające różne proporcje... (jakieś 20 procent światowej populacji, które są materialnie „pewne").

• Elity otoczone są płynną, większą warstwą społeczną, stanowiącą 20-30 procent populacji ludzkiej; są to pracownicy i ich rodziny, pracujący w niepewnych formach zatrudnienia, wrzuceni w świat bezwzględnej rywalizacji na globalnym rynku.

• Trzeci i największy krąg obejmuje tych, którzy są już w gruncie rzeczy wykluczeni z systemu globalnego. Ponieważ nie spełniają oni ani funkcji produkcyjnej, ani – w obecnym stadium napędzanego wysoką technologią kapitalizmu – nie prezentują się jako potencjalny rynek konsumencki, nie ma w tej chwili ani teorii, ani światopoglądu, ani nakazu moralnego, które przemawiałyby za ich włączeniem w nurt światowego postępu.

Są to nie tylko klasyfikacje grup. Wszystkie one mówią o tym, jak działa globalny system. Tajemnica pierwszej grupy zasadza się na określeniu „pewny". Nie oznacza to, że jej członkowie mają po prostu „więcej" niż inni – więcej jachtów, więcej podróży po świecie, więcej pieniędzy, więcej mieszkań – ale że mają oni możliwość przekształcenia tej nadwyżki w społeczną siłę i ekonomiczną władzę. W odniesieniu do drugiej grupy, jej członkowie są ciągle narażeni na wpływy nowych technologii i decyzji podejmowanych przez korporacyjnych menedżerów i liderów politycznych. Słowami Hoogvelt, „Artyzm technologii, szalona mobilność kapitału i neoliberalna polityka przynoszą łącznie zarówno bezlitosną likwidację stanowisk pracy, które zastępowane są przez maszyny, jak i zmniejszenie zarobków oraz sprowadzenie warunków wynagrodzenia do najniższego światowego mianownika" (358).

Trzecia grupa została przez rozwój praktycznie pominięta; dla niej przyszłość zwiastuje „ograniczenie i wykluczenie". Praca Hoogvelt stanowi zatem nie tylko klasyfikację bogatych, średnich i biednych, ale teoretyczny opis kapitalizmu światowego, w którym korporacyjny kapitał i zorganizowana pogoń za zyskiem tworzy klasę bogatych, która zarządza, klasę pracującą, która wytwarza nadwyżkę za minimum wynagrodzenia, i wykluczonych biednych, dla których światowy kapitalizm nie oferuje niemal zupełnie nic, poza najzwyklejszym przetrwaniem, a często nie proponuje nawet tego.

W dużej części zasadza się to na mającej swą tradycję ekonomii politycznej, ale z naciskiem raczej na gospodarkę światową niż gospodarkę państwa narodowego. *Dywergencja*, wynikająca z prowadzenia ekonomii politycznej (tak jak to rozumiano w latach 60. i 70.) pojawia się we współczesnym rozumieniu *politycznych konsekwencji* tego typu formy ekonomicznej. Świat w tym względzie poruszał się, jak zawsze, szybciej niż teoria społeczna. Główne zmiany z bezpośrednio postkolonialnego okresu to zmniejszenie się optymizmu związanego z „rozwojem", zwłaszcza w odniesieniu do Afryki, zwiększenie się wykluczenia i biedy, włączenie niektórych wschodnioazjatyckich gospodarek do systemu światowego, upadek projektu państwa komunistycznego i sowieckiego imperium, słabnięcie lub porzucenie polityki socjalnej i zasiłkowej w bogatych państwach zachodnich oraz rozprzestrzenianie się neoliberalnej polityki w państwach bogatych, biednych i byłych państwach komunistycznych.

Tego rodzaju zmiany społeczne są zwykle rozumiane jako „strukturalne", ponieważ konstytuują one zewnętrzne formy ekonomicznej organizacji i sposób rozmieszczenia władzy. Jedynie przy wielkim wysiłku jednostek – nawet jeśli ich działania zorganizowane są zbiorowo – mogą one przezwyciężyć te struktury; potwierdza to przykład Cesara Chaveza i tysięcy innych nad wyraz wykorzystywanych meksykańskich pracowników polowych w Kaliforni lat 70.. Ale siła tej „struktury zewnętrznej" nie opiera się na żadnej teorii, która odmawiałaby żyjącym wewnątrz niej jednostkom prawa do działania. Rzeczywiście, efekty tych globalnych zmian dotykają życia codziennego ludzi na całym świecie, w najbardziej prozaicznych i bezpośrednich jego przejawach. Ludzie mogą nabyć jakiś środek transportu, który ułatwiłby im zatrudnienie, mogą nie poprzestawać na skromnych przydziałach ziemi, od których zależy ich źródło utrzymania, mogą nabyć dom, wyedukować się i utrzymać rodzinę – nawet w najbardziej skromny sposób – bezpieczną, nienaruszoną i całą. Innymi słowy, ta globalna „struktura" stanowi scenę, na której, na poziomie mikrospołecznym, ludzie podejmują decyzje co do tego, jak żyć na znośnym poziomie, jak polepszyć swe perspektywy, jak przeciwstawić się wyparciu i wywłaszczeniu, oraz co do tego, co uważają za wartościowe i komu mogą zaufać.

Decyzje podejmowane przez tych, którzy mają ekonomiczną i państwową władzę, wywołują odpowiedź w postaci wyborów czynionych przez mniej wpływowe jednostki. Ten drugi zestaw wyborów – zorganizować się?, pracować, nie narzekając?, wycofać się?, stawić opór?, obejść prawo w poszukiwaniu zysku?, migrować legalnie czy nielegalnie?, promować przesłania własnej wiary religijnej lub własnej kultury i wspólnoty pochodzeniowej? – również wywołuje odpowiedź w kolejnym zestawie wyborów czynionych przez potężnych i wpływowych aktorów społecznych. Nie ma tu zatem żadnej tajemnicy struktury i działania. Każdy z tych zestawów wyborów wytwarza przejściowe sytuacje, które znajdują swój materialny i kulturowy wyraz. Używając słów Hoogvelt, są to „warunki postkolonialne" lub różne typy związków określonych zjawisk ze światową ekonomią. Rdzeń tych sytuacji *nie ma charakteru etnicznego* – ale praktycznie w każdej z nich możemy zauważyć zarysy działania, organizacji i innowacji kulturowej, które mają pewne cechy etniczności.

Postkolonialne warunki ekonomiczne

Hoogvelt wskazuje, że używa terminu „postkolonialny", by „wyrazić pogląd, że różne formacje społeczne, które się rozwinęły, są rezultatem sposobu, w jaki pokłosie kolonializmu współdziała z siłami globalizacji" (2000: 359). Pierwszym z tych postkolonialnych warunków jest „wykluczenie i anarchia", „egzemplifikowane przez subsaharyjską Afrykę, gdzie patrymonialna forma państwa, która powstała po uzyskaniu niepodległości, okazała się zbyt słaba, by stworzyć realną jedność polityczną lub społeczeństwo obywatelskie, wolne od mozaiki grup etnicznych, przekazanych przez kolonialnych zarządców". Drugim jest „antyrozwojowość islamu", w którym „niepowodzenie rozwojowego projektu, połączone z wykluczającym efektem [...] globalizacji, współdziałało z duchem odnowy, zawsze obecnym wewnątrz islamu *oraz* z jego długą historią konfrontacji z Zachodem". Trzecia sytuacja występuje zwykle na wschodzie Azji, gdzie „prowadzony przez rząd projekt rozwojowy odniósł sukces w postaci nagłego wyniesienia gospodarek kilku nowo uprzemysłowionych krajów do samego centrum odbudowanego globalnego systemu kapitalistycznego". Czwarta sytuacja uosabiana jest przez „bunt przeciwko zachodnim modelom nowoczesności i postępu", jaki miał miejsce w Ameryce Południowej, stanowiącej „poletko doświadczalne dla neoliberalnych strategii globalizacji i prywatyzacji".

Sytuacje, które opisuje tu Hoogvelt, mają bardzo podobny wymiar w biedniejszych strefach ekonomicznych – subsaharyjskiej Afryce, (niektórych) państwach islamskich, Ameryce Południowej oraz nowych krajach we wschodniej Azji, przyłączających się do międzynarodowego sukcesu kapitalistycznego. Ale podziały pomiędzy grupami tych, którzy są materialnie „pewni", „klasami niepewnymi, ale pracującymi" i „wykluczoną" częścią ludności mogą odnosić się do każdego obszaru czy państwa. A zatem, społecznie i ekonomicznie wykluczeni amerykańscy biali, czarni i latynoscy ubodzy, pochodzący ze zdewastowanych przestrzeni miejskich USA, mogą należeć zarówno do wykluczonej i zubożałej ludności jak i, w najlepszym wypadku, do grupy zatrudnionych bez właściwego zabezpieczenia: pracowników ustawicznie narażonych na rynkowe zmiany, redukcję zatrudnienia, przeniesienia i ogromne, nagłe zmiany kapitału i przedmiotów produkcji. Te ekonomiczne zagrożenia są *w zasadzie* „ślepe" etnicznie. Międzynarodowe korporacje są zainteresowane eksploatacją wszystkich pracowników, nie tylko białych czy czarnych. Jednak polityczne i społeczne reakcje w społeczeństwie, którego dyskurs ma charakter rasowy, same mają silną wymowę rasową.

William Julius Wilson i zanik pracy

Nikt nie przyczynił się bardziej do wytłumaczenia i zdemistyfikowania takiego stanu rzeczy w Stanach Zjednoczonych niż William Julius Wilson. On jako pierwszy dowiódł, że niekorzystne położenie społeczne wykluczonej populacji Afroamerykanów nie może być w pełni wyjaśnione przez odniesienie do rasistowskich postaw białych. Dowodził tego, jednocześnie dokonując ważnej analizy zjawiska „zaniku pracy" (Wilson 1999).

Sednem myśli Wilsona jest spostrzeżenie, że nie tylko Afroamerykanie są wykluczani ze sfery płatnego zatrudnienia, ale również wielu białych Amerykanów jest podobnie wykluczanych lub, jeśli nawet są zatrudnieni, żyją w ciągłym, mniejszym lub większym niepokoju o swą zawodową przyszłość. W tej sytuacji (niektóre) reakcje polityczne białych nie stanowią odtworzenia kategorycznego rasizmu z wcześniejszego okresu, ale dają głos nowemu rasizmowi, który postrzega czarną ludność jako nadużywającą zasiłków społecznych, łączy ją z przestępczością i niezaradnością. Taki punkt widzenia idzie w parze z populistyczną i rasistowską polityką, która sprzeciwia się wydatkom na opiekę społeczną, szczególnie tam, gdzie widziana jest ona jako forma pomocy dla ludności „niezasługującej" na nią, ludności „rasowej". Gwałtowny rozwój polityki sprzeciwiającej się opiece społecznej blokuje drobne korzyści, jakie finansowane przez rząd działania mogłyby przynieść zarówno określonym mniejszościom etnicznym (tak jak polityka dyskryminacji pozytywnej), jak i wszystkim społecznie upośledzonym (ochrona zatrudnienia, polepszenie edukacji, bezpieczeństwo społeczne). To upolitycznienie różnicy etnicznej dokonuje się w kontekście masowego wzrostu bezrobocia. Mówiąc o trzech dzielnicach będących „historycznym jądrem Black Belt w Chicago", Wilson pisze:

> „W roku 1950 69 procent wszystkich mężczyzn w wieku lat 14 i powyżej, którzy żyli w tych dzielnicach, pracowało w ciągu tygodnia, a w roku 1960 64 procent tej grupy było w ten sposób zatrudnionych. Jednakże do roku 1990 tylko 37 procent wszystkich mężczyzn w wieku lat 16 i powyżej utrzymało tę pracę w tych trzech dzielnicach" (Wilson 1999: 480).

Ten wzorzec bezrobocia jest powodowany czy zaostrzany przez zmiany wewnątrz globalnej ekonomii. Kiedy amerykański kapitał – na przykład komputerowe mikroprocesory i przemysł procesorowy – przenosi się do Ameryki Środkowej lub Azji Południowo-Wschodniej, aby mieć zyski z niższych kosztów wynagrodzenia i mniej rygorystycznych regulacji, zatrudnienie jest ze Stanów Zjednoczonych „eksportowane". Ulega ono dodatkowemu osłabieniu, kiedy towary (np. ubrania) importowane są z innych krajów, ponieważ zabiera to miejsce pracy Amerykaninowi, który mógłby być ewentualnie zatrudniony na tym polu produkcji.

Elijah Anderson postawił podobne tezy w swoim artykule stanowiącym retrospektywne spojrzenie na książkę *Beyond the Melting Pot*. Twierdzi on, że Glazer i Moynihan przecenili możliwość społecznej i ekonomicznej asymilacji Afroamerykanów. Mogło tak być po części dlatego, że nie docenili oni siły ideologii rasistowskiej w USA. Ale, jak pisze Anderson, „Glazer i Moynihan nie mogli przewidzieć zmian w strukturze ekonomicznej i w rzeczywistości imigracyjnej". Część tej zmiany ekonomicznej można zauważyć w deindustrializacji USA:

> „Dziś doświadczamy transformacji miast amerykańskich z centrów produkcji w centra obsługi i wysokich technologii. Utrata dobrze płatnych prac przy produkcji w miastach – kiedy amerykańskie korporacje przeniosły swe nisko wykwalifikowane prace do krajów Trzeciego Świata, do mało rozwiniętych przestrzeni tego kraju – doszczętnie zniszczyła czarną klasę pracującą" (E. Anderson 2000: 267).

Wzorce te nie są bynajmniej ograniczone do Stanów Zjednoczonych. Są to wzorce, które często związane są z etnicznym kształtem populacji. W większości bogatych, wieloetnicznych społeczeństw widoczne są przykłady mobilizacji etnicznej i etnicznej polityki redystrybucji i uznania. Towarzyszy im zwykle reakcyjna polityka „rasy" lub etniczności ze strony większościowych grup etnicznych, albo rasowe i „zetnicyzowane" dyskursy w zakresie polityki imigracji, opieki społecznej i przestępczości. Odnosiłoby się to do większości krajów Europy Zachodniej, USA, Australii i Kanady; we wszystkich tych państwach lub regionach jest demograficzna i milcząca kulturowa większość, która składa się z europejskich białych. Jednakże, jak zobaczyliśmy w rozdziale 1, historyczne okoliczności w USA nadały temu szczególną formułę: postniewolniczej, czarno-białej bimodalności.

Trudności etnicznych grup mniejszościowych w bogatych społeczeństwach mają często charakter ekonomiczny, podobny do tego, jaki przedstawiliśmy; są to często również znaczące trudności polityczne, powodowane przez reakcyjną politykę „rasy i rasizmu". Biali zniechęceni ubodzy są grupą, która zapewne zinterpretuje niedogodności własnego położenia jako w pewien sposób spowodowane przez „rasowo innych", co Wieviorka (1995) określił jako „mentalność ubogich białych". W bogatych krajach „pierwszego świata" nie następuje wprawdzie „ogólne" załamanie funkcji państwa, niemniej jednak grupom mniejszościowym może nie tylko brakować opieki z jego strony, ale mogą one również być ofiarami działań samego państwa. Sytuacja ta dotyczy mniejszości w bogatych społeczeństwach, na przykład Murzynów amerykańskich, Aborygenów australijskich, Cyganów w Republice Czeskiej (Guy 2001), i wielu innych przypadków, w których ludzie nie mogą liczyć nawet na pomoc policji czy państwowej administracji. Tę sytuację można zderzyć z przypadkami, kiedy następuje *ogólne* załamanie funkcji państwa i (czasami) państwo zostaje zdominowane przez jedną elitę etniczną.

Niestabilne państwa

Władza państwa i jego niewydolność może być i często staje się główną przyczyną konfliktów grupowych. W Afryce subsaharyjskiej „patrymonialna forma rządu, która powstała po uzyskaniu niepodległości, okazała się zbyt słaba", aby stworzyć stabilną politykę lub wesprzeć funkcjonujące społeczeństwo obywatelskie we fragmentarycznym porządku postkolonialnym. Ta niestabilność, zarówno polityczna, jak i ekonomiczna, „naznaczyła kruche porządki społeczne i polityczne" (Hoogvelt 2000). Podobny rodzaj analizy przedstawia w odniesieniu do współczesnej Francji Michel Wieviorka. Omawia on, jak to nazywa, „kryzys państwa i wzrost znaczenia wspólnoty" i przedstawia ogólną teorię:

> „Jeden lub więcej wspólnotowych ruchów może uformować się i zacząć działać w sytuacji, gdzie kilka wspólnot, uprzednio połączonych w ramach jednego politycznego organizmu, przestało akceptować to połączenie i żąda zarówno zmiany politycznego układu – na przykład innego podziału władzy – jak i rozwiązania zrzeszenia" (Wieviorka 1995).

Omawia on w szczególności rozpad państwa libańskiego w latach 70., jako przykład sytuacji, w jakiej „rozstrzygającym czynnikiem mógł być kryzys państwa, które, do pewnego stopnia, potrafiło radzić sobie z wielowspólnotowym społeczeństwem". Kiedy struktura państwa rozpadła się,

> „działanie i [...] przemoc wydają się być wytworem, pośród innych czynników, nie wyłącznie zachowań obronnych czy ideologii nacjonalistycznych, ale braków ze strony państwa, które otworzyły przestrzeń dla konfrontacji, w których każda wspólnota [...] broni swego terytorium i dodatkowo usiłuje wywrzeć wpływ na życie polityczne kraju, regionu, a nawet – w niektórych przypadkach – całego świata" (Wieviorka 1995; moje podkreślenie).

Braki władzy państwowej w zubożałych społeczeństwach mają głęboki wpływ na czynione przez ludzi wybory odnośnie tego, komu mogą zaufać. To z kolei pociąga za sobą wagę, jaką ludzie przywiązują – lub też *muszą* przywiązywać – do związków rodzinnych.

Dowodziłem w innym miejscu, że można odwrócić twierdzenie Geertza, kiedy mówi on, że państwa mogą napotkać trudności, ustanawiając swój „nakaz" przeciwny pierwotnemu przywiązaniu do grup regionalnych, religijnych, językowych i etnicznych. Jego odwróceniem byłoby stwierdzenie, że etniczna lojalność staje się i pozostaje ważna – prawdopodobnie najważniejsza – w państwach, którym nie udało się zapewnić sobie władzy i podporządkowania ludności na całym ich terytorium i we wszystkich lub w większości instytucji (Fenton 1999). To pozwala łączyć w teoretycznym namyśle pokrewieństwo, etniczność i państwo. W swojej analizie Somalii Simons dodaje czwarty aspekt – demokrację, łącząc w ten sposób pokrewieństwo, lojalność etniczną, władzę państwa i zdolność utrzymania demokratycznych instytucji (Simons 1997).

Komu można zaufać?

Warto bliżej przyjrzeć się pracy Simons nie tylko dlatego, że jest to pouczające studium przypadku, ale również dlatego, że jest to interesujący „przekrój" przez szereg koncepcji i teorii etniczności. By przywołać tu kontekst, praca jest omówieniem konfliktu w Somalii – ograniczonej władzy państwa i niebezpieczeństw, jakie wiążą się z wprowadzeniem demokracji, kiedy jednostki nie mają materialnych czy osobistych rezerw i nie mogą mieć zagwarantowanego bezpieczeństwa i wolności działania. Zgodnie z dość szerokim rozróżnieniem pomiędzy społeczeństwami krewniaczymi i niekrewniaczymi, autorka postrzega demokrację jako możliwą do wprowadzenia jedynie wówczas, gdy „indywiduacja" osiągnęła poziom, który zapewnia jednostkom wolność działania i możliwość samodzielnej, niezależnej „identyfikacji". Przez „indywiduację" Simons rozumie tu stopień, w jakim każda jednostka jest w stanie postępować w taki sposób, który nie wiąże się z jakąkolwiek grupą (krewnymi, grupą etniczną, itd.), wobec której jednostka może mieć jakieś zobowiązania. Kiedy państwo gwarantuje bezpieczeństwo (bezpieczeństwo osobiste, pewien stopień ochrony ekonomicznej, opieki społecznej i uprawnień), indywiduacja jest możliwa: „Przez indywiduację rozumiem to, że jednostki mogą być niezależne, tworzyć swoją własną tożsamość polityczną, zgodną z ich wyborem i *mogą odrzucać żądania innych*. W Somalii nad żadną z tych możliwości jednostki nie mają wystarczającej, ani nawet jakiejkolwiek kontroli" (Simons 1997: 278, moje podkreślenie).

Moglibyśmy odwrócić to stwierdzenie, mówiąc, że etniczność ma silne znaczenie tam, gdzie jednostki nie są w stanie odrzucić żądań innych. Państwo somalijskie, twierdzi Simons, „nigdy wystarczająco nie dowiodło, że jest wiarygodnym gwarantem bezpiecznej przyszłości dla któregokolwiek z jego obywateli". W tych okolicznościach tym większe znaczenie mają „tradycyjne więzi". Związki pokrewieństwa stanowią sedno tego, co Simons nazywa „mapami spolegliwości":

> „Somalijczycy postępują zgodnie ze strategiami, [które są] wspólne dla koczowniczych pasterzy na całym świecie, a które opierają się na zaufaniu i zobowiązaniach wpisanych w związki genealogiczne [...] mapa genealogii łączy krewnych, a więzi te są utrzymywane tylko wtedy, jeśli ludzie udowodnią, że zasłużyli na to, by pozostać w związku [...] są to mapy spolegliwości" (276).

Ludzie polegają na krewnych, ponieważ nie mogą polegać na państwie. Niektóre sieci pokrewieństwa są oczywiście po drugiej stronie tego podziału – *są* one państwem.

Przeciwieństwem społeczeństw zaufania są społeczeństwa zindywidualizowane, gdzie jednostki są w stanie odłączyć się od rodziny, ponieważ mogą polegać na państwie. W istocie, państwo może aktywnie promować odłączenie od rodziny, by doprowadzić do wzrostu lojalności względem państwa, jak również by osiągnąć inne cele, takie jak powszechna edukacja lub maksymalna mobilność pracownicza. W zindywidualizowanych społeczeństwach państwo „dąży do tego, by być postrzegane jako gwarant przyszłości. Trwanie państwa stabilnego, nie zaś jego formowanie, jest tym, na co liczy większość obywateli". Ma to wymiar moralny, mianowicie taki, że w społeczeństwach zaufania rodzina to ludzie, na których *musisz* polegać i musisz ich wspierać; w zindywidualizowanych społeczeństwach *oczekuje się*, że „pójdziesz własną drogą". W „liberalnych" okolicznościach jednostki nie tylko *mogą pozwolić* sobie na tożsamość sytuacyjną, w ramach której dokonują wyboru, ale *muszą one mieć* tożsamość sytuacyjną:

> „Tymczasem konieczność dopasowywania się do sytuacji oznacza również, że tożsamości jednostek nie mogą być jednolite. Konieczność dopasowywania się do sytuacji oznacza, że ludzie mają prawo do selektywnego okazywania lub ukrywania ich złożonego przywiązania względem zróżnicowanych bytów: rodziny, partii, kościoła, przyjaciół, pracy. Nie jest to przywiązanie automatyczne (czy immanentne). To raczej obywatele rozpoznają, że mogą oni przywołać lub odrzucić wszelkie rodzaje afiliacji poprzez dokonanie wyboru. Oto, co dla wielu osób oznacza wolność" (279).

„Moralny przymus pomocy rodzinie" jest całkowicie przeciwstawny temu rodzajowi wolności i całkowicie przeciwny tożsamościom sytuacji i wyboru.

Ostatnia część wywodu Simons mówi, że w przypadku braku tych wolności instytucje demokracji są trudne do utrzymania, ponieważ demokracja opiera się na odrębnej jednostce, zdolnej do uwolnienia się od innych wpływów i wiążącej lojalność obywatelską w pierwszym rzędzie z ideą narodu i państwa (por. Geertz 2005). W przypadku, gdy demokracja wdrażana jest w państwie bez ustanowionej i prawdziwie niezależnej władzy państwowej oraz przy małej stabilności ekonomicznej czy niemożności zapewnienia bezpieczeństwa, próby jej wprowadzenia mogą przynieść odwrotny efekt – zorganizowany konflikt pomiędzy grupami krewniaczymi lub „etnicznymi".

Są to wiele mówiące obserwacje na temat samej natury konfliktu etnicznego i przemocy w społeczeństwach o słabej państwowości. Badacze zwykle reagują krytycznie na typowe interpretacje prasowe takich konfliktów; tam, gdzie prasa sugeruje, że są one konsekwencją pradawnych nienawiści, naukowcy negują to stwierdzenie, wskazując na fakt bezwzględnego przywództwa propagandystów etnicznych – w przypadku Jugosławii wskazując „diabła Miloszewicia", zamiast „pradawnych nienawiści" Chorwatów i Serbów. Ale opinia badaczy pomija bezpośredni charakter dużej części przemocy etnicznej opartej na relacjach twarzą w twarz. W czasie wojen jugosławiańskich powszechnie słyszało się o sąsiadach zabijających sąsiadów, których znali od lat. Simons twierdzi, że przemoc etniczna jest często oparta na osobistej wiedzy:

> „Zdecydowanie za mało uwagi poświęca się temu, że ludzie często zabijają jeden drugiego całkowicie świadomie i z bliska. Zacznijmy chociażby od tego, skąd ktoś może wiedzieć, kto powinien być zabity? Przypuszczenia, kto powinien zostać zgładzony, wymagają odwołania się do wiedzy lokalnej. Również dzierżenie w dłoni broni, nawet jedynie stojąc przed ofiarą, wymaga dużo dalszej osobistej kontroli niż broń masowej zagłady [...] Oto, do czego w ostatecznym rozrachunku prowadzi wewnętrzna, spójna logika braku zaufania wobec niespokrewnionych (ponieważ tylko krewni są godni zaufania) – nie do bezmyślnego zniszczenia, ale do całkowicie przytomnej, uprzedzającej działanie wroga i dość wyraźnej, możliwej do rozszerzenia przemocy" (282).

Zwrot „całkowicie przytomny" może być trudny do zaakceptowania, ale duża część tego wywodu jest nie do odparcia. Lecz skoro artykuł Simons dowodzi, że społeczeństwa postkolonialne i społeczeństwa Trzeciego Świata nie osiągnęły standardów wymaganych dla wprowadzenia tam „demokracji", mógłby być słusznie uznany za przejaw rozumienia „zwesternizowanego", połączenia słabo przemyślanych idei, zachodniej arogancji i uprzedzeń względem biedniejszych państw. Ale nie o to chodzi Simons. Jej analiza jasno wskazuje, że państwa postkolonialne były w wielu przypadkach często nieumiejętnie stworzone, pospiesznie ustanowione, kiedy Zachód uznał, że jego projekt kolonialny dobiegł końca. Później państwa te ucierpiały w konsekwencji niesprawiedliwych warunków handlu światowego, szczególnie w wyniku niszczących światowych wahań cen towarów oraz narastających kosztów importu towarów (Held i McGrew 2000). W konsekwencji istnieje na świecie dość znaczna liczba państw, które są w znikomym stopniu samowystarczalne finansowo i nie mogłyby zagwarantować ani stabilności ekonomicznej, ani politycznej ochrony swoich obywateli. W wielu państwach – takich jak Indonezja, Filipiny czy były Zair – sytuację tę poważnie komplikowali skorumpowani władcy lub systemy rządów, często pod kontrolą sił zachodnich, które każdą nadwyżkę skarbu państwa odprowadzały do prywatnych majątków rządzących. W społeczeństwach o niestabilnej gospodarce i słabej (skorumpowanej lub nie) władzy ludzie nie mogą zapomnieć o swych krewnych; ich szeroko pojęci krewni stają się ich etnicznością. Dlatego też Simons jest przekonana, że potępienie złego zarządzania państwem jest naiwnością:

> „Koncentrując się na możliwościach zerwania związku między niewydolnością ekonomiczną i złym zarządzaniem państwem na samej górze, wielu autorów lekceważy po prostu ciężar przeżywanej rzeczywistości: jeżeli państwo (jako odziedziczone) jest już niewypłacalne, jednostki nie mogą sobie pozwolić na oddzielenie się od siebie, kiedy rodowód [...] od kołyski po grób zapewnia przynależność do społeczeństwa obywatelskiego" (284).

Świat biedny, świat bogaty

Opis państw i społeczeństw określanych przez ekonomiczną i państwową niepewność jest wystarczający, by stwierdzić, że społeczne uwarunkowania tożsamości etnicznej i grupowej lojalności są bardzo różne, powiedzmy, w Somalii czy w USA. Owe zewnętrzne czynniki wpływające na etniczność w państwach, w których brakuje podstawowych zabezpieczeń, są tak różne od tych w społeczeństwach bogatych, że relacje etniczne w obu sytuacjach przybierają zupełnie inny kształt. W niektórych społeczeństwach warunki opieki społecznej i systemu zabezpieczeń są słabe; w takiej sytuacji ważną rolę odgrywają krewni, w taki sposób, który nie ma swego odpowiednika w bogatych i w miarę stabilnych społeczeństwach. Słabość lub siła państwa jako opiekuna jednostek nie jest jednak w tym względzie jedynym decydujących czynnikiem. Antropologia społeczna za jedno ze swoich głównych zadań przyjęła zrozumienie, w jaki sposób życie ekonomiczne, systemy gruntowe i lokalna organizacja podejmowania decyzji związane są z jednostkowymi zobowiązaniami wobec innych w kwestii wzajemnej zależności i wzajemności (Goddard i inni 1994). Nie oznacza to, że ludzie wewnątrz określonej wspólnoty koniecznie lubią się wzajemnie; nie jest to kwestia solidarności i zwyczaju w czysto moralnym sensie. Ludzie są wzajemnie połączeni, „czy tego chcą, czy nie", poprzez wzorzec życia, który czyni ich zależnymi od innych. Niektórzy z nich są rzeczywiście do ustalenia bliskimi lub dalekimi krewnymi; innych, na przykład w populacji tak rozległej jak Patanowie w Pakistanie i Afganistanie, wiąże z odległymi, niespokrewnionymi członkami grupy poczucie wspólnej tożsamości etnicznej. Jeżeli sposób życia tych ludzi, wszystkich lub znaczącej ich części, jest zagrożony, wówczas poczucie wzajemnej zależności może wyrazić się na sposób etniczny. Opisane przypadki w większości zupełnie różnią się od rzeczywistości bogatych przemysłowych i postprzemysłowych społeczeństw. To, co Simons nazywa mapami spolegliwości, kontrastuje głęboko z indywiduacją w bogatych, „rozwiniętych" społeczeństwach. Kwestia indywiduacji zasługuje jednakże na jeszcze jedną chwilę uwagi.

Rozróżnienie między etnicznością zaznaczającą się w warunkach słabej lub niestabilnej gospodarki i słabej państwowości a etnicznością w bogatych państwach o stabilnej gospodarce, z dobrze prosperującym społeczeństwem, pokrywa się w znacznym stopniu z różnicą pomiędzy społeczeństwem, w którym nie można liczyć na reguły prawa, bądź nawet nie jest ono zinstytucjonalizowane, i takim społeczeństwem, w którym obowiązują reguły prawne, i w teorii, lecz nie zawsze w praktyce, służy ono ochronie obywateli. W drugim typie społeczeństwa sądownictwo powinno funkcjonować niezależnie od władzy; armia powinna służyć zewnętrznej obronie, a nie wewnętrznej kontroli; policja powinna być bezstronna w stosowaniu prawa, tak by wszyscy obywatele mogli w razie potrzeby zwrócić się do niej o pomoc; sprawujące władzę grupy i jednostki powinny podlegać kontroli społecznej; państwo powinno funkcjonować niezależnie od ośrodka władzy, odrębnego od niego samego. Jeżeli zasady te przestają być przestrzegane, władzę przejmuje zazwyczaj partia lub armia, która kontroluje centralne i lokalne sprawy w taki sposób, że jednostki nie mają na nie żadnego wpływu. Wielu ludzi na świecie żyje w społecznościach, gdzie niespełnione są niektóre bądź nawet żadne z opisanych warunków społeczeństwa obywatelskiego. Tam, gdzie występuje taka sytuacja, warunki życia, nawet na poziomie codziennym, sprawiają, że szczególnej wagi nabierają wyznaczniki pokrewieństwa i tożsamość etniczna, w dużej mierze w sposób, w jaki opisała to Simons.

Określanie ludzi i próby bezpiecznego działania

Jak ustaliliśmy, tam, gdzie bezpieczeństwo publiczne nie może zostać zagwarantowane przez obiektywną siłę, ludzie muszą polegać na czymś innym. W szczególnie dramatycznych sytuacjach mogą oni rościć sobie prawa do tożsamości etnicznej innej niż ich własna, z trudnością przydając swym twierdzeniom spójną formę. By to zilustrować, Simons przywołuje przykłady identyfikacji grupowych, jakie występują w Somalii: „Darud – mówi autorka – przesłuchiwany przez kogoś, kogo podejrzewa o bycie Hawiye, może twierdzić, że należy do trzeciej grupy, która nie była obierana za cel przez Hawiye. Nie twierdziłby on, że jest Hawiye, ponieważ nie mógłby zafałszować wszystkich koneksji". Często jednak przesłuchiwany może nie wiedzieć, kim jest przesłuchująca go osoba. Mogą oni „użyć słowa, którego użyliby tylko Darudowie w północno-wschodniej Somalii, jako sygnał, że też są Darudami. Jeżeli on odpowiedziałby jak Darud, wydałby samego siebie. Jeżeli by nie odpowiedział, a oni byliby Darudami, ryzykowałby wówczas niemożnością przekonania ich, że on też jest Darudem". Podobne sceny bez wątpienia rozgrywały się w Jugosławii, Pakistanie, Rwandzie, czy na przykład w Indonezji. W niektórych przypadkach różnice w wyglądzie zewnętrznym czy skupienie w jakiejś przestrzeni mieszkaniowej może uczynić identyfikację stosunkowo prostą, ale jej zasada pozostaje ta sama.

Bieda oraz niestabilność gospodarcza są czynnikami, które dodatkowo utrudniają łączenie obowiązków państwa narodowego i interesów gospodarczych tak, by przywiązać jednostki do porządku obywatelskiego. Czynniki te utrudniają ten proces do tego stopnia, że kraje, które przez jakiś czas funkcjonowały w warunkach słabej gospodarki i słabego państwa, mogą stać się areną trwałych konfliktów etnicznych. Trwałość nie oznacza tu stałego warunku – państwa nie mogą być dzielone na tej podstawie, ponieważ sytuacja związana z bezpieczeństwem lub niepewnością, zarówno w ekonomii, jak i w polityce, może ulec zmianie.

Etniczność i geopolityka

Jednym z najbardziej systematycznych opracowań naszkicowanych tu reguł dotyczących związków pomiędzy państwową władzą, państwowym bezpieczeństwem i mobilizacją etniczną jest praca Duszko Sekulicia o rozpadzie Jugosławii (Sekulić 1997). Często punktem wyjścia dla analiz sytuacji w Jugosławii w latach 80. i 90. była natura wspólnotowych identyfikacji i historia ich antagonizmów. Świat nauki często zaprzeczał temu twierdzeniu o trwałości etnicznych nienawiści w Jugosławii (por. Bennet 1995; Fenton 1999), podkreślając stosunkową harmonię, jaka panowała między tamtejszymi grupami po II wojnie światowej. Badacze dowodzili, że należy się skoncentrować na manipulacyjnej, nacjonalistycznej retoryce pozbawionych skrupułów przywódców politycznych, wskazując głównie na Miloszewicia i Tudźmana (ze względu na bardzo szczegółowy opis historyczny, najlepszym źródłem jest książka Branki Magas, *The Destruction of Yugoslavia*, 1993; zob. także: Bennet, *Yugoslavia's Bloody Collapse*, 1995). Dodatkowym elementem takiego rodzaju podejścia, zastosowanym w pracy Sekulicia, jest naszkicowanie rozpadu państwa w jego *geopolitycznym i geostrategicznym kontekście*.

Sekulić rozpoczyna swój wywód od określenia państwa jako czerpiącego swą legitymizację ze swojego „sukcesu zewnętrznego", opierając to na Weberowskiej teorii legitymizacji. Jak wskazuje Sekulić, Weber widzi państwo jako byt, który jest w stanie „utrzymać się" na międzynarodowej arenie; historia tworzenia się państw i późniejszej ich legitymizacji odzwierciedla zwykle szczególne elementy równowagi, jakie muszą zostać zachowane pomiędzy przeciwstawnymi czy konkurencyjnymi systemami politycznymi i wojskowymi.

Na początku wieku XX idea stworzenia królestwa Słowian była pochodną wyzwolenia z imperium austro-węgierskiego; autonomia serbska już wcześniej była umocniona za sprawą osłabienia imperium ottomańskiego. Najsilniejsza – w porównaniu ze Słoweńcami i Chorwatami – pozycja Serbów oznaczała, że te dwie „nacje" skłonne są, wchodząc do federacji zdominowanej przez Serbów, poświęcić część swej autonomii, szczególnie jeżeli miałoby to wzmocnić ochronę przed interwencjami z północy i z zachodu. Jednak mimo tego, że Słoweńcy i Chorwaci uzyskali pewną ochronę w ramach zjednoczonego królestwa, na dłuższą metę dominacja Serbów przyniosła pewne ograniczenia lokalnych praw, na przykład ograniczenie wolności religii katolickich Chorwatów; restrykcja ta położyła podwaliny dla chorwackiej i słoweńskiej nieufności względem serbskich elit. W różnych okresach istnienia państwa jugosłowiańskiego wyraźna była rywalizacja i nieufność pomiędzy różnymi elitami (np. serbskimi i chorwackimi), ale nie była ona podzielana przez chłopów, ani nie była przekazywana mieszkańcom wsi tych odmiennych społeczności (Bennet 1995; por. Ramet 1996), które różniły się pod względem języka, orientacji religijnej i wyobrażeń na temat pochodzenia.

Po II wojnie światowej legitymizacja państwa jugosłowiańskiego opierała się raczej na „pamięci wojny wyzwoleńczej przeciwko okupacji nazistowskiej" niż na komunizmie, „ideologii akceptowanej jedynie przez niewielką mniejszość populacji" (Sekulić 1997). Jednakże, przez lata 80., a już zupełnie wyraziście pod koniec lat 80., *geostrategiczne położenie Jugosławii w sposób znaczący uległo zmianie.* Chociaż Serbowie zwracali się w stronę Związku Radzieckiego, jak ich słowiańscy sprzymierzeńcy, Jugosławia utrwaliła swą niezależność od Związku Radzieckiego, który przyznał jej taki zakres wolności, jaki nie był praktykowany w żadnym innym państwie znajdującym się na obszarze jego dominacji. Schyłek i ostatecznie upadek Związku Radzieckiego oraz połączonych z nim państw komunistycznych zasadniczo zmienił geostrategiczne położenie Jugosławii. Związek Radziecki nie stanowił już zagrożenia, zaś Zachód nie potrzebował już Jugosławii jako państwa buforowego pomiędzy Wschodem i Zachodem. W tej sytuacji Serbia zaczęła dążyć do przekształcenia jugosłowiańskości w panserbizm; zmianie tej przedstawiciele serbskiej inteligencji dostarczyli swego rodzaju uzasadnienia już w połowie lat 80. (Pawkowić 1998; Magas 1993). Nie tylko wysławiali oni serbską historię, ale również przedstawiali żywy w przeszłości i we współczesnych im czasach obraz Serbów i Serbii jako państwa-ofiary, zawsze muszącego zachowywać czujność wobec licznych wrogów i zawsze gotowego „na walkę o przetrwanie". Serbia mogła zrealizować swe cele wewnątrz federalnej Jugosławii tylko poprzez scentralizowanie swej władzy, kosztem innych wielonarodowych autonomii; jugosłowiańskość została zastąpiona przez serbski imperializm, który skupiał się w dużej mierze na obronie „narażonych na niebezpieczeństwo" Serbów mieszkających poza Serbią, to jest w Chorwacji, Bośni, Kosowie, ale – co równie istotne – prawie wcale nie dotyczyło to Słowenii.

Gdy Zachód przestał interesować się Jugosławią jako państwem buforowym, państwa zachodnie (np. Włochy) nie stanowiły już znaczącego zagrożenia dla Słowenii jako wysuniętej najdalej na zachód republice Jugosławii. Jak dowodzi Sekulić, „ich [Chorwacji i Słowenii] głównym przedmiotem zainteresowania stało się to, jak dołączyć do Europy, a nie jak z niej uciec"; teraz Europa stała się „atrakcyjna dla nastawionych na reformy komunistycznych przywódców Słowenii i Chorwacji". Ponieważ

Europa nie stanowiła już (dla Słowenii i Chorwacji) zagrożenia, prawdziwe niebezpieczeństwo przedstawiał teraz serbski imperializm ożywiający stary konflikt pomiędzy serbskim centralizmem i prawami autonomicznych republik. Wydaje się, że Zachód zbyt powoli rozpoznawał te serbskie skłonności i nie wykazywał woli uznania lub chronienia w jakiś sposób dopiero co uniezależnionej Słowenii (Jansza 1994). „Guardian" donosił, że nawet w latach 90. były brytyjski minister spraw zagranicznych był zaangażowany w załatwianie funduszy dla rządów Miloszewicia, i, działając jako dyrektor banku National Westminster, umożliwiał sprzedaż i częściową prywatyzację jugosłowiańskiej telekomunikacji („Guardian", 2 lipca 2001).

Relacja z wydarzeń w poprzednich akapitach jest w dużej mierze, choć nie wyłącznie, oparta na analizie Sekulicia. Jest ona wystarczająco szczegółowa, by oddać znaczenie prezentowanej przez przywoływanego autora idei geostrategii i geopolitycznego położenia oraz Weberowskiej koncepcji legitymizacji; relacja ta oddaje również główny sens analizy Sekulicia. Fragment ten zakończymy, cytując już bezpośrednio wnioski zawarte w jego pracy. Geostrategia była ważna zarówno w procesie tworzenia, jak i upadku Jugosławii, ale na początku i na końcu położenie geostrategiczne tego kraju było zupełnie inne:

> „Objaśnienie geostrategiczne jest ważne dla zrozumienia sił sprawczych tworzenia i rozpadu Jugosławii. Geostrategia działa na trzech różnych poziomach. Po pierwsze, na poziomie działaczy międzynarodowych i ich percepcji wagi powołania do istnienia lub rozpadu bytu takiego jak Jugosławia; po drugie, na poziomie wzajemnego oddziaływania względów geostrategicznych i wewnętrznych strategii elit; po trzecie, na poziomie legitymizacji jako wyniku geostrategicznego sukcesu lub niepowodzenia"(Sekulić 1997: 177).

Po II wojnie światowej Jugosławia utrzymywała równowagę między Wschodem i Zachodem, zachowując w pewien sposób wymuszone dobre relacje z jednym i drugim. Jej legitymizacja, jak dowodzi Sekulić, nie wynikała z ideologii komunistycznej. Ustrój ten, twierdzi autor, „był popularny nie dlatego, że był komunistyczny, ale dlatego, że z powodzeniem opierał się naciskom radzieckich komunistów i wytwarzał stabilność tam, gdzie nikt nie spodziewał się, że może ona zostać osiągnięta". Sytuacja ta uległa zmianie, kiedy Związek Radziecki zaczął się rozpadać:

„Zniknięcie radzieckiego zagrożenia usunęło źródła wewnętrznej legitymizacji ustroju i umożliwiło wybuch prozachodnich sentymentów. W rezultacie, zmiany akcentu w zewnętrznych naciskach, atrakcyjność Zachodu i zniknięcie zagrożenia ze strony Wschodu całkowicie zniszczyły wewnętrzny konsens i Jugosławia eksplodowała pod wpływem napięć i pojawienia się nowych kierunków dążeń, przyniesionych przez zmiany w środowisku geopolitycznym" (Sekulić 1997: 178).

Prezentacja konkluzji Sekulicia odnośnie Jugosławii oraz jego poglądów na temat legitymizacji państwa narodowego i położenia geostrategicznego umożliwia nam zarysowanie naszych własnych wniosków dotyczących rozpadu Jugosławii. Wielu badaczy opisywało ten przypadek jako „jeszcze jeden" przykład ożywienia etnicznego, wagi etniczności lub zajadłości napięć etnicznych. Nie jest to oczywiście prawda.

Jedną z pierwszych rzeczy, jaką można powiedzieć na temat analizy Sekulicia (oraz Hoogvelt i Wieviorki), jest to, że zajmuje się on przede wszystkim kategorią państwa, bardziej niż kategorią narodu, z którą tak wielu entuzjastów kulturowych myli to pierwsze pojęcie. Państwo, jako społeczny organizm, ma rzeczywistą władzę, która polega na materialnym rozporządzaniu środkami, legitymizacji państwa poprzez powszechne dlań poparcie i na bardziej lub mniej rozwiniętej ideologii. Umacnianie legitymizacji państwowej jest jedynie częściowo wspierane przez (etniczną) koncepcję „narodu". W Jugosławii legitymizacja państwa zasadzała się na pamięci o wyzwoleniu spod nazizmu i na ochronie przed radzieckimi naciskami. Jedynie jej odmiana serbska, która przyczyniła się do rozpadu federalnego państwa jugosłowiańskiego, miała charakter wysoce rozwiniętej historii etnicznej, symboliki i mistycznego wyobrażenia na temat przeznaczenia narodu. To Serbowie mieli, mimo wszystko, najwięcej do stracenia z powodu upadku Jugosławii. Drugą rzeczą, jaką można stwierdzić, jest to, że Sekulić, analizując konflikt w Jugosławii, spogląda raczej na zewnątrz Jugosławii niż do wewnątrz. W ten sposób podąża on tropem Webera, który mówił, że legitymizacja państwowa musi być rozumiana w kategoriach stosunków państwa z zewnętrznymi siłami. Analiza Sekulicia stanowi jednocześnie wyzwanie rzucone tym wszystkim, którzy w pierwszym rzędzie spoglądali do wewnątrz, do socjologii i (etnicznej) polityki państwa jugosłowiańskiego, szukając tam wytłumaczenia wewnętrznych (etnicznych) konfliktów.

Trzecią rzeczą jest to, że podążając za modelem stworzonym przez Sekulicia, możliwe jest skonstruowanie wysoce teoretycznego wytłumaczenia konfliktu etnicznego *o bardzo małym odniesieniu do samej etniczności*. Ogromny wysiłek, jaki Sekulić wkłada w stworzenie takiej teorii, ukazuje, że – w przeciwieństwie do całej armii dziennikarzy i specjalistów w dziedzinie etniczności – nie zgadza się on na zahipnotyzowanie słowem „etniczny" w zwrocie „konflikt etniczny". W dowodzeniu Sekulicia widoczna jest również pewna luka, ale nie niemożliwa do uzupełnienia. Opuszczony został bardziej szczegółowy opis tego, jak etniczność „Serba", „Chorwata" czy „Słoweńca" kształtuje się zarówno w wyobraźni publicznej, jak i w zwyczajnych relacjach codziennego życia. W opisie Sekulicia kategorie te są przyjmowane raczej odgórnie; tym, co uzupełniłoby to wyjaśnienie, byłoby 1) zastosowanie antropologii tworzenia kategorii etnicznych oraz 2) zrozumienie, jak w warunkach, które wspaniale opisuje Sekulić, ludzie zaczynali działać i byli zmuszani do działania ze względu na te kategorie. Ludzie działali w ten sposób w warunkach wprowadzanego przez Serbów centralizmu, który przyspieszył upadek Jugosławii; działali w zgodzie z granicami etnicznymi, mimo tego że granice te – z punktu widzenia języka, małżeństwa mieszanego i współzamieszkiwania – były wcześniej niewyraźne, nieważne, lub jedno i drugie. Podobne do Sekulicia stanowisko prezentuje Michael Banton, który twierdzi, że „koflikt etniczny" często jest określany w taki sposób nieprawomocnie. Taki rodzaj analizy wskazuje, dlaczego kategorie etniczne, które są nieistotne lub mają niewielkie znaczenie w określonych okolicznościach, stają się głównymi punktami odniesienia w innych (Banton 2000).

Niektóre tego rodzaju rozważania są widoczne w badaniu „napięć etnicznych i separatyzmu w [postsowieckiej] Rosji" (Stepanow 2000). Autor przygląda się szerokiemu spektrum etnicznych i nacjonalistycznych konfliktów w Rosji i bada *zróżnicowane* warunki, w których te konflikty wystąpiły, i które mogły przyczynić się do ich wywołania. Stwierdza, że ważne są zarówno czynniki polityczne, jak terytorialne i demograficzne: sentymenty nacjonalistyczne pojawiają się często wtedy, kiedy dany obszar jest terytorium „narodowym", zaś sentymenty etniczne mogą być mobilizowane wówczas, kiedy różne grupy żyją obok siebie na tym samym terenie lub kiedy przymusowa migracja zakłóca dotychczasową równowagę demograficzną i ekonomiczną.

W przypadku północnego Kaukazu widzimy dowody wpływu tego, co Stepanow nazywa „sytuacjami warunkowymi". Dwie z nich są szczególnie istotne: dostępność broni i długotrwały kryzys ekonomiczny. Zubożenie żołnierzy w Armii Czerwonej skłaniało ich do sprzedawania ich broni, przez co znalazła się ona w rękach większości ludności. Kryzys ekonomiczny wywierał coraz większy wpływ na wieś – gdzie ludzie ledwie wiązali koniec z końcem – i powszechnie doprowadził do przeludnienia terenów wiejskich. Efektem niepowodzenia ekonomicznego było również powstanie grup „bezrobotnych młodych mężczyzn na terenach wiejskich, [które] jeszcze bardziej potęgują rozpoczynającą się militaryzację prowincji". Określenie tego kontekstu staje się znaczącą podstawą dla wyjaśnienia tego konfliktu przez Stepanowa, jednak ostatecznie bez wskazania, dlaczego miałby on dotyczyć granic etnicznych. Jednakże, chociaż Stepanow nie podejmuje tych kroków, można je podjąć zgodnie z tokiem myślenia zaproponowanym przez Simons (zobacz powyżej) i innych. A zatem, w tego rodzaju okolicznościach, możliwe lub prawdopodobne są dwie rzeczy: 1) elitarni przywódcy polityczni lub przywódcy zorganizowanych, uzbrojonych band (lub obie te kategorie, pozostające ze sobą w ukrytej kolaboracji) mogą osiągnąć zyski poprzez wykorzystywanie etnicznych symboli zbiorowej tożsamości; mogą oni również czerpać zyski z działania podkopującego lojalność etniczną, poprzez wymyślanie lub popełnianie jakichś okrutnych czynów i 2) jednostki napotykają sytuacje, w których przywiązanie w stosunku do krewnych lub, rozszerzając, „etniczności", staje się wyborem „rozsądnym" lub praktycznie jedynym możliwym w trudnych czy nawet rozpaczliwych okolicznościach.

Michael Banton streścił ten typ sytuacji w następujący sposób:

> „[Możemy wnioskować, że] po pierwsze, znaczenie wspólnego pochodzenia etnicznego jest bardzo zróżnicowane; po drugie, że musi ono być rozpatrywane w zestawieniu z innymi ewentualnymi podstawami zbiorowego działania, włączając stosunki sąsiedzkie oraz wspólne pochodzenie narodowe, rasę, religię i interes polityczny. W lokalnych wspólnotach istnieje wiele takich elementów, które sprawiają, że stosunki pomiędzy członkami wspólnoty są wielowymiarowe, i umożliwiają zachowanie pomiędzy nimi zrównoważonych stosunków. Kiedy jednostki są pobudzane do działania poprzez odwołanie do idei wspólnego pochodzenia etnicznego, może to wywołać charakterystyczny typ konfliktu, ale podstawowe procesy są wspólne dla wielu rodzajów mobilizacji etnicznej" (Banton 2000: 496).

Fragment ten pokazuje, że powinniśmy zrozumieć fenomen „mobilizacji": co pobudza ludzi do mobilizacji i co pobudza ich do mobilizacji wokół określonych symboli zbiorowego członkostwa lub wspólnotowych sentymentów? Omówienie w tym rozdziale kwestii ubóstwa i bogactwa w skali światowej, władzy państw w sensie ogólnym, a także zdolności – lub chęci – państw do zagwarantowania bezpieczeństwa ich członkom ukazało, jak warunki ekonomiczne, państwowe i czynniki związane z bezpieczeństwem kształtują namacalny kontekst działania społecznego. Są to zmiany, czasami zmiany zasadnicze, na polu tych namacalnych czynników, które skłaniają ludzi do działania zgodnie z – wcześniej ukrywaną – tożsamością i przywiązaniem. Wyraźne uwypuklenie tych *kontekstów działania* jest konieczne, aby uniknąć mylnego określania jakiegoś konfliktu mianem „etnicznego", w przypadku, gdy to zmiana w okolicznościach zewnętrznych powoduje społecznie zorientowane działanie.

Zrozumienie tych kontekstów jest szczególnie istotne, kiedy nie tylko podejrzewamy, że konflikt jest możliwy, lub kiedy jest on kwestią „antypatii", ale kiedy staje się on zabójczy i bezwzględnie brutalny. Wówczas potrzebujemy zrozumieć, „dlaczego w ogóle ludzie zabijają się wzajemnie?", jak również, „kto kogo zabija?". Są to, innymi słowy, pytania co najmniej dwojakiego rodzaju: dlaczego ludzie stają się zdesperowani i brutalni?, oraz: kto jest celem przemocy i agresji? Należałoby zbadać przynajmniej pięć warunków:

- sposób, w jaki różnice społeczne i kulturowe funkcjonują jako „wyznaczniki" odmienności pomiędzy ludźmi;
- warunki, w jakich są to wyznaczniki pokojowe lub nieznaczące, w porównaniu do momentów krytycznych, kiedy są one przekształcane w poważne podziały;
- poszczególne sytuacje, kiedy członkowie grupy postrzegani są jako nieprawomocnie obecni („oni nie mają prawa tu być"), jako posiadający rzeczy (prawa, środki), „do których nie mają praw", lub jako stanowiący zagrożenie dla „poniżającej" ideologii;
- brak ograniczeń lub ich usunięcie bądź upadek;
- przewidywanie, że akty przemocy pozostaną bezkarne.

Zgłębienie takiego zestawu warunków i potencjalnych możliwości dałoby takie połączenie danych i ich objaśnień, które pozwoliłoby na stworzenie wiarygodnej interpretacji tego, co jest często opisywane jako „konflikt etniczny". Barthowski model (opisany w rozdziale 5) spełnia się głównie w warunkach opisanych w punkcie 1. Kwestia tego, jak tożsamość etniczna jest zapoczątkowywana, formułowana i podtrzymywana, jest tylko częścią tej historii. Musimy również przyznać, że chociaż w niektórych grupach w pewnych okolicznościach ich tożsamość etniczna staje się częścią działania, w wielu innych tego typu tożsamość prawie wcale nie jest wykształcana bądź też jest swobodnie wyrażana, często stanowiąc nieistotne wskaźniki grupowej odrębności. Takie sytuacje wymagają z naszej strony rozważenia problemu, kiedy (jeśli kiedykolwiek) tożsamość etniczna staje się w ogóle źródłem działania, nie wspominając już o niej jako o całościującym i zdecydowanym punkcie odniesienia dla działania i mobilizacji grupy. Ponadto interesuje nas, kiedy tożsamość etniczna jest nie tylko częścią „neutralnego" czy łagodnego wzorca różnicy, ale kiedy staje się ona głównym źródłem konfliktu i nierównej dystrybucji władzy. Powyższe warunki 3 i 4, oraz typy uwarunkowań ekonomicznych i politycznych, które opisywaliśmy wcześniej w tym rozdziale, są zasadnicze dla odpowiedzi na te pytania. Taki rodzaj namysłu jest – naturalnie, z wyjątkiem punktu 3 – o wiele mniej „kulturalistyczny" niż jest to obecnie modne w socjologii. Nie ma jednak wątpliwości, że akcent, jaki kładzie się współcześnie na kulturę, jest zbyt silny.

Podsumowanie

W rozdziale tym opieraliśmy się na – dokonanej przez Hoogvelt – analizie postkolonialnych (ekonomicznych) warunków, w celu przedstawienia pewnych sytuacji społecznych, w których tożsamość etniczna może pokrywać się z niszami klasowymi. Zmiany ekonomiczne mogą zakłócać politykę społeczną nakierowaną na polepszenie niekorzystnego (etnicznego) położenia. Tak więc, w USA polityka równych szans może wspomagać mobilność społeczną Afroamerykanów i innych mniejszości, ale deindustrializacja i ubywanie miejsc pracy wyraźnie osłabia tego rodzaju postęp. W drugiej części rozdziału opieramy się na pracy Simons na temat Somalii, by zilustrować ideę niestabilnego państwa; w niestabilnych państwach stosunki etniczne są zwykle zupełnie inne niż stosunki etniczne w państwach stabilnych. Rozdział zakończyliśmy, określając główne kroki w rozwoju modelu zmiany społecznej, która może obejmować etniczne działanie i etniczną strukturę.

Rozdział 8

PAŃSTWA, NARODY I WIĘKSZOŚĆ ETNICZNA: PROBLEM NOWOCZESNOŚCI

Poprzedni rozdział dotyczył głównie warunków ekonomicznych i warunków bezpieczeństwa państwa, w których tożsamość etniczna nabiera zwiększonego znaczenia. Sytuacje całkowitej desperacji spowodowane kwestią materialnego przetrwania występują często w krajach Trzeciego Świata, gdzie niewydolność ekonomiczna państw jest stanem chronicznym. Pokrewne temu, ale nie w żaden mechaniczny sposób, są niewydolności mechanizmu państwowego, to jest brak jakiegokolwiek systemu gwarantowanych przez organy państwowe zabezpieczeń, obejmujących gwarancje ekonomiczne, ale nieograniczonych wyłącznie do nich. Pierwszy zestaw problemów dotyczy *materialnego przetrwania*, drugi zestaw problemów – *obywatelstwa*. Oba zespoły warunków mogą pobudzić działanie uwarunkowane przez tożsamość etniczną; często będą one ze sobą współdziałały, nawet jeśli jeden czy drugi będzie miał większy wpływ.

Problemy bezpieczeństwa państwa i materialnego przetrwania, którymi zajmowaliśmy się w poprzednim rozdziale, są najbardziej dotkliwe w 1) państwach z permanentnymi zaburzeniami gospodarczymi, oraz 2) w tych państwach, które doświadczyły dramatycznych zmian politycznych i niepowodzeń rządów. Pierwsze dotyczyłyby kilku subsaharyjskich państw afrykańskich i niektórych państw azjatyckich (np. Indonezji), podczas gdy drugie dotykałyby wielu (nowych) państw byłej przestrzeni radzieckiej i Bałkanów. Niektóre państwa, takie jak Indonezja, z pewnością kwalifikowałyby się do obu z tych wyliczeń. Jednak, jak uzmysławia nam Hoogvelt (2000), również w bogatych społeczeństwach występują szerokie grupy tych, którzy są (a) zamożni i mają wystarczające środki (b) zatrudnieni, mający źródło dochodów, ale narażeni na wyzysk i niebezpieczeństwo utraty pracy oraz (c) wykluczeni ekonomicznie i społecznie. W dobrze prosperujących społeczeństwach położenie ludzi pozbawionych dóbr jest tym bardziej wyobcowujące, że istnieją oni obok tych, którzy prosperują dobrze albo są bardzo bogaci. W zamożnych społeczeństwach państwo *per se* rzadko jest „niestabilne", mimo to nie może ono zapewnić bezpieczeństwa jego najbardziej upośledzonym społecznie członkom, włączając w to mniejszościowe grupy etniczne. Ludzie z tych grup narażeni są zwykle na surowsze, a nawet arbitralne traktowanie ze strony systemu karnego.

W bogatych społeczeństwach kształt etnicznych, rasowych lub narodowych tożsamości jest zwykle inny od jego odpowiednika w tych społeczeństwach, gdzie nie może zostać zagwarantowana ani stabilna gospodarka, ani bezpieczeństwo państwa. Przez większą część tego rozdziału będziemy zajmować się bogatymi krajami „pierwszego świata", przyglądając się niektórym politycznym, ekonomicznym i kulturowym uwarunkowaniom tożsamości etnicznej i jej uaktywniania się. Zajmując się tym, przyjrzymy się szczególnie sposobowi, w jaki „polityczno-kulturowa" przestrzeń kształtowana jest w stosunku do *nowoczesności*. Nie oznacza to, że – w przeciwieństwie do krajów Trzeciego Świata – problemy materialnego przetrwania i bezpieczeństwa państwa są tu nieobecne, a zatem nasza analiza musi stać się polityczno-kulturowa. Lecz w państwach, gdzie materialne przetrwanie i bezpieczeństwo państwa są wysoce niepewne, więzy etniczne mogą z tych względów okazać się bardzo szczególne.

Nowoczesność i naród

W rozdziale 1 zauważyliśmy, że słowa „naród", „grupa etniczna" oraz „rasa" oddają wyobrażenie na temat rodowej genezy. Koncepcje „pochodzenia", „genezy", „rodowodu" i „przynależności do tego samego ludu", jak się przekonaliśmy, są wspólne dla wszystkich tych trzech terminów. Największe znaczenie, łączące się szczególnie z „narodem", ma koncepcja mówiąca, że narody i państwa są ze sobą związane. Wyraża się ona w poglądzie, że narody powinny być autonomiczne (tzn. mieć swoje własne państwo), czy w podejściu, zgodnie z którym ludność państwa siłą rzeczy jest narodem lub zaczyna naród tworzyć. Zgodnie z tym ostatnim, ludność państwa (jego obywatele) nie są narodem „naturalnie" czy bez wysiłku, ale mogą oni stać się nim dzięki *zbudowaniu* narodu. Pomiędzy obywatelskimi i etnicznymi koncepcjami narodu lub nacjonalizmu zostało przeprowadzone rozróżnienie (D. Brown 2000; Brubaker 1998); służy to odróżnieniu państwa, w którym akcent pada na usankcjonowane prawa oraz obowiązki „prawnej" ludności, od idei ludu o wspólnej genezie, przeszłości i przyszłości (a nawet przeznaczeniu), dla którego państwo stanowi wyraz jego narodowości. Są to różne strony jednego medalu i w większości przypadków pierwiastki obywatelskie i etniczne funkcjonują obok siebie, niemniej jednak rozróżnienie to jest istotne (Fenton i May 2002).

Idea narodu

Idea „narodu" jest na pierwszy rzut oka ideą jednoczącą. Wyraża ona koncepcję ludności, która przekracza inne podziały, szczególnie klasy, różnice regionalne i nierówności. Ale zarówno w historii, jak i obecnie, prawie zawsze stanowi ona wyraz pewnych partykularnych celów, będących w interesie części społeczeństwa. Przy powstawaniu narodu niektóre grupy były szczególnie zainteresowane „ideą narodową" i obecnie większość nacjonalizmów jest w pewien sposób rozłamowa. Tworzeniu się narodów (w Europie) przyglądamy się w dalszej części; na początku opieramy się na teorii Liah Greenfeld, jako wyczerpującym wyjaśnieniu genezy idei narodu (Greenfeld 1993).

Zasadnicza dla opisu Greenfeld jest koncepcja zawiści i zawziętej rywalizacji pomiędzy klasami społecznymi; koncepcja zespołu postaw społecznych określanych jako *ressentiment* (resentyment). Z niego, w Anglii, w wieku XVI i XVII, wyrosła idea narodu. Kiedy rozpadł się tam porządek feudalny i pojawiła się nowa struktura klasowa, były klasy, których członkowie czuli się niewystarczająco uznani, oraz klasy, których członkowie obawiali się *arrivistes* (nowych, dążących do władzy i zajęcia wysokich pozycji). Były grupy mobilne, pnące się wewnątrz elit w górę, lub grupy zabiegające o wejście do elit, którym brakowało szacunku i uznania czy – upragnionej przez nich – odrobiny władzy politycznej. Grupy mobilne mogły być częściami nowej klasy, tak jak przedstawiciele dopiero co wzbogaconych ludzi rzemiosła i handlu, lub częściami starej klasy, arystokracji. Nowe osoby wstępujące do klasy arystokratycznej, wstępowały tam nieuznawane przez starsze arystokratyczne rodziny. „Nowi" arystokraci boleli nad brakiem rodowodu i oburzali się na niepełną akceptację; starsi arystokraci – szczególnie, jeśli byli biedni, ale wysoce uznani – z goryczą odmawiali kompetencji nowym partnerom klasowym.

Ten socjologiczny model klasowej zawiści i niepewności pozycji, widoczny w szesnasto- i siedemnastowiecznej Anglii oraz w osiemnastowiecznej Francji, ma dwie – szczególnie nas interesujące – cechy. Pierwszą jest to, że (całościowe lub częściowe) wykluczenie nowej klasy wytwarza przestrzeń dla idei narodu, ponieważ ci, którzy pną się do góry, mogą wyciągnąć korzyści z zastąpienia konwenansów arystokracji ideologią narodu o „otwartym członkostwie". Drugą cechą jest to, że idee „wolności" i „równości" również służą nowym klasom, które czerpią korzyści z wyrażania idei „narodowego" społeczeństwa. Kluczowa dla pojawienia się narodu i nacjonalizmu jest poszerzająca się akceptacja idei jednej wspólnoty politycznej, do której należą wszyscy. Szereg powiązanych ze sobą okoliczności ułatwił w Anglii „rozprzestrzenienie się tych idei wśród wzrastającej liczby ludności w różnych warstwach społecznych". Najistotniejszymi okolicznościami „były transformacje hierarchii społecznej i niespotykany wzrost mobilności społecznej przez cały XVI wiek; charakter i potrzeba kolejnych rządów Tudorów oraz reformacja protestancka" (Greenfeld 1993: 44; podkreślenie moje). Ten okres niespotykanej mobilności trwał „nieprzerwanie przez jakieś 100 lat". Tymczasem monarchia była zainteresowana

„unicestwieniem starej szlachty", by zastąpić ją nową, która była bardziej wykształcona i wywodziła się z wielu warstw społecznych:

„Zredefiniowanie szlachectwa [...] jako pozycji opartej na wartości, a nie na urodzeniu, było prostym potwierdzeniem tego przeniesienia władzy z jednej elity na drugą, co działo się niemal na jej oczach. Fundamentalna przemiana tego rodzaju wymagała racjonalizacji [...]. W tym momencie, jak sądzę, zrodził się nacjonalizm" (Greenfeld 1993: 47).

We Francji również narosły resentymenty na tle rywalizacji pomiędzy starym i nowym światem bogatych i wpływowych. Nowi bogacze byli szkalowani przez starych, a arystokratyczni biedacy nienawidzili obu tych grup: „najbardziej gwałtowni krytycy kapitalizmu wywodzili się spośród intelektualistów bez grosza przy duszy, którzy sami nie stali się elitą [...] i nienawidzili bogaczy o błękitnej krwi tak samo jak bogaczy, których krew była czerwona" (Greenfeld 1993: 150). Te obawy o swoją pozycję wśród francuskiej arystokracji zwiększało uczucie zawiści względem Anglii; oba zespoły uczuć wpłynęły na kształt francuskiej samoświadomości narodowej. W drugiej połowie wieku XVIII „arystokratyczno-intelektualna elita we Francji była [...] osobiście urażona wyższością Anglii i czuła *ressentiment* wywołany uzależnioną pozycją państwa".

W późniejszym komentarzu Brown (2000) opisuje te i podobne nastroje polityczne jako nacjonalizmy – „wyrażane przez pełną obaw klasę lub grupę statusu społecznego" – „oparte na resentymentach" i zazwyczaj nietolerancyjne. Greenfeld sugeruje nawet, że gorzkie uczucie straty czy zagrożenia pozycji może być kluczowe dla nacjonalizmu i tym samym dla nowoczesności:

„Nie byłoby przesadą powiedzieć, że świat, w którym żyjemy, zrodził się z marności" (Greenfeld 1993: 488).

Komentarze Greenfeld dotyczą grupy nacjonalizmów związanych z kształtowaniem nowoczesnych państw narodowych w Europie. Istnieje wiele innych nacjonalizmów, wliczając nacjonalizmy nowych i odbudowanych państw powstałych po upadku imperiów, na przykład po upadku imperium brytyjskiego, francuskiego i holenderskiego w połowie XX wieku, czy po rozpadzie imperium radzieckiego i federacji jugosłowiańskiej pod koniec wieku XX. Ale analiza Greenfeld jest istotna, ponieważ pokazuje, że nacjonalistyczne nastroje są prawie zawsze związane, bezpośrednio i pośrednio, z obrazem przyszłości prezentowanym przez poszczególne grupy społeczeństwa; nastroje te związane są ze społeczną mobilnością i pozycją klasową. Niektóre grupy są szczególnie zainteresowane wspieraniem narodu i jego konkretnej idei; jakkolwiek „wszyscy" mogą na tym wiele skorzystać.

Naród i większość

Zrozumienie narodów i nacjonalizmu jest zasadniczym krokiem dla zrozumienia etniczności we współczesnym świecie. Rasizm i nacjonalizm nie są tym samym, pierwszy koncentruje się na ideologii wewnętrznej różnicy (zob. Fenton 1999), drugi zaś na wyniesieniu narodu do rangi najwyższej wartości. Często jednak są one sobie bardzo pokrewne (zob. Balibar i Wallerstein 1991), jak możemy zauważyć w koncepcjach imperium, brytyjskości oraz białej Anglii czy Brytanii, prezentowanych podczas okresu imperialnego i po nim. Podobnie początkowa faza rozkwitu imperializmu amerykańskiego na przełomie wieku XIX i XX nacechowana była wzrostem popularności koncepcji wyraźnie przeznaczonych dla (białej) ludności amerykańskiej (Gossett 1965). Koncepcje te wyrażane są *agresywnie*, kiedy państwo narodowe ogłasza swą światową misję; w ramach imperium brytyjskiego – zobowiązania ludzi białych. Są one wyrażane *przyziemnie* poprzez powtarzanie tego, co Billig nazwał „banalnym nacjonalizmem": codziennego oddawania honorów fladze lub powtarzania nazwy państwa i narodu (Billig 1995).

Wydaje się niezaprzeczalne, że tam, gdzie wzmacniany jest własny wizerunek narodowy, pociąga to za sobą jednocześnie ciche lub aktywne wykluczanie ludzi definiowanych jako „inni". Nie oznacza to, że zbiorowa samoświadomość grup mniejszościowych wywoływana jest jedynie przez akty samookreślania się większości. Świadomość mniejszości etnicznej nie jest czysto „reaktywna" czy reagująca na wrogość; grupy etniczne definiują siebie w sytuacji, gdy inni je definiują, często z oznakami wrogości, podejrzliwości i braku akceptacji. A zatem kluczowe dla samoświadomości grup etnicznych są koncepcje narodu i wyobrażenia, kto właściwie do niego należy. Nie ma mniejszości etnicznych bez etnicznej większości. Anthony Smith (zob. omówienie w rozdziale 1) podnosi tę kwestię, pisząc: „Nawet dominujące grupy etniczne muszą przekształcić ukryte, prywatne poczucie etniczności w publiczny manifest, żeby uchronić lojalność narodową swoich członków przed żądaniami innych grup" (1981: 19).

We współczesnym świecie „nacjonalizmy" i „rasizmy" często występują jednocześnie i często całkowicie stapiają się w jedną ideologię. Takim przypadkiem jest nacjonalizm-rasizm Frontu Narodowego Jeana-Marie Le Pena we Francji (Marcus 1995) czy nacjonalizm-rasizm serbski, promowany przez Slobodana Miloszewicia w byłej Jugosławii (Magas 1993). Te fuzje rasizmu i nacjonalizmu zawierają zazwyczaj cztery elementy:

- poczucie niechcianej zmiany społecznej;
- ukrytą tożsamość etniczną, identyfikującą siebie jako naród;
- grupę, krąg lub klasę, doświadczające poczucia zagrożenia, włączając w to rozczarowanie nowoczesnością;
- rozpoznanie jednej lub więcej innych grup jako zupełnie różnych, niechcianych lub uważanych za gorsze i będące przyczyną patologii społecznych.

W tego rodzaju okolicznościach ukryta tożsamość większości i jej rasistowsko-nacjonalistyczne konotacje są bardzo ważne zarówno dla zdefiniowania innych, jak i pobudzenia samoświadomości pozostałych grup. Grupy te wykorzystują wówczas własne środki, by przeciwstawić się swemu wizerunkowi lub zredefiniować siebie w przestrzeni publicznej.

Na prezentowany sposób rozumowania wpłynęły dwa opisy rasizmu, nacjonalizmu i nowoczesności. Jednym jest esej Rattansiego *„Western" racisms, ethnicities and identities in a „postmodern" frame*, a drugim esej Wieviorki *Racism in Europe: unity and diversity*, oba pochodzące z książki *Racism, Modernity and Identity on the Western Front* (red. Rattansi i Westwood, 1994). Osoby zainteresowane tą kwestią mogą również znaleźć podobny sposób rozumowania u Balibara i Wallersteina (1991) oraz u Milesa (1993). Praca Wieviorki jest także w pełni zaprezentowana w jego książce *Arena of Racism* (1995). Analiza Rattansiego jest celowo „postmodernistyczna", podczas gdy Wieviorka zajmuje się analizą „postindustrializmu" i pewnych gruntownych zmian w nowoczesności. Różnica ta ma niewielkie znaczenie; wspólna obu autorom jest ocena pewnych narastających w nowoczesnym świecie zmian.

Zasadnicze dla analizy Rattansiego jest rozpoznanie ambiwalencji wobec nowoczesności. Ludzie poszukują w szczególności „wolności" i „otwartości", jednocześnie pragnąc bezpieczeństwa i pewności; jest to opozycja zarówno socjologiczna, jak i psychologiczna:

> „ambiwalencja nowoczesności uwidacznia się nie przy zajmowaniu się tylko pierwszym składnikiem opozycji pomiędzy »porządkiem« i »chaosem«, ale przy zajmowaniu się oboma składnikami naraz; jest to dążenie do porządku, a w tym samym czasie – ekscytacja, ożywienie i gorące pragnienie, wytwarzane przez nagłą zmianę i namnażanie się wyborów będących nieodłączną częścią chaotycznych i zorganizowanych konfiguracji nowoczesności" (Rattansi 1994: 25).

Ambiwalentny stosunek do nowoczesności znajduje swój oddźwięk w stosunku do grup etnicznych, kiedy grupa definiowana jako etniczna postrzegana jest jako źródło tej ambiwalencji. Grupa etniczna rozpoznawana jest wówczas jako przyczyna nowoczesnych rozczarowań. W ten sposób, w centralnej kwestii żydowskości i antysemityzmu, Żyd postrzegany jest jako symbol wszystkich zagrożeń ze strony nowoczesności – indywidualizmu, ukrytego kapitału, kosmopolityczności – jednocześnie będąc symbolem solidarności (żydowskiej) wspólnoty, tradycyjnego życia rodzinnego i religii. Żydzi są znienawidzeni zarówno jako pozbawieni korzeni kosmopolici, jak i jako członkowie swej wspólnoty, nieustająco jej wierni. W przeciwieństwie do czarnych Amerykanów, którzy są obiektami rasistowskich prześladowań i przedstawiani są jako ci, którym się „nie udaje", Żydzi doświadczają rasizmu, ponieważ za dobrze im się powodzi.

Rattansi podaje przypadek brytyjskiej Azjatki, jako kolejną ilustrację ambiwalencji:

> „[jest ona] równocześnie opiekunką i filarem »zwartej« rodziny azjatyckiej, bardzo podziwianej, szczególnie z powodu kultywowanych przez nią »wartości rodzinnych« i dyscypliny, ale będącej również symbolem azjatyckiego »zacofania«. Postrzegana jest ona jako całkowicie podporządkowana i – poprzez jej przywiązanie do zwyczajów azjatyckich – widziana jest jako przeszkoda we włączaniu Azjatów do brytyjskiej kultury [oraz] jest również uważana za ponętną seksualnie" (Rattansi 1994: 68).

Wieviorka i destrukturyzacja

U Michela Wieviorki również znajdujemy opinię, że rasizm łączy się z prywatnymi rozczarowaniami i naszym stosunkiem do nowoczesności. Jednak jego najważniejsze koncepcje dotyczą kryzysu nowoczesności i tego, co nazywa on „erą destrukturyzacji". Społeczeństwa przemysłowe, mówi, „przeżywają swój historyczny schyłek". Znaczącym wskaźnikiem tego schyłku jest zamykanie fabryk i warsztatów i, można dodać, nagła globalna reorganizacja produkcji towarów, komunikacji i technicznych oraz fachowych serwisów. Na przykład, podczas gdy liczba robotników zatrudnionych przy produkcji towarów gwałtownie wzrasta w wielu „modernizujących się społeczeństwach" kosztem tradycyjnych form utrzymywania się z rolnictwa, w bogatych państwach, o ustalonej pozycji gospodarczej, liczba zatrudnionych w fabrykach i przemyśle górniczym gwałtownie spada, podczas gdy klasa zawodowa i handlowa wzrasta do 40 procent siły roboczej. Wywołuje to wielkie zmiany struktur klasowych –

i klasowych *kultur* – zarówno w nowoczesnych, jak i modernizujących się społeczeństwach. Konsekwencje tej „wielkiej mutacji" (Wieviorka 1994: 178) są tak instytucjonalne, jak kulturowe i polityczne.

Najważniejszą zmianą instytucjonalną jest „upadek ruchu klasy robotniczej jako ruchu społecznego". Politycznym i kulturowym jego uzupełnieniem jest zanik uniwersalistycznego projektu równości, sprawiedliwości i postępu społecznego. Wraz ze słabnięciem związków zawodowych dochodzi do redukcji żądań pracowników jedynie do roszczeń czysto „egoistycznych", służących własnej obronie, a osłabione związki często nie są w stanie zaspokoić nawet tych. Wytwarza to przestrzeń, która od czasu do czasu wypełniania jest przemocą, populistycznymi ideologiami i spontanicznymi politycznymi działaniami oraz formacjami. Klasy średnie również dotyka „gwałtowny indywidualizm" (Wieviorka 1994: 181) czy okresowe ataki populizmu; ich lęki wywołują obawę coraz niższej mobilności społecznej. „Poniżej" zarówno klasy średniej, jak i pracujących robotników są społecznie i ekonomicznie wykluczeni, dla których drogi powrotu do płatnego zatrudnienia stają się coraz trudniejsze.

Towarzyszy temu wyraźne osłabienie możliwości państwa lub jego chęci, by złagodzić wpływ szybko zmieniającego się uprzemysłowienia kapitalistycznego. Luka pozostawiona przez bierność państwa jest znowu łatwą przestrzenią do zagospodarowania przez populizm i rasizm: „Drugi wskaźnik destrukturyzacji dotyczy państwa i instytucji publicznych, które napotykają coraz większe trudności w próbach respektowania egalitarnych zasad lub działania jako państwa opiekuńcze" (Wieviorka 1994: 180). Większość państw europejskich przeprowadziła znaczącą rewizję systemu zabezpieczeń, która uczyniła problematycznym zapewnienie zasiłków, ochrony zdrowia i państwowej edukacji. „Imigranci" lub „mniejszości" mogą być celem ataków populistycznych polityków wykorzystujących wynikające z tego obawy; mniejszości postrzegane są bowiem zarówno jako przeciążające państwo, jak i jako odbiorcy świadczeń, którzy na nie nie zasługują. Polityczna debata wokół „pomocy społecznej" i świadczeń państwowych w całej Europie i Ameryce Północnej została połączona ideologicznie z „niezasługującymi" beneficjentami wydatków państwowych, którzy byli często wpisywani w rasistowski dyskurs (Solomos 1993; Faist 1995).

Tożsamość narodowa

Trzecim wskaźnikiem w opisie Wieviorki jest pojawienie się nowych form tożsamości narodowej. Pojawia się ona ponownie, „uginając się od ksenofobii i rasizmu", utraciwszy swój związek z otwartością, postępem, rozsądkiem i demokracją (Wieviorka 1994: 180). Ta sama logika – logika destrukturyzacji – wywołuje ekspresję szeregu wspólnotowych tożsamości, które mogą być narodowe, etniczne, religijne lub regionalne. Pobudzają się one wzajemnie, ponieważ wyraziste potwierdzenie jednej wzbudza reakcję drugiej. Wszystkie trzy elementy destrukturyzacji – zanik ruchów społecznych, niewydolność państwa i polityzacja tożsamości narodowej jako wspólnotowego odczucia – wytwarzają przestrzeń dla rasizmu. Pozwala to Wieviorce mówić o rasizmie jako wyznaczającym zespół odniesień do nowoczesności zarysowanych przezeń w trzech scenariuszach (Wieviorka 1995: 122nn). Pierwszym z nich jest *nowoczesność triumfująca*, gdzie rasizm wyrażany jest jako doktryna lub nastroje dominujących krajów czy ludów, podczas gdy ludy nienowoczesne postrzegane są w kategoriach rasistowskich. Drugi, gdzie *nowoczesność jest widziana jako zagrażająca* i destabilizująca, a ci, którzy są nienawidzeni, są „nosicielami" nowoczesności. Trzeci, gdzie *nowoczesność nie jest odrzucana, ale nie jest całkowicie przyjmowana*, gdzie ludzie czują konkurencję „innych" i boją się o utratę pozycji; w tym przypadku jest to rasizm „ubogich białych".

Wielka Brytania, resentyment i socjologia fuzji nacjonalizmu i rasizmu

Wielka Brytania jest postimperialnym krajem, w którym wielu ludzi powyżej lat 50 było wychowywanych w społeczeństwie przepełnionym imperialnymi wartościami. Postrzegana jest ona – i postrzega samą siebie – jako państwo narodowe, które straciło władzę na świecie i wciąż rozpamiętuje długotrwały upadek gospodarczy. W latach 80. i 90. XX wieku miała miejsce nowa rewolucja kapitalistyczna, która przyspieszyła rozpad stosunkowo stabilnego porządku społecznego, ustanowionego przez powojenny konsens w zakresie opieki państwowej i pewnych sposobów państwowej interwencji ekonomicznej. Z radykalnymi gospodarkami rynkowymi, osłabianiem państwa opiekuńczego i zanikiem sektorów publicznych połączony był równie radykalny konserwatyzm moralny, sławiący prawdziwe wartości rodzinne, które były osłabiane przez politykę gwałtownego indywidualizmu w gospodarce (Levitas 1986). Odwróciło to Brytanię od europejskiego modelu (takiego jak w Szwecji czy we Francji) umiarkowanego kapitalizmu i publicznej opieki, w kierunku amerykańskiego modelu niezakłóconych wolności rynkowych i głoszonego konserwatyzmu moralnego. Tym gospodarczym torem podążała dość radykalnie Nowa Zelandia, Australia i nieco później, i mniej entuzjastycznie, inne państwa europejskie.

Kiedy w latach 90. narosły rozczarowania, a rząd konserwatystów przejawiał wszelkie objawy wyczerpania, to, co uprzednio było dla nich oparciem wystarczającym, by uformować rząd, dość dramatycznie obróciło się w prawie zupełny ich pogrom w roku 1997. Ich miejsce zajęła Partia Pracy (Labour Party), której prawie zupełnie udało się pozbyć wizerunku partii socjalistycznej i prezentowała się teraz jako partia „modernizująca", gotowa na zreformowanie konstytucji, przekazanie władzy poszczególnym narodom Zjednoczonego Królestwa i stworzenie warunków dla wszystkich w – „otwartym na różnorodność" – kraju możliwości. W atmosferze zniechęcenia wobec konserwatystów, którzy nie zdobyli ani jednego mandatu w Szkocji czy Walii, ta modernizująca doktryna była wystarczająca, by przynieść miażdżące zwycięstwo laburzystom.

Niektóre elementy tych społecznych i politycznych zmian uderzająco pokrywają się z diagnozą Rattansiego i Wieviorki. Możemy to przedstawić schematycznie:

- *Destrukturyzacja ruchów społecznych.* Okres silnej prokapitalistycznej dominacji w sferze politycznej lat 80. przyniósł zamierzony efekt, jakim było obalenie ruchu robotniczego. Na dłuższą metę, pchnęło to również Partię Pracy do tego, by zdystansować się niemal całkowicie od projektu socjalistycznego, tak zdyskredytowanego jak do końca lat 80. zdyskredytowany okazał się sam socjalizm.

- *Osłabienie opieki państwa.* Wiele rodzajów zabezpieczenia socjalnego było zarówno usuwanych, jak i wprowadzanych pod silną presją; od dawna przedstawiano ludzi uzależnionych od opieki społecznej (np. samotnych rodziców) jako moralnie niedoskonałych. Państwo wycofało się również z ważniejszych sektorów zaopatrzenia publicznego, szczególnie z transportu.

- *Nowoczesność, moralność i rasizm.* Nowoczesność (nowoczesność kapitalistyczna) była owładnięta radykalną pogonią za indywidualizmem gospodarczym i wolnościami rynku globalnego i jednocześnie odrzucana jako przestrzeń różnorodności społecznej i wolności moralnej jednostek. Apelowanie do konserwatyzmu klasy robotniczej miało po części charakter ekonomiczny – dokonywało się poprzez, na przykład, ogromnie popularną sprzedaż budownictwa komunalnego – i po części polityczny, polegający na powtarzaniu nacjonalistycznych postaw względem imigracji i „rasy", która często identyfikowana była jako źródło przestępczości.

Wspomnieliśmy powyżej o utracie imperium i poczuciu upadku gospodarczego. Upadek gospodarczy przyczyniał się do ogólnego poczucia utraconego świata. Niektóre przemysły i firmy były szczególnie związane z państwami imperium brytyjskiego czy Anglią; sprzedaż Rolls-Royce'ów za granicę, niemal całkowity upadek brytyjskiego przemysłu samochodowego, bliski zanik sektora budownictwa okrętowego – elementy niegdyś uznawane za kwestię dumy narodowej, teraz obrazowały zmianę ekonomiczną. Koniec imperium wiązał się również z problemem tożsamości, ponieważ „imperialność" była głównym odniesieniem „brytyjskości" (Colley 1992; Davies 2003; Miller 1995). Konflikt w Północnej Irlandii jeszcze jedną formę brytyjskiej przynależności uczynił problematyczną. Moglibyśmy dodać do wszystkich tych spraw wzrost liczby tak zwanych „widocznych mniejszości", członkostwo w Unii Europejskiej, które miało stać się źródłem podziału *par excellence*, upadek monarchii i decentralizacja władzy na rzecz Szkocji i Walii. Wszystkie te sprawy złożyły się na powszechny obraz świata zmieniającego się nie do poznania. Bardziej „prywatnie", zmiana doprowadziła do przekształcenia miejskich i wiejskich krajobrazów, zaniku handlu detalicznego, zaniku tradycyjnej gramatyki i angielskiej praktyki językowej, gwałtownej komercjalizacji sportu i ciągle wzrastającej obawy przed przestępczością. To poczucie zmiany – zmiany niechcianej, nie zaś radosnego postępu – jest elementem głębokiej niechęci do „nowoczesnego świata". Przybiera ona często postać niechęci, a nawet nienawiści do zmian, w definicji: „kim jesteśmy" i „po co jesteśmy".

Wszystkie te elementy zasilały ciągle wzrastający niepokój o tożsamość narodową, która do lat 90. była nieustannie przedmiotem publicznej dyskusji. Niepokoje te były wzbudzane przez każdy możliwy aspekt „nowoczesności", wiele z nich było spowodowanych przez lokalną i globalną logikę kapitalizmu. Kwestię tożsamości pobudzał również swoisty problem „różnorodności etnicznej", poruszony przez pokojową wersję żądań włączenia mniejszości do społeczeństwa. Mniejszości etniczne, stanowiąc wyzwanie dla milczącej większości, podniosły problematykę jej narodowej tożsamości. Szereg określonych zdarzeń wywołał przypływ brytyjskich i angielskich nastrojów narodowych; trzema godnymi uwagi elementami było prawdopodobieństwo przybycia hongkońskich Chińczyków, wybór rządu laburzystów (zaangażowanego w decentralizację władzy na rzecz Szkocji i Walii) oraz publikacja („proróżnorodnościowego") raportu *The Future of Multi-ethnic Britain* (Parekh 2000).

Przytaczane poniżej opinie prasowe i głosy polityków służą temu, by oddać charakter tej „ambiwalencji wobec nowoczesności", która przejawia się zarówno jako rasizm, jak i obawa o narodową tożsamość. Chociaż mówiący wyraźnie popierają brytyjską politykę, raczej nie ma wątpliwości, że przemawiają oni w imieniu jakiegoś bardziej lub mniej określonego elektoratu wśród brytyjskiej ludności („Guardian", 28 listopada 2000). Nie są to, innymi słowy, „tylko" ekstremalne poglądy garstki prawicowych postaci. Niektóre z nich pojawiły się już podczas rządów konserwatywnych, inne kształtowały się poprzez ataki na „modernizujący" zapał New Labour.

W pierwszym rzędzie obawiano się, że oddanie Hongkongu Chinom może skłonić niektórych mieszkańców Hongkongu do przyjazdu do Wielkiej Brytanii. Wypowiedzi wielu przywódców politycznych na ten temat powodowały pewną konsternację. Artykuł w „Sunday Telegraph", który zapytywał w tytule: *Czy to będzie koniec Anglii? (Will this be the death of England?)*, donosił: „Premier, odwiedzając Hongkong, podzielił nadzieje, że 3,25 milionów posiadaczy paszportów z kolonialnych ziem brytyjskich otrzyma zgodę na osiedlenie się tutaj" („Sunday Telegraph", 13 sierpnia 1989). Następnie artykuł mówi o „niespotykanym napływie Chińczyków" oraz „szkodliwej doktrynie wielorasowości", które „tak osłabiły Anglików, że stracili oni swój głos i nie myślą już o sobie samych jako wyłącznych właścicielach Anglii". Anglicy, sugeruje on, „stali się białym kręgiem społecznym". Wszystko to stało się (chociaż nic tego nie zapowiadało i niewielu z tych, którzy później opuścili Hongkong, kiedykolwiek planowali wybrać Wielką Brytanię) „bez odwołania się do życzeń ludności angielskiej". Wielokulturowość uczyniła imigrantów „kolonistami, do których Anglia należy tak bardzo i w sposób tak niezaprzeczalny jak do Anglików [...] Brytyjskość przestaje oznaczać cokolwiek poza posiadaniem paszportu". Przechodząc swobodnie od brytyjskości do angielskości, autor mówi o rdzennej ludności angielskiej: „Oszołomiona przemianą swego kraju i przybita ciągłym poczuciem straty, ludność angielska znalazła schronienie w przeszłości. Jaką Anglię będą znały nasze dzieci, jeśli pan Major przyjmie miliony Chińczyków?".

Powtarzającymi się wątkami tego niepokoju o tożsamość narodową są struktura etniczna, swojski krajobraz i sposób życia, brytyjska historia, kosmopolityczne postawy i, od czasu do czasu, „marksizm". Powyższe odniesienie do białego kręgu społecznego dokładnie ilustruje ideę ukrytej większości, która uzyskuje samoświadomość. Raport Parekha sugerował, że brytyjska tożsamość musi zostać zrewidowana, by stać się bardziej zwartą, i że Wielka Brytania, jako państwo wielokulturowe, musi szanować wielokulturowość, ażeby wewnątrz jej nadrzędnej wspólnoty rozkwitły wspólnoty inne. Po publikacji raportu do redakcji

„Daily Telegraph" (14 października 2000) przyszedł list, w którym czytelnik skarżył się, że nie skonsultowano się z nim w tej sprawie: „Mój lud żyje na tym kawałku ziemi od 3 tysięcy lat. Chciałbym, by zasięgnięto mojej opinii". W tej samej gazecie artykuł sprzed kilku dni sugerował, że wielokulturowość i socjalizm są ze sobą „w zmowie":

> „Prawdopodobnie najbardziej wartościowym spostrzeżeniem pana Hague'a [ówczesnego przywódcy konserwatystów] jest, że zamierzenie to jest nową wersją lewicowej ideologii, która usiłowała, bez większych sukcesów, zniszczyć brytyjską wolność gospodarczą w latach 70. [...] [The Runnymede Trust, wydawcy raportu] chcą sterować szkołami, interesami, policją, prawem, ochroną zdrowia, gazetami i rządem, ażeby »różnorodność« – za którą uważane są rasowe udziały i antybrytyjska ideologia – była wzmacniania".

Brytania, protestował dalej autor, „nie jest rodzajem hotelu, gdzie ludzie zatrzymują się, jak im wygodnie" („Daily Telegraph", 11 października 2000). Ludzie „odpowiedzialni" za te ataki na angielskość i brytyjskość byli czasami marksistami, również intelektualistami, pro-Europejczykami, internacjonalistami; byli to ludzie, którzy temu, „co wiemy naprawdę", czy „zdrowemu rozsądkowi" przeciwstawiali złożoność problemu. W artykule *Wiemy w naszych sercach, co znaczy Wielka Brytania* (*We know in our hearts what Britain means*) Andrew Roberts napisał w „Sunday Telegraph":

> „Intelektualnymi ojcami chrzestnymi poglądu, że Brytania wymaga przeorganizowania jej wyznaczników, są historycy Linda Colley i Norman Davies [...]. Większość z nas po prostu wie, czym jest brytyjskość. Kiedy profesor Davies mówi, że Brytania jest »zdezorientowana« w kwestii tożsamości narodowej, zwraca się może do metropolitalnych intelektualistów – eurofili, bo większość ludzi nie ma wątpliwości, czym jest Brytania i co ona dla nas znaczy" [odniesienia do Colley 1992, Davies 2003] („Sunday Telegraph", 15 października 2000).

„Daily Telegraph” (13 grudnia 1997) opisał również coś, co jest zwane bitwą o Wielką Brytanię w salach lekcyjnych, walkę o narodową tożsamość w szkolnym nauczaniu. Były rządowy decydent w zakresie norm nauczania, Chris Woodhead, napisał, że „historia, której uczymy, musi być przede wszystkim historią brytyjskiego narodu” oraz że „angielska historia musi być historią najważniejszą [...] nasz system edukacji musi zapoznać nasze dzieci z dziedzictwem kulturowym, jakim jest Anglia”. Nierozróżnianie „angielskiego” od „brytyjskiego” jest tu godne uwagi, podobnie jak odniesienie do *kosmopolityczności*: „nasza młodzież będzie otrzymywała jakiś rozwodniony kosmopolityczny miszmasz; nie będzie to dobre ani dla ludzi pochodzących z innych środowisk kulturowych, ani dla nas samych” („Daily Telegraph”, 13 grudnia 1997). Zwrot użyty powyżej, „dla nas samych”, jest dobrym przykładem wyrazu ukrytej tożsamości większości etnicznej.

Związaną z tym i powracającą kwestią jest pogląd, że bycie Brytyjczykiem – lub Anglikiem – jest obecnie „wykroczeniem”. „Daily Mail”, 11 października 2000 roku (znowu dokładnie w czasie ogłoszenia raportu Parekha), opublikował artykuł *Duma bycia Brytyjczykiem* (*In praise of being Britain*), a w roku 1996 ta sama gazeta stwierdzała: „Bycie Anglikiem w Anglii jest dziś niemal kryminalnym wykroczeniem” („Daily Mail”, 23 kwietnia 1996). Partia Konserwatywna, w okresie poprzedzającym wybory w roku 2001, podejmowała zbiorowe wysiłki, by utożsamić laburzystów z „kosmopolityczną elitą”, żyjącą przy „M25” (M25 to obwodnica wokół Londynu. Hague w rzeczywistości używał swego czasu określenia „na obwodnicy”, co nie powiedziałoby niczego większości brytyjskich słuchaczy, zwrot ten bowiem wywodzi się z Waszyngtonu w USA; określenie „na obwodnicy” tak samo odnosi się tam do kosmopolitycznych „intelektualistów” czy „liberałów”). Gazeta „The Sun” (24 października 2000) przedstawiła listę „metropolitalnej elity”, która „próbuje rządzić naszym życiem”, „nie lubi państwa brytyjskiego i chce je zatopić w Europie” (zob. „Guardian Editor”, 27 października 2000).

Znaczące, że „Financial Times”, liberalny rzecznik globalnego kapitalizmu, był jedną z kilku gazet broniących „wielokulturowości”. W roku 1997 gazeta zareagowała na atak na wielokulturowe społeczeństwo ze strony rzecznika konserwatystów. W artykule zatytułowanym *Krwawiącym sercom –nie, szefom interesów – tak* (*Bleeding hearts no, business heads yes*), uświadamiała ona, że wielokulturowość cieszy się popularnością ze względu na związany z nią międzynarodowy kapitał, z Londynem jako jego centrum. Przywoływała jedną za drugą spółki doceniające Londyn jako miasto prawdziwie kosmopolityczne, gdzie mówi się w niemal każdym języku świata. „Wybraliśmy Londyn z powodu łatwości dotarcia do innych narodów" – to cytat z Delta Airlines („Financial Times", 12 października 1997).

„Financial Times" krytykował byłego ministra konserwatystów, lorda Tebbita, który przeprowadził wiele ataków na wielokulturowość. Jego poglądy, bardziej niż jakiejkolwiek innej postaci życia publicznego, doskonale ilustrują – opartą na resentymencie – reakcję na nowoczesność, gdzie wszystkie widoczne elementy „świata nowoczesnego" są podciągane pod jeden model: akceptacji homoseksualizmu, liberalnych poglądów w Kościele, zapomnienia o prawdziwej brytyjskiej historii oraz o tradycyjnych wartościach moralnych, przestępczości w miastach, wieloetniczności i europeizmu. Krytykując liberalne elementy w jego własnej partii, Tebbit – w następstwie porażki konserwatystów w wyborach – napisał w „Daily Mail":

> „Po co jest partia konserwatystów? Dlaczego jestem w partii razem z tymi, którzy popierają sodomickie małżeństwo, członkostwo w federacyjnym państwie europejskim czy odrzucenie praw dziedzicznych? [...] New Labour jest zaangażowana w wielokulturowość. Ale dopóki nie mamy wspólnych zasad, wartości moralnych i naszego narodowego dziedzictwa, nie ustanowimy ani społeczeństwa, ani narodu, a jedynie populację podlegającą tej samej jurysdykcji [...] Młodzi wszystkich ras powinni być uczeni, że historia brytyjska jest ich historią – albo pozostaną oni na zawsze obcokrajowcami posiadającymi brytyjskie paszporty, a to królestwo stanie się Jugosławią [...] Brytyjczycy nie są szczęśliwi w naszych brutalnie poliglotycznych miastach [...] nie chcą oni być rządzeni z zagranicy" („Daily Mail", 8 października 1997).

W wypowiedzi tej zawiera się niemal wszystko – gniew względem liberalnych poglądów w kwestii seksualności, niepokój o pozycję (prawo dziedziczne), nostalgiczny obraz historii i moralności, lęk przed wielorasową Wielką Brytanią i obawa związana z przestępczością („nasze brutalnie poliglotyczne miasta") oraz obawy odnośnie władzy i „międzynarodowych" zagrożeń dla suwerenności („nie chcą oni być rządzeni z zagranicy"). To uczucie resentymentu w odniesieniu do nowoczesności łączy się z rasą, kulturą i narodem. Gniew kierowany jest w stronę „liberalnych elit", które opowiadają się za „kosmopolitycznymi wartościami"; taki rodzaj języka politycznego możemy znaleźć również w Stanach Zjednoczonych. W okresie poprzedzającym wybory w roku 2001, Hague – przywódca konserwatystów, będący pod dużym wpływem Ameryki – bardzo mocno starał się spopularyzować zwrot „liberalne elity" w Brytanii, jako dość mętną przyczynę „narastającej przestępczości, upadku rodziny, samotnych matek..." („Guardian", 15 grudnia 2000).

Większość tej debaty toczy się w ramach „poważnej polityki". Dwa zwięzłe przykłady zilustrują jej realizację w dyskursie poza kręgami parlamentarnymi; dyskursie bliższym „spontanicznym" wybuchom, opisywanym przez Wieviorkę.

Paliwowy protest w roku 2000 skierowany był przeciwko wysokim cenom benzyny w Wielkiej Brytanii i stanowił atak na politykę wysokich podatków paliwowych. Był on wspierany przez rolników, przewoźników drogowych, niezależnych kierowców ciężarówek i taksówkarzy. Na krótki czas, w listopadzie 2000 roku, przyniósł on mały kryzys, ponieważ drogi były zablokowane (taktyka zapożyczona od francuskich rolników), a dostawy paliwa – zakłócone. Ruch paliwowy szybko uzyskał poparcie Brytyjskiej Partii Narodowej (BNP), partii otwarcie rasistowskiej, która stwierdziła: „wielu naszych członków jest przewoźnikami, rolnikami i taksówkarzami". BNP poświęciła uwagę nie tylko sprawie paliwa, ale uznała również wysokie podatki za wynik „politycznej poprawności", połączyła Partię Pracy z homoseksualizmem i przedstawiła ją jako „rząd zboczeńców" („Guardian", 3 listopada 2000). Uderzająco podobny zestaw wątków przewijał się podczas kampanii związanych z obroną polowań na lisy, prowadzonych w czasie, kiedy (laburzystowski) rząd planował położyć im kres („Guardian”, 30 września 1999). Plakaty i artykuły w czasopismach atakowały homoseksualnych i czarnych ministrów lub członków parlamentu hasłami: „Laburzyści popierają sodomię” i doradzały czarnej parlamentarzystce, aby, zamiast popierania zakazu, „skierowała swe doradcze talenty w stronę jej żyjących cudzym kosztem zwolenników i poradziła im, jak ubiegać się o jeszcze więcej zapomóg”.

Rasizm, etniczność i naród

Z tych kilku ilustracji możemy wyciągnąć dwa wnioski. Po pierwsze, nastroje w wielu z tych przypadków noszą dużo cech tego, co określiliśmy jako *ressentiment*; są to postawy resentymentu i polityki resentymentu. Co interesujące, nie istnieje wyraźny wzorzec przynależności klasowej socjologicznego źródła tych nastrojów; nie jest to wyraźnie „klasa pracująca” czy „klasa wyższa” – nastroje te wywodzą się raczej spośród wielu fragmentów klas i kategorii społecznych. Nie oznacza to, że źródło nastrojów nie ma umiejscowienia klasowego; niezadowoleni rolnicy, taksówkarze, (antyeuropejscy i niezrzeszeni) biznesmeni, tradycyjni pracownicy przemysłu, zwolnieni z pracy lub nieubezpieczeni, pokonani politycy prawicowi – wszyscy oni reprezentują jakiś fragment szeregu kategorii społecznych wiążących się z resentymentem. Okresowo jednoczą się one ze sobą w swej odrazie do pewnych społecznych zmian, takich jak liberalizacja Kościoła, prawa kobiet, wieloetniczność, reforma stosunku do seksualności, przestępczość w ubogich częściach miasta, zakazanie kar fizycznych, „upadek” rodziny. Wobec braku ruchów społecznych, jak dowodził Wieviorka, te fragmenty klas, obejmujące fragmenty postaw, są wystarczające, by wytworzyć nietolerancyjną całość.

Drugi wniosek jest taki, że wszystkie opisane tutaj postawy krążą wokół idei narodu, *naszych* ludzi, naszego kraju i naszego sposobu życia. Mniejszości etniczne są obiektami niechęci, ponieważ nie są większością, a tożsamość większości staje się istotna, kiedy staje się problematyczna. Inne antymodernistyczne postawy są wówczas „stapiane” razem z rasizmem w jedną całość nie tylko samego rasizmu, jak twierdził Wieviorka, ale antynowoczesności, w rozumieniu której charakterystyczną cechą nowoczesności jest zmiana i liberalność.

Wnioski

W rozdziale tym skoncentrowaliśmy się na sposobie, w jaki tożsamości etniczne stają się częścią narodowego dyskursu politycznego. Chcieliśmy w szczególności pokazać, jak pojęcie etnicznej grupy mniejszościowej zależne jest od idei większości etnicznej. Koncepcja „narodu" i koncepcja „większości etnicznej" są blisko spokrewnione, chociaż świadomość etniczna większości jest często ukryta i milcząca. Większość etniczna może zmobilizować się, kiedy czuje się zagrożona żądaniami mniejszości dotyczącymi jej włączenia; w ten sposób rasizm i nacjonalizm często stapiają się ze sobą. Na końcu stwierdziliśmy, że w niektórych grupach ludności, w kluczowych momentach gospodarczej i politycznej zmiany, pełnemu niechęci stosunkowi do „nowoczesności" często towarzyszy ów stopiony rasizm-nacjonalizm.

Rozdział 9

ETNICZNOŚĆ I NOWOCZESNOŚĆ: OGÓLNE WNIOSKI

Jako generalną zasadę należy przyjąć, że nie może istnieć teoria etniczności ani „etniczność" nie może być traktowana jako teoria. Może raczej istnieć teoria nowoczesności, nowoczesnego świata społecznego, jako materialnego i kulturowego kontekstu wyrażania tożsamości etnicznej. Takie założenie oznacza sprzeciw wobec wszelkiego odseparowywania „etniczności", „rasizmu" czy „tożsamości narodowej" od głównego, społecznego i teoretycznego, nurtu. Ma ono służyć umiejscowieniu zainteresowania etnicznością wśród centralnych punktów socjologicznego namysłu – tworzenia struktur nowoczesnego świata, formacji i kultur klasowych, napięć pomiędzy życiem prywatnym, kulturą i spójnością życia wspólnotowego i publicznego.

Teoria etniczności?

Przez całą tę książkę przewijało się założenie, wyrażane dosłownie lub domyślnie, że „teoria etniczności" nie istnieje. Są tego dwa powody. Pierwszym jest to, że nie ma jednego, jednolitego fenomenu „etniczności", ale raczej szereg prywatnych i publicznych tożsamości, które jednoczą się wokół idei pochodzenia i kultury. Jednak konteksty, w których występują te tożsamości, są wielorakie i wielopostaciowe. Nie oznacza to po prostu, że istnieją raczej „etniczności" niż „etniczność", to jest „ten sam" fenomen w różnych umiejscowieniach. Oznacza to raczej, że konteksty są na tyle różne, że nadają tożsamości etnicznej zupełnie innego znaczenia, siły i funkcji, zgodnie ze społecznym, ekonomicznym i politycznym miejscem jej powstania lub uzyskania ważności. Jako owe konteksty zostały wskazane: poczucie niedowartościowania pracujących imigrantów, położenie rdzennej ludności, społeczeństw poniewolniczych, wieloetnicznych społeczności postkolonialnych i spór o tożsamość narodową i dominację w ustanowionych państwach narodowych.

Drugi powód jest taki, że w wyrażeniu „konteksty etniczności" chodzi o kontekst, który ma większe znaczenie niż etniczność. Zilustrowaliśmy to, ukazując, jak na znaczenie czy istotność tożsamości etnicznej w wielu – jeśli nie w większości – przypadków bardziej wpływają zewnętrzne czynniki pobudzające działanie etniczne niż wewnętrzne cechy tożsamości. Stwierdzenie to nie oznacza zupełnej deprecjacji roli samej etniczności, niemniej jednak – poważne jej umniejszenie; zgodnie z tą konstatacją, nasza uwaga powinna być przede wszystkim kierowana na „czynniki pobudzające", które stanowią część wyjaśnienia, dlaczego „etniczność" staje się kluczowym punktem działania. Jest to prawdą na poziomie ogólnym, gdzie może pojawić się pytanie: „jak wytłumaczyć fakt, że etniczność ma znaczenie dla regulowania prywatnych, wspólnotowych i publicznych spraw w kraju, państwie czy regionie?", jest to również prawdą na poziomie indywidualnym, gdzie może zostać postawione pytanie: „dlaczego jednostka działa – w tych czy innych okolicznościach – w odpowiedzi na etniczne bodźce? Dlaczego w tych okolicznościach działanie jednostki podporządkowane jest jej etniczności?". Jest to klasyczny sposób stawiania socjologicznego problemu przez teoretyków racjonalnego wyboru (Banton 1987; Hechter 1995). Coś – twierdzą – musi wywierać wpływ na to, że ktoś działa w zgodzie ze swoją przynależnością etniczną w takich a nie innych okolicznościach. Interesuje nas zatem nie tylko „etniczność", ale etniczność jako część socjologii nowoczesności.

Skoro z tych powodów nie poszukujemy „teorii etniczności", powody, dla których „etniczności" nie uznajemy za teorię, są o wiele prostsze. Idea etniczności mogłaby stać się teoretyczną dominantą jedynie w przypadku wystąpienia którejś z trzech sytuacji:

• kiedy etniczność jest postrzegana jako źródło motywacji, lub

• kiedy etniczność jest postrzegana jako główna podstawa społecznej organizacji, lub

• kiedy etniczność jest postrzegana jako zupełnie autonomiczna i fundamentalna zasada działania.

Pierwsza sytuacja jest rzadkim przypadkiem, chociaż powszechne jest postrzeganie problemów godności lub *uznania* człowieka i kwestii społecznego *umiejscowienia* jako wyraźnie obdarzonych znaczeniem etnicznym. Prawdą jest, że Weber próbował w gruncie rzeczy łączyć „działanie zorientowane etnicznie" z kategorią „afektu"; wskazywał, że można je odróżnić od działania racjonalnego ze względu na to, że więzi etniczne są definiowane raczej jako „emocjonalne" niż uzasadnione rozsądkiem czy wynikające z kalkulacji. Niemniej jednak znaczna część późniejszego namysłu nad etnicznością podążała *w dokładnie odwrotnym kierunku* – łącząc „działanie etniczne" z działaniem racjonalnym lub instrumentalnym.

Najjaskrawszy przykład drugiej sytuacji można znaleźć w społeczeństwach Stanów Zjednoczonych i Afryki Południowej, gdzie prawie wszystkie społeczne podstawy zróżnicowania są lub były sprowadzone do jednego podziału, według schematu czarni-biali. Nawet w tych przypadkach, kiedy różnica rasowa lub etniczna jest dominującą formą strukturyzacji, ciągle trudne jest wytłumaczenie zmiany społecznej wyłącznie w odniesieniu do etnicznych przeciwieństw.

Trzeci przypadek odnosi się do sytuacji, gdy etniczność jest postrzegana jako główne źródło działania, z tego względu, że różnica etniczna odbierana jest jako w pewnym sensie „fundamentalna". Takie stanowisko przyjmuje bardzo niewielu komentatorów, chociaż jasne jest, że w pewnych społecznych i historycznych sytuacjach granice etniczne są rzeczywiście bardzo istotne. Niewielu ludzi utrzymuje, tak jak czyni to teoria rasowa, że podział na grupy etniczne jest podstawowym podziałem ludności. Van Den Berghe (1981) jest tutaj wyjątkiem. Dowodził on, że skłonność do działania w zgodzie z interesami grupy etnicznej stanowi przejaw naturalnego wkładu jednostki w zachowanie tejże grupy. Ten rodzaj biologizmu społecznego ma niewielu zwolenników, po części dlatego, że status pojęcia grupy jest dość problematyczny. Wszystkie argumenty – włączając argumenty zawarte w tej książce – przemawiające za sytuacyjnym i kontekstualnym charakterem etniczności kłóciłyby się z takim biologicznym obrazem.

Socjologia etniczności jako część socjologii nowoczesności

Poprzedni fragment książki dowodzi, że nie powinniśmy poszukiwać jednolitej teorii etniczności i, równocześnie, że „etniczność" nie jest głównym lub autonomicznym źródłem działania i strukturyzacji. Znaczenie etniczności uzależnione jest od warunków. Będziemy zatem próbować przedstawić ramy myślenia dotyczące kwestii etniczności i rasizmu w nowoczesnym świecie. Wymaga to przede wszystkim zarysowania spekulatywnej socjologii nowoczesności, obejmującego miejsce etniczności wewnątrz niej.

W tej próbie teoretycznego namysłu nad etnicznością i nowoczesnością występują, ogólnie rzecz ujmując, dwa typy myślenia. Pierwszy odnosi się do tego, jak kształtowana jest tożsamość etniczna określonych grup i jak wyrażane są ich stosunki z „innymi". Drugi dotyczy tego, w jaki sposób tożsamość etniczna zaczyna nabierać zasadniczego znaczenia *zarówno* w konkretnych okolicznościach, *jak i* w sensie „całościowym". Klucz do odpowiedzi na pierwsze pytania leży w historycznych opisach tożsamości niewolniczych i poniewolniczych społeczności, kolonialnych i postkolonialnych porządków społecznych, zarobkowej i handlowej migracji oraz związanego z tym osiedlania się, podboju rdzennej ludności społeczeństw Nowego Świata zasiedlanego przez Europejczyków i określania granic suwerennych państw przez wspólnoty pochodzeniowe i kulturowe. Prace

Bartha i, nowsza, Eriksena (Barth 1969, Eriksen 1993), pokazują, jak ludzie mogą odnosić się – i jak się odnoszą – do innych, tak by podtrzymać granice między wspólnotami, oraz jak sobie radzą, kiedy granicom tym grozi przerwanie.

Lecz o wiele szersze są problemy dotyczące kwestii „uaktywnienia" tożsamości etnicznych, to jest zrozumienie warunków, pod wpływem których etniczność staje się ważna, lub nawet rozstrzygająca, w codziennych dyskursach i wymianach czy w poważnych działaniach politycznych w sferze publicznej. Wymaga to przedstawienia w zarysie teorii nowoczesności. Jest to, naturalnie, jedynie „zarys", przedstawiający wybrane cechy współczesnego świata, wyróżnione i podkreślone z tego względu, że mają one związek z etnicznością, narodem i rasizmem.

Późny kapitalizm i nowoczesność

W okresie późnego kapitalizmu bliźniacze doktryny wolności ekonomicznej i demokracji politycznej podlegają intensyfikacji zarówno pod względem ich głębi, jak i zasięgu. „Pogłębianie się" wolności ekonomicznej, dla ludzi jako jednostek, niesie konsekwencje w postaci ciągłego wzrastania materialnych udziałów konsumentów: to, co niegdyś było tylko przedmiotem pożądania, teraz staje się rzeczą niezastąpioną. Poszerzanie ekonomicznych i politycznych wolności ma źródło w historycznym procesie powiększania się grona tych, których mogą one dotyczyć. Zgodnie z wewnętrzną logiką doktryny, że „wszyscy mężczyźni (i kobiety) są stworzeni jako równi", wykluczenia są nieuzasadnione; ci, którzy są wykluczeni, ale pomimo to „słuchają" doktryny, jak Murzyni amerykańscy czy hinduskie kasty, muszą odczuć to wykluczenie jako niewybaczalne i nie do przyjęcia. Wewnętrzną logiką społeczeństwa konsumpcyjnego jest to, że nikt nie może zostać wykluczony z rynku – materialnych i psychologicznych – ambicji.

Żadna z tych potrzeb, *uznania* i osobistego *gromadzenia* dóbr materialnych i psychologicznych, nie może zostać zrealizowana. Jest tak po części dlatego, że są one ze swej natury niezaspokajalne – nigdy nie możemy zdobyć wystarczającego uznania, nigdy nie możemy „wystarczająco" nagromadzić – a po części dlatego, że w demokracji kapitalistycznej występują silne, sprzeczne tendencje. Te dwie zasady wiążą się z polityką dystrybucji i polityką uznania (Taylor 1994). Etniczność i rasizm w polityce etnicznej i nacjonalistycznej wzmacniane są przez „politykę uznania"; ma to miejsce zarówno w odniesieniu do grup „złaknionych uznania", jak i grup (np. większości etnicznych) oraz klas, które czują, że osiągnięta przez nie pozycja jest zagrożona. Z „polityką dystrybucji" zaś etniczność powiązana jest poprzez fakt, że dostęp do dóbr uzależniony jest od podziałów etnicznych.

Problem materialnej dystrybucji jest stosunkowo prosty. Późnonowoczesne społeczeństwa kapitalistyczne (kapitalistyczne, postindustrialne gospodarki, z ciągle wzrastającą potęgą i zasięgiem mediów wymiany informacji) obiecują więcej dóbr większej liczbie ludzi niż ta, która mogłaby zostać zaspokojona. Jednocześnie pojawiają się dramatyczne zmiany w określeniu, kto jest użyteczny i produktywny oraz czyje umiejętności są potrzebne. Stąd całe klasy lub ich części zaczynają być postrzegane, i mogą postrzegać same siebie, jako „zbędne" lub przestarzałe. Nawet ci, którzy pozostają „włączeni", zarówno jako „pewne", jak i pracujące, ale wykorzystywane klasy, opisywane przez Hoogvelt, mogą widzieć swoją wartość jako uszczuploną lub niepewną. Jest to czynnik, który omawialiśmy w odniesieniu do grup etnicznych w Ameryce; deindustrializacja USA dysproporcjonalnie dotknęła te grupy, które mają zbyt niską pozycję, by móc osiągnąć sukces w gospodarce postindustrialnej (o relacjach pomiędzy etnicznością, klasą i gospodarką zob. Steinberg 1981, 2000; Wilson 1980; Fenton i Bradley 2002; Woo 2000).

A zatem, uniwersalizm (jak na przykład merytokratyczny i równy szacunek dla wszystkich) nie może utrzymać się w ciągłej, postępowej i czystej formie. Używając określenia Balibara i Wallersteina (1991), przechodzenie tam i z powrotem od uniwersalizmu do partykularyzmu wytwarza sprzeczny, zygzakowaty bieg nowoczesności kapitalistycznej (w tym kontekście „partykularny" oznacza traktowanie ludzi według „partykularnych" kryteriów, włączając kryteria etniczne). Uniwersalizm niesie pragnienie najlepszego spożytkowania wszelkich możliwości i sił; chęć partykularystów do wykorzystania jednych bardziej niż drugich prowadzi do nadmiernego wyzysku, którego ofiarą są na przykład kobiety i grupy etniczne o niskiej pozycji. Co więcej, *niektórzy* spośród tych, którzy są wykorzystywani, a później zwalniani z pracy (w Europie są to zazwyczaj biali mężczyźni), należą do „uprzywilejowanej" płci i grupy etnicznej, lecz zdecydowanie nieuprzywilejowanej klasy. Dla niektórych z nich chwilowe przejawy czy trwałe oznaki sukcesu odnoszonego przez marginalizowane grupy etniczne lub kobiety stanowią klasyczne źródło resentymentu.

Ponadto, szybkości zmiany ekonomicznej – na przykład niemal całkowitemu zanikowi budownictwa okrętowego i górnictwa węglowego w Wielkiej Brytanii w przeciągu jednej generacji, nagłemu wzrostowi znaczenia super- i hipermarketów – towarzyszą również zupełne zmiany krajobrazu społecznego. W przypadku Wielkiej Brytanii dotyczy to transformacji sfery pracy, stosunków sąsiedzkich i pozycji kobiety. W dziedzinie pracy zaginęły umiejętności rzemieślnicze i tradycje terminowania, dzielnice stają się wieloetniczne, z głównych ulic znikają rodzinne sklepy mięsne i sklepy z artykułami żelaznymi, zaś kobiety zaczynają być widoczne tam, gdzie niegdyś spotykało się tylko mężczyzn. Jednocześnie bezustanne dążenie do materialnej satysfakcji, połączone z niezdolnością wielu osób do zrealizowania swoich celów, rodzi fale wzrastającej przestępczości o utylitarnym charakterze (Field 1990). Ofiarami tych przestępstw padają klasy o ustalonej pozycji, a szczególnie mający niższą pozycję, ale zatrudnieni pracownicy fizyczni. Te zmiany w społecznym krajobrazie doświadczane są jako „utrata wspólnoty"; utrata świata, w którym ludzie nie zamykali swych drzwi, nie wyposażali swych domów ani aut w alarmy i w którym znali swych sąsiadów. Scenariusze te są „urasawiane" lub „etnicyzowane", szczególnie w odniesieniu do dystrybucji miejsc zamieszkania i percepcji sąsiedztwa oraz przestępczości (Solomos 1993).

Sprzeczności późnokapitalistycznej nowoczesności

Zasygnalizowaliśmy, że nowoczesność nękana jest przez pewne sprzeczności. Pierwszą z nich jest sprzeczność pomiędzy ideą równości i ciągłym trwaniem nierówności, nie tylko w zakresie wyników (to jest zróżnicowanych wynagrodzeń), ale również w zakresie możliwości, z powodu funkcjonowania klasowych kultur i instytucjonalnych barier. Druga to sprzeczność pomiędzy indywiduacją a „wyzwoleniem" oraz ideą „wspólnoty" i jej odczuwaniem. Trzecia – pomiędzy wartościami nienaruszalnymi (np. zniesienie kary fizycznej, indywidualna wolność w zakresie seksualności) i wartościami kontroli, to jest „tradycyjnymi" wartościami, związanymi z ograniczeniem i seksualnością. Każda z tych sprzeczności ma potencjał, by stać się głęboko przepojoną znaczeniem etnicznym. Omówiliśmy nakładanie się na siebie klasy i etniczności; sposoby, w jakie grupy „skazywane" są na egzystencję w określonych niszach ekonomicznych. Te nisze stają się również, przynajmniej tymczasowo, niszami etnicznymi. Najwyraźniejsze przykłady pochodzą z emigracji ekonomicznych – filipińskich służących, indonezyjskich pracowników budowy, i wielu innych podobnych sytuacji.

Wieviorka jest jednym z niewielu autorów, którzy poświęcili uwagę zarówno „problemowi klasy", jak i „problemowi wspólnoty". Zasadniczą ważność przydaje on klasom wewnątrz kapitalizmu; ruchy oparte na klasowości są w gruncie rzeczy „nowoczesne", w kształcie i w teorii. Ale Wieviorka jest również zainteresowany innym – związanym z tym – wymiarem współczesnego świata: trwałym napięciem pomiędzy „indywidualizmem" a „wspólnotą". Idzie on tropem uczynionego przez Louisa Dumonta rozróżnienia pomiędzy „holizmem" i „indywidualizmem" – Dumont (1986) dowodzi najpierw, że rasizm można wytłumaczyć jako odpowiedź na przejście od tego, co było wcześniej, do tego, co późniejsze. Stanowisko Dumonta byłoby zatem podobne do innych ogólnych opisów powstania nowoczesnego porządku społecznego, które ukazują nowoczesność jako „utratę wspólnoty"; ta utrata wytwarza napięcia, które mogą zostać rozwiązane poprzez antagonistyczne lub „irracjonalne" ruchy społeczne. Wieviorka interesuje się jednak szczególnie nie tylko przejściem do nowoczesności, lecz *ciągłym napięciem wewnątrz samej nowoczesności*. Ta kwestia, jak wskazuje, znajduje wyraz w późniejszej pracy Dumonta:

> „Problemem nie jest już właściwie problem przemiany, czy przekształcenia jednego typu społecznego w drugi, ale raczej

koniecznego, a niemożliwego współistnienia dwóch sposobów myślenia: starego, holistycznego, ciągle żywotnego, i nowego, indywidualistycznego, jeszcze nie triumfującego" (Wieviorka 1995: 29).

Ten model Wieviorki i Dumonta ukazuje nam sposób myślenia o „jednostce" i „wspólnocie" w rzeczywistości późnego kapitalizmu. Każe nam to zastanowić się nad etnicznością i narodem, ponieważ z tymi rodzajami tożsamości i związku połączone jest nasze myślenie o jednostce i zbiorowości. Stwierdzenie Dumonta, że rasizm może być częściowo rozumiany jako konsekwencja zauważalnego w nowoczesności napięcia pomiędzy „jednostką" i „wspólnotą", może okazać się niezwykle płodne. Jak dowodzi Wieviorka, napięcie pomiędzy holizmem i indywidualizmem staje się podstawą teorii rasizmu „pod względem wyrażanego przezeń rozdzielenia nowoczesności i partykularyzmu narodu, czy też szerzej, wspólnoty" (Wieviorka 1995: 122). To stwierdzenie może mieć odniesienie szersze niż rasizm; może zostać uogólnione do sposobu, w jaki wyrażane i ujmowane są narodowe i etniczne tożsamości.

Rozdzielenie, wyzysk, nierówność: polityka dystrybucji i uznania

Takie podejście umożliwia nam umiejscowienie rozumienia etniczności, rasy i narodu w ramach ogólnego myślenia o nowoczesności i zachodzących wewnątrz niej przemianach; innymi słowy, w ogólnej teorii nowoczesnych porządków społecznych. Wymaga to przyjrzenia się „nowoczesności" jako stawiającej problemy wzdłuż dwóch – nawet jeśli powiązanych ze sobą, to różnych – osi: jednej, osi wyzysku i nierówności, i drugiej – osi odosobnienia i rozdzielenia. Łączy je ogólna zasada „indywidualizmu"; według wielkich tradycji myśli socjologicznej – podstawa nierównego porządku gospodarczego (gospodarki rynkowej) i podstawa organizacji społecznej i kultury (zerwania tradycyjnych więzi i kultu jednostki).

Indywidualizm

Indywidualizm został ukonstytuowany *moralnie* i *kulturowo* poprzez kult jednostki, to jest rozwój kultury, w której poszanowanie dla jednostki, oraz jej nietykalność i godność, stały się najwyższą ludzką wartością. A zatem kult jednostki (Durkheim 1999; Fenton 1984) – który można by przyrównać do wszystkich tych wartości, jakie zostały nazwane wartościami „uniwersalnymi" oraz podstawami „praw człowieka" – jest przejawem socjologicznego „prawa": im mniej życie zbiorowe obejmuje i otacza jednostkę, tym bardziej jednostka wyłamuje się ze „środowiska urodzenia", i tym większą wartość przydaje jej społeczeństwo. Ta wartość, czy zespół wartości, ma potencjał, by stać się podstawą nowej moralności obywatelskiej i w ten sposób przywrócić trochę siły moralnego przywiązania społecznemu porządkowi, którego kolektywny wymiar ulegał stopniowemu osłabieniu.

Dwa światy: liberalny i autorytarny

Indywidualizm jest postrzegany również jako proces społecznego odłączenia jednostek od wspólnot, jako rozbicie i odosobnienie. Indywidualizacja nie jest po prostu mitem nowoczesności; *ma ona swe fundamenty w rzeczywistym doświadczeniu ludzkości.* Jednocześnie przyjmuje ona wiele cech mitu w licznych opisach nowoczesnego życia jako niespokojnego i rozczłonkowanego; w większości współczesnych społeczeństw zachodnich, jak również w wielu społeczeństwach nie-zachodnich, ciągle przywoływane są obrazy utraconego świata wspólnoty, autorytetu i zaufania. Zgodnie z tym przekonaniem, istniał czas, kiedy „ludzie darzyli się wzajemnie szacunkiem", „dzieci słuchały swych rodziców" i nikt nie żył w ciągłej obawie przed przestępczością. Ten duch społecznego rozbicia jest częstym i ważkim tematem zarówno upolitycznionych komentarzy, jak i codziennego dyskursu; ponieważ jest on częścią codziennego dyskursu, działacze polityczni zawsze czują – lub mają nadzieję – że mogą wykorzystać te obawy, niezależnie od tego, czy je podzielają czy nie.

Ale w świecie polityki moralnej występują dalsze sprzeczności: z jednej strony istnieje duża grupa wartości bliskich moralności obywatelskiej Durkheima, zakorzenionych w szacunku dla jednostki, wolności osobistej i wolności sumienia, z drugiej strony inny, rozproszony zestaw wartości, który umiejscawia „wartości rodzinne", autorytet, karę i kontrolę na czele moralnych priorytetów, a wiele ze swej siły politycznej czerpie z kpiącego odrzucania indywidualistycznych zasad. Pierwsza grupa to wartości nienaruszalne, druga grupa to wartości kontroli. Wartości *nienaruszalne* proklamują uznanie różnicy, na przykład w orientacji seksualnej; wartości *kontroli* popierają karanie i wykpiwanie „dewiantów". To napięcie w moralnym porządku nowoczesności znowu jest odtwarzane w rzeczywistościach etnicznych i narodowych. W grupach mniejszości etnicznych, szczególnie wśród imigrantów przybywających do miast, nowy kraj zamieszkania postrzegany jest jako pozbawiony moralnej kontroli. Wśród przedstawicieli większości etnicznej, to wieloetniczność łączy się z obrazem „utraty kontroli". Zagadnienia te omówiliśmy w rozdziale 6 i 8.

Cztery główne problemy

W nowoczesności kapitalistycznej zawiera się zatem szereg powiązanych ze sobą problemów, z których wszystkie zasygnalizowane są, wprost lub pośrednio, w poprzednich fragmentach książki. Jednym z nich jest problem *klasy społecznej*, ponieważ idea „równości", w szczególności równości pod względem posiadania i możliwości, ciągle napotyka na, *de facto*, nierówności, zarówno w zakresie materialnych wyników, jak i możliwości. Utrzymanie idei równości jest w tych okolicznościach trudne; tych bowiem, którzy mają najmniejsze zyski, rzeczywiste doświadczenie uczy czegoś innego. Ponadto, klasy materialnie zabezpieczone aktywnie promują pogląd, że „nieudacznicy" są bezwartościowi i sami ponoszą odpowiedzialność za swoją sytuację.

Występuje tu również *problem spójności*, opisany powyżej jako napięcie pomiędzy „jednostką" i „wspólnotą". Spójność wspólnoty ulega dotkliwemu nadwyrężeniu, kiedy socjologiczne procesy indywiduacji coraz bardziej wtłaczają ludzi do „jednostkowych żyć", zarówno w wymiarze materialnym, jak i symbolicznym. Przykładem indywiduacji jest telefon komórkowy, dający jednostkom przyjemne poczucie swobody, ale również oddzielający jednostki od przyjaciół i rodziny, nawet kiedy z nimi przebywają. Indywiduacja jest zjawiskiem postępującym, wynoszącym ideę wolności jednostek do zupełnie nowych rozmiarów.

Kolejnym zagadnieniem jest *problem państwa i „porządku"*, który omówiliśmy w rozdziale 6. W wielu nowych (i postkolonialnych) państwach, państwo ma słabą pozycję jako gwarant materialnej i prawnej ochrony, nie wspominając już o stopniu, w jakim zapewnia ono prawa jednostkom. W państwach „stabilnych", machina państwowa jest składnicą procedur służących ochronie praw jednostki; a zatem państwo może przedsięwziąć nadzwyczajne środki, aby bronić ludzkich praw. Taki właśnie był przypadek w Wielkiej Brytanii, kiedy sąd nalegał na zwolnienie nieletnich morderców do czasu osiągnięcia przez nich dojrzałości. Państwo działało tu tak, by chronić godność jednostki, wbrew ogólnemu moralnemu oburzeniu. W innych przypadkach państwo zupełnie nie zdaje testu na „uniwersalność", czego dowodzi traktowanie mniejszości w aresztach.

Jako czwarte pojawia się *zagadnienie moralności*, które wykracza poza trzy poprzednie. Dotyczy ono sprzeczności pomiędzy wartościami nienaruszalnymi i wartościami kontroli. Wartości nienaruszalne są tymi, które często postrzega się jako występujące „po stronie nowoczesności" – postępu, wolności jednostek, „wyzwolenia" moralnego. Wartości kontroli to te, które są po stronie zdrowego rozsądku, wspólnego doświadczenia i autorytetu. Wartości nienaruszalne dążą do zniesienia kar fizycznych, ponieważ poniżają one jednostkę; wartości kontroli są za karaniem, ponieważ „rozsądne" jest założenie, że złoczyńcy zmienią się pod wpływem tej „surowości".

Działania postępowe wynikają z pragnienia urzeczywistnienia uniwersalizmu. Przynależą do nich wszystkie działania mniejszościowych grup etniczych nakierowane na przestrzeganie praw obywatelskich i usunięcie barier, które stoją na przeszkodzie ich włączeniu i społecznej mobilności. Fakt, że „mniejszości", broniąc swych interesów, wyrażają również interesy wszystkich innych, wskazuje, że dają one wyraz wartościom (uniwersalistycznym prawom człowieka), które, zasadniczo, są wspólne dla wszystkich. Dlatego też Martin Luther King mógł mówić o spełnieniu amerykańskiego marzenia; nowych warunkach życia dla Ameryki jako miejsca lepszego nie tylko dla czarnych Amerykanów, ale dla wszystkich. Większość (choć z pewnością nie wszystkie) z ruchów społecznych, większość ludności mającej niższy status społeczny oraz tych, którzy są społecznie i ekonomicznie wykluczeni, potrafi przyjąć ten uniwersalistyczny głos. Lecz reakcje napędzane przez resentyment zwykle idą w zupełnie przeciwnym kierunku. Odnajdujemy tutaj związki pomiędzy resentymentem, nowoczesnością, rasizmem i kryzysem narodowej tożsamości. W niektórych „otwarcie" przestrzeni kulturowej i politycznej dla wcześniej lekceważonych wspólnot rodzi wyraźnie tego rodzaju obawy przed zagrożeniem, jakie niesie ze sobą uczucie resentymentu. Przed grupami o niższym statusie społecznym lub społecznie wykluczonymi zapowiedź uznania i mobilności również stawia problem indywiduacji i zachowania wspólnoty. Sukces stanowi zagrożenie dla solidarności wspólnoty tych, którzy pragną uznania; w istocie, jednostka, która osiągnęła sukces, może stać się zdrajcą, który zapomni o swych korzeniach. Odnosi się to do przypadku klasy, płci i tożsamości etnicznych.

Nowoczesność i etniczność

W poprzednich akapitach usiłowałem naszkicować niektóre z socjologicznych zagadnień z zakresu nowoczesności czy nowoczesności późnokapitalistycznej, jednocześnie „tropiąc" motywy związane z etnicznością. Chociaż jest to bardzo rozległa „kontekstualizacja" etniczności, niemniej jednak ujawnia się w niej wiele dobrze znanych, związanych z etnicznością, kwestii:

1. *Klasa i etniczność*. Tożsamości etniczne nie mogą zostać ograniczone do doświadczenia klasowego, ale doświadczenie klasowe i kultura klasowa nadają kształt lub formę etniczności, szczególnie wtedy, gdy losy klasy i grupy etnicznej są ze sobą blisko złączone.
2. *Mobilność społeczna i indywiduacja*. Kluczowym zagadnieniem mającym duże znaczenie dla kwestii etniczności jest

mobilność społeczna i jej wpływ na etniczną solidarność. Dotyczy to również mobilności mieszkaniowej i kształtowania wspólnoty. Ogólnie rzecz biorąc, zgodnie z socjologicznym stanowiskiem, mobilność społeczna osłabia solidarność etniczną. Z mobilnością społeczną, bardziej niż ze społeczną dystrybucją, łączy się również polityka równych możliwości. Wszelkie oznaki trwania klasowo-etnicznych skupisk dają złe świadectwo tej strukturze możliwości.

3. *Godność indywidualna i zbiorowa*. W przypadku upośledzonych społecznie grup etnicznych, przyjęte nierówne traktowanie członków tych grup oznacza, że afront, jakiego doznają jednostki, skierowany jest nie tylko pod ich adresem, ale również pod adresem grupy. Można wówczas albo zidentyfikować się z nią i „walczyć", albo odciąć się od niej, aby uniknąć konsekwencji negatywnego nastawienia względem grupy.

4. *Płeć i etniczność*. W mniejszościach etnicznych zachowanie tradycyjnych wartości może oznaczać kontynuowanie wzorca podporządkowania płciowego. Może to świadczyć o tym, że równouprawnienie płciowe jest w konflikcie z „tradycją etniczną".

5. *Rasizm i etniczność*. Zmiany społeczne, jakie pociąga za sobą nowoczesność, odbierane są zarówno z entuzjazmem, jak i obawą. Niechęć, jaką większości etniczne żywią względem nowoczesności, odnosi się do zmiany w krajowej strukturze etnicznej oraz zmian w zakresie obyczajów seksualnych, praw do karania i równouprawnienia płci. To sprawia, że rasizm prezentuje się dość smutno, jako nie tyle odchylenie od nowoczesności, ale jako jej cecha. Bardziej optymistyczne jest to, że resentyment i wartości kontroli nie zawsze zwyciężają; raczej pozostają one w konflikcie z wartościami nienaruszalnymi.

Jest to jedynie zarys tego, jaki kształt może przybrać połączenie socjologicznych zagadnień związanych z etnicznością z socjologicznymi zagadnieniami dotyczącymi nowoczesności. W końcowych akapitach rozdziału spróbujemy w precyzyjny sposób odtworzyć kilka głównych kwestii podjętych w tej książce.

Etniczność w kontekście

W książce tej próbowaliśmy zrobić dwie rzeczy: po pierwsze, w przejrzysty sposób wprowadzić w problematykę etniczności, a po drugie, przedstawić interpretację miejsca etniczności we współczesnym świecie. We wstępnej części, głównie w pierwszych czterech rozdziałach, analizowaliśmy definicje etniczności, grupy etnicznej i terminów blisko z nimi związanych. Przedstawiliśmy również w zarysie niektóre główne dyskusje, włącznie z tymi dotyczącymi kwestii „pierwotności". Omówiliśmy toczące się w USA debaty na temat pracy Glazera i Moynihana. W części interpretacyjnej, głównie w późniejszych rozdziałach, poświęciliśmy uwagę dwóm kluczowym kwestiom: *W jakich kontekstach kształtują się tożsamości etniczne*?, oraz: *W jakich okolicznościach tożsamości te nabierają znaczenia dla struktury i działania*? To drugie pytanie zakłada, że tożsamości etniczne i różnice kulturowe mogą występować w każdym społeczeństwie, *ale ich znaczenie dla działania może zmieniać się* dość znacząco z przyczyn zewnętrznych. W tej końcowej części streścimy i podsumujemy główne spostrzeżenia.

Etymologiczny przegląd terminów „(grupa) etniczna", „rasa" i „naród" ukazał, że mają one wspólny rdzeń znaczeniowy, który odnosi się do idei „naszego ludu", „naszej genezy" i koncepcji pochodzenia oraz rodowodu. Ponieważ etniczność ma zawsze charakter relacyjny, może to również oznaczać „*tamtych* ludzi", z „*ich* genezą i rodowodem". Wspólny rdzeń znaczenia ujawnia się w tym, że każde z tych słów pojawia się w definicji dwóch pozostałych. Grupa etniczna i grupa rasowa (lub rasa) są sobie szczególnie pokrewne – widoczny jest wyraźny trend zmierzający do rezygnacji z pojęcia „rasy" i zastąpienia go pojęciem „grupy etnicznej". Amerykańskie Biuro Ewidencji Ludności uznało na przykład istnienie tego problemu, ale stale używa pojęcia rasy, chociaż idea rasy jako systemu klasyfikacji biologicznej jest zdezawuowana (Rodriguez 2000). Biuro Ewidencji Ludności ciągle zatem używa terminologii (np. „azjatycki", „biały lub europeidalny"), która jest uderzająco podobna do kategorii dziewiętnastowiecznej teorii rasowej (Hollinger 1995).

Wydaje się mało prawdopodobne, by takie użycie terminu „rasa" zostało w USA zarzucone. Po pierwsze, spisy ludności przeprowadzane są w sposób konserwatywny, ponieważ mają one, przez kolejne dziesięciolecia, dostarczać porównywalnych danych. Po drugie, programy federalne i przydziały środków uzależnione są od zestawu danych; za ich sprawą „rasy" uzyskują faktyczną, administracyjną i publiczną obecność w USA. Po trzecie, dyskurs „rasy" jest w USA tak silny i tak ugruntowany historycznie, że terminologia rasowa jest dla grup głęboko znacząca; zawiera ona nie tylko ideę białych jako etniczności uprzywilejowanej, ale również ideę czarnych lub Afroamerykanów jako jądra walki politycznej przeciwko niekorzystnemu położeniu i uciskowi. Po czwarte, materialne relacje społeczne, tj. dystrybucja dóbr i władzy pośród grup identyfikowanych jako czarne, białe czy inne, pozostają utrwalone socjologicznie. Ewentualna zmiana tej sytuacji wymaga czegoś więcej niż tylko zmiany w terminologii.

Omówiliśmy powszechne starania o „usocjologizowanie" języka „rasy", reprezentowane przez pojęcie „formowania rasy" w pracach Omiego i Winanta. W dowodzeniu tym główny sprzeciw wobec modelu „etniczności" nie dotyczy znaczenia grupy etnicznej, ale dwóch idei łączących się z kategorią grupy etnicznej w USA. Pierwszą jest koncepcja „asymilacji" i twierdzenie, że „etniczność" jest częścią tego modelu; że grupy etniczne są wspólnotami, wywodzącymi się spośród (europejskich) imigrantów, którzy są mobilni społecznie i zatapiają się w amerykańskim społeczeństwie. Drugą jest idea „równoważności" pomiędzy grupami nie-białych, szczególnie Afroamerykanów i grupami europejskich imigrantów, która pomija znaczenie ideologii rasistowskiej w USA.

Pierwszy związek, etniczności z modelem asymilacji, nie jest połączeniem *koniecznym*, chociaż Omi i Winant mogą mieć rację, twierdząc, że w USA jest to związek *faktyczny*. Ale prawdziwym problemem wiążącym się z pierwszą i drugą koncepcją jest to, że etniczność może wyrażać jedynie „różnicę". Społeczne kształtowanie się tożsamości etnicznych z pewnością nie stanowi jedynie wyrazu różnicy; dotyczy ono również podziału, segregacji, władzy jednej grupy nad drugą, społecznej i ekonomicznej nierówności, znaczenia etniczności dla obywatelstwa i funkcji państwa. Jeśli dyskurs etniczności wydaje się podkreślać jedynie „różnicę", pomija on ważniejsze kwestie społecznych realiów politycznej i ekonomicznej władzy oraz nierówności. Dyskurs etniczności musi dysponować językiem i teorią zdolnymi do opisu politycznych i ekonomicznych kontekstów tego, co określiliśmy jako „późnokapitalistyczną nowoczesność"; musi on również wiedzieć, że różnica często, być może *na ogół*, oznacza nierówność. Jeżeli Omi i Winant mają rację, amerykański dyskurs etniczności dotyczy głównie społecznej mobilności białych imigrantów z Europy; nie jest to dyskurs nadający się do opisu etniczności poniewolniczej. Nie zajmuje się on również znaczeniem binarnej konstrukcji biały-czarny dla amerykańskiej etniczności.

To omówienie dało nam powody, by stwierdzić, że w powszechnej świadomości, wyobraźni politycznej i naukowych debatach dyskursy i języki etniczności są uzależnione od lokalnej oprawy. Na przykład, amerykańskie rozróżnienie pomiędzy „rasą" i „etnicznością" nie byłoby tak oczywiste w Malezji, gdzie w języku angielskim „rasy" i „grupy etniczne" są używane zamiennie, a w oficjalnym języku *Bahasa Malaysia* oba terminy oddawane są przez pojęcie *bangsa*. W USA „grupy etniczne" wiązane są z „białością" i z krajami, z których wywodziły się kolejne fale europejskich imigrantów; w Wielkiej Brytanii „grupy etniczne" wiązane są z „nie-białością". Koncepcja białych jako większości etnicznej w Wielkiej Brytanii, którą omawialiśmy później, zaledwie zaczyna funkcjonować.

Przyglądając się dyskusjom na temat pierwotności, stwierdziliśmy, że połączyły one trzy analitycznie odmienne kwestie. Można je podsumować w trzech pytaniach: czy grupy etniczne są rzeczywiste, czy grupy etniczne są zbiorowe, czy „pobudki" etniczne wynikają z kalkulacji? Pierwsza dyskusja dotyczy „konstrukcji społecznej", w której grupy etniczne nie są postrzegane jako w jakiś sposób „fundamentalne", ale jako zależne od tego, jak definiowane są one przez „nas", przez „nich" i przez państwo. Druga dotyczy tego, w jakim stopniu grupy i wspólnoty definiowane jako etniczne mają jakąś formę zbiorowej organizacji. Trzecia dyskusja odnosi się do natury etniczności jako zamierzonej przynależności, stanowiącej przeciwieństwo pozycji i tożsamości niereflekysjnej. Tutaj, przez sam środek tych twierdzeń, wytyczyliśmy szeroką ścieżkę. Etniczność jest, używając naszego wyrażenia, zarówno „ugruntowana", jak i konstruowana. Tożsamości etniczne kształtują się wokół rzeczywistego, wspólnego, konkretnego doświadczenia, wspólnej przestrzeni społecznej, wspólnoty socjalizacji i wspólnoty języka i kultury. Jednocześnie tożsamości te są obecne publicznie; są one definiowane społecznie poprzez szereg prezentacji (publicznych deklaracji, stwierdzeń, symboli), dokonywanych przez członków grupy etnicznej, jak i ludzi spoza niej. Te definicje społeczne stanowią część ciągłej konstrukcji i rekonstrukcji etnicznych tożsamości. Druga i trzecia z wymienionych powyżej kwestii dotyczy właściwie zmiennych cech grup etnicznych. Grupy te mogą przybierać formy od wysoko zorganizowanych do takich, które Nagata określa jako „tożsamości rozproszone". Podobnie grupy etniczne różnią się pod względem stopnia zbiorowej samoświadomości i tym samym pod względem tego, do jakiego stopnia jednostkowe i zbiorowe działanie na rzecz osiągnięcia etnicznych celów jest kalkulowane lub traktowane instrumentalnie.

W kolejnym rozdziale przyjrzeliśmy się istotnemu momentowi kształtowania się idei etniczności: pracy Nathana Glazera i Patricka Moynihana i w szczególności dyskusjom toczącym się wokół ich stanowiącej studium grup etnicznych w Nowym Jorku książki, *Beyond the Melting Pot*. Retrospektywny namysł nad tą pracą ujawnił szczególnie dwie kwestie. Pierwsza to nierozpoznanie przez autorów szczególnej sytuacji etniczności Afroamerykanów, w świetle zasadniczego znaczenia, jakie przyznali oni w USA binarnemu podziałowi biali-czarni. Drugie spostrzeżenie to niespodziewana (dla Glazera i Moynihana) kontynuacja, na wielką skalę, migracji do Nowego Jorku, szczególnie z Puerto Rico, Ameryki Środkowej i Południowej oraz Karaibów. Te nowe ruchy i większe znaczenie emigracji z państw azjatyckich do USA radykalnie zmieniły spojrzenie na etniczność. W dalszej części rozdziału opisaliśmy pracę antropologa Fredrika Bartha, piszącego dokładnie w tym samym czasie (późne lata 60.), która to praca – za sprawą zaprezentowanej koncepcji granicy etnicznej – wniosła trwały wkład w namysł nad etnicznością. Zgodnie z ową koncepcją, w stosunkach między grupami etnicznymi zasadniczym działaniem społecznym jest utrzymywanie granic. Oznacza to znamienny odwrót od przedstawiania grup etnicznych jako takich, które różnią się poprzez kulturę.

Późniejsze rozdziały książki (6–9) porzucają opisywanie kluczowych dla tematu pojęć i głównych problemów w literaturze przedmiotu i zwracają się w stronę modeli wyjaśniających i interpretujących. Położony jest tutaj nacisk na zgłębienie socjologicznych warunków etnicznie zorientowanego działania i struktury. Jednym z tych warunków są przemieszczenia ludzi wewnątrz krajów, z kraju do kraju, przez regiony i kontynenty. Przemieszczenia te odbywały się zarówno pod przymusem, jak i dobrowolnie, a wszystkie dowody historyczne wskazują, że różnica ta jest kluczowa dla późniejszej pozycji społecznej migrującej grupy (Ogbu 1987; Steinberg 2000). Niektóre z tych ruchów miały początek w okresie niewolnictwa Nowego Świata (Degler 1971; Marx 1998), niektóre podczas kolonialnych rządów XIX wieku i pierwszej połowy wieku XX (Fenton 1999), a jeszcze inne podczas wielkich dziewiętnastowiecznych migracji z Europy do Ameryki Północnej (Handlin 1973). Większość z tych migracji obejmowała pracowników rolnych i przemysłowych, niektóre dotyczyły handlarzy, jak w przypadku zakładania wspólnot handlowych w Azji Południowo-Wschodniej. Z końcem XX i początkiem XXI wieku, do tych imigrantów – robotników rolnych i handlarzy – dołączają profesjonaliści, emigrujący do węzłowych miejsc, w których występuje zapotrzebowanie na intelektualne i profesjonalne usługi (Castles 2000).

Ludzie, którzy przemieszczają się w ten sposób, wyraźnie „przenoszą ze sobą" kulturowe i zewnętrzne różnice, które, w nowym kontekście, przyjmują się jako różnice grupowe. Przemieszczenia te mają również charakter klasowy, tak że grupy imigrantów zdobywają wyrazistość klasową *oraz* etniczną (np. jamajskie pielęgniarki w Wielkiej Brytanii). Duża część socjologicznego namysłu nad grupami etnicznymi dotyczy położenia klasowego i społecznej mobilności imigrantów. Jak słusznie wskazywał John Rex (Rex i Tomlinson 1979), rdzenni pracownicy zwykle chronią korzyści ich własnej klasy przed żądaniami nowoprzybyłych. Kwestia ta staje się istotna również w polityce społecznej, kiedy rządy oficjalnie popierają „równe możliwości" dla mniejszości. A zatem „stosunki etniczne" przybierają charakter klasowy, a procesy klasowe przybierają charakter etniczny.

W rozdziale 7 głównymi analizowanymi przez nas „warunkami" etniczności były zagrożenia wynikające z nierówności w państwach i na świecie. W zagrożonych lub niestabilnych państwach jednostki nie mogą polegać na rządach prawa, które miałoby ochronić je fizycznie, materialnie, czy pod względem obywatelskich praw człowieka. Tam, gdzie występują różnice etniczne, regionalne, kulturowe i językowe, pociągają one za sobą odmienne wsparcie i odmienny system opieki. W takich okolicznościach, a szczególnie jeśli samo państwo jest ściśle utożsamiane z jedną etniczną (regionalną, językową) grupą, przynależność do grupy etnicznej może stać się nie tylko ważna, ale i kluczowa.

W rozdziale 8 prześledziliśmy socjologię późnokapitalistycznej nowoczesności, w której etniczność grup większościowych i mniejszościowych podlega upolitycznieniu w kontekście rozczarowań związanych z nowoczesnością. Jak stwierdziliśmy (rozdział 9), uwidoczniło to potrzebę połączenia socjologii etniczności z socjologią nowoczesności. W wywodzie tym jasno ukazany jest związek etniczności z nacjonalizmem i rasizmem.

Próbowaliśmy zatem w tej książce wyjaśnić znaczenie dyskursu etniczności i blisko z nim związanych dyskursów rasy i nacjonalizmu, starając się osadzić socjologię etniczności w szerszym dyskursie socjologicznym.

Podziękowania

Jestem bardzo wdzięczny Rachel Kerr i Louise Knight z wydawnictwa Polity Press, które były bardzo pomocne na każdym etapie przygotowywania tej książki. Ich wsparcie bardzo doceniam.

Moi koledzy z Wydziału Socjologii University of Bristol udzielili mi ogromnej pomocy. Wielkie podziękowania składam Gregorowi McLennanowi za jego poparcie. Szczególne podziękowania kieruję do Toma Osborne'a i Harriet Bradley, którzy czytali maszynopis i udzielili mi cennych krytycznych uwag.

Spoza Bristolu otrzymałem zarówno ważne wskazówki, jak i poparcie ze strony Johna Rexa; za to jestem wdzięczny najbardziej. W ostatnich latach miałem przyjemność ponownego spotkania z moim promotorem, Edwardem Tiryakianem; był to kolejny impuls dla mojego myślenia. Moje e-mailowe dyskusje z Michaelem Bantonem również pomogły mi w rozjaśnieniu pewnych rzeczy i w dowiedzeniu ich. Uzyskałem dużą pomoc i wsparcie od Stephena Maya, obecnie pracującego na University of Waikato.

W czasie badań w Malezji najbardziej zajmujące i pouczające rozmowy przeprowadziłem na Universiti Sains Malaysia w Penang i na University of Malaysia w Sarawak; szczególne podziękowania dla Kntayya Mariappana z USM, Michaela Leigha i Zawawi Ibrahima z UNIMAS.

Wszystkim tym osobom jestem bardzo wdzięczny.

I wreszcie, jak zawsze, wyrazy miłości dla Jenny, Alexa i Lyndy.

Steve Fenton

BIBLIOGRAFIA

Afshar H. i Maynard M., 2000, wydanie specjalne, *Gender and Ethnicity*, „Ethnic and Racial Studies", 23 (5), wrzesień.

Alba R., 2000, *„Beyond the Melting Pot" 35 years later: on the relevance of a sociological classic for the immigration Metropolis of today*, „International Migration Review", 34 (1): 243–279.

Alba R. i Nee V., 1997, *Rethinking assimilation theory for a new era of immigration*, „International Migration Review", 31 (4): 826–874.

Anderson B., 1997, *Wspólnoty wyobrażone: rozważania o źródłach i rozprzestrzenianiu się nacjonalizmu*, przeł. S. Amsterdamski, Kraków: Znak, Warszawa: Fundacja im. Stefana Batorego.

Anderson E., 2000, *„Beyond the Melting Pot" reconsidered*, „International Migration Review", 34 (1): 262–270.

Anthias F. i Yuval-Davis N. we współpracy z Cain H., 1992, *Racialised Boundaries: Race, Nation, Gender, Colour and Class and the Anti-racist Struggle*, Londyn: Routledge.

Balibar E. i Wallerstein I., 1991, *Race, Nation, Class: Ambiguous Identities*, Londyn: Verso.

Ballard R., 1994, *Desh Pardesh: The South Asian Presence in Britain*, Londyn: Hurst.

Ballard R. i Ballard C., 1977, *The Sikhs: the development of South Asian settlements in Britain*, [w:] J. L. Watson (red.), *Between Two Cultures: Migrants and Minorities in Britain*, Oxford: Blackwell, 21–56.

Banks M., 1996, *Ethnicity: Anthropological Constructions*, Londyn: Routledge.

Banton M., 1977, *The Idea of Race*, Londyn: Tavistock.

Banton M., 1987, *Racial Theories*, Cambridge: Cambridge University Press.

Banton M., 2000, *Ethnic conflict*, „Sociology", 34: 481–498.

Barot R., Bradley H. i Fenton S. (red.), 1999, *Ethnicity, Gender and Social Change*, Londyn: Palgrave.

Barret J. i Roediger D., 1997, *Inbetween people: race, nationality and the „New Immigrant" working class*, „Journal of American Ethnic History", wiosna: 3–43.

Barth F. (red.), 1969, *Ethnic Groups and Boundaries: The Social Organisation of Culture Difference*, Londyn: Allen and Unwin.

Barzun J., 1965, *Race: A Study in Superstition*, Nowy Jork: Harper and Row.

Baudrillard J., 2006, *Społeczeństwo konsumpcyjne, jego mity i struktury*, przeł. S. Królak, Warszawa: Wydawnictwo Sic!

Bennett C., 1995, *Yugoslavia's Bloody Collapse: Causes, Course and Consequences*, Londyn: Hurst.

Billig M., 1995, *Banal Nationalism*, Londyn: Sage.

Boas F., 1982, *Race, Language and Culture*, Chicago: University of Chicago Press.

Bourdieu P., 1990, *In Other Words: Essays towards a Reflexive Sociology*, Cambridge: Polity.

Bradley H., 1996, *Fractured Identities, Changing Patterns of Inequality*, Cambridge: Polity.

Brass P. R. (red.), 1985, *Ethnic Groups and the State*, Beckenham: Croom Helm.

Brass P. R. (red.), 1991, *Ethnicity and Nationalism: Theory and Comparison*, New Delhi: Sage.

Brown C., 1984, *Black and White Britain: The Third PSI Survey*, Londyn: Heinemann.

Brown C. i Gay P., 1985, *Racial Discrimination: 17 Years after the Act*, Londyn: Policy Studies Institute.

Brown D., 2000, *Contemporary Nationalism: Civic, Ethnic and Multicultural Politics*, Londyn: Routledge.

Brubaker R., 1998, *Nacjonalizm inaczej: struktura narodowa i kwestie narodowe w nowej Europie*, przeł. J. Łuczyński, Warszawa; Kraków: Wydawnictwo Naukowe PWN.

Bulmer M. i Solomos J. (red.), 2000, *Racism*, Oxford: Oxford University Press.

Camejo P., 1976, *Racism Revolution Reaction, 1861–1877*, Nowy Jork: Monda Press.

Carmichael S. i Hamilton C., 1976, *Black Power: The Politics of Liberation in America*, Nowy Jork: Vintage Books.

Carter B., Harris C. i Joshi S., 1987, *The 1951–55 Conservative government and the racialisation of black immigration*, „Immigrants & Minorities", 6 (3): 335–347.

Cashmore E. E., 1987, *The Logic of Racism*, Londyn: Allen and Unwin.

Castles S., 2000, *Ethnicity and Globalization*, Londyn: Sage.

Castles S. i Miller M. J., 1993, *The Age of Migration: International Population Movements in the Modern World*, Basingstoke: Macmillan.

Cell J. W., 1982, *The Highest Stage of White Supremacy: The Origins of Segregation in South Africa and the American South*, Cambridge: Cambridge University Press.

Cohen A. (red.), 1974, *Urban Ethnicity*, Londyn: Tavistock.

Colley L., 1992, *Britons: Forging the Nation 1707–1837*, New Haven, CT i Londyn: Yale University Press.

Conversi D., 2000, *Autonomous communities and the ethnic settlement in Spain*, [w:] Y. Ghai (red.), *Autonomy and Ethnicity: Negotiating Competing Claims in Multi-ethnic States*, Cambridge: Cambridge University Press, 122–146.

Coope A. E. (red.), 1993, *Hippocrene Standard Dictionary: Malay-English, English-Malay Dictionary*, Nowy Jork: Hippocrene Books.

Cornell S., 1996, *The variable ties that bind: content and circumstance in ethnic processes*, „Ethnic and Racial Studies", 19 (2): 265–289.

Dahya B., 1974, *The nature of Pakistani ethnicity in industrial cities in Britain*, [w:] A. Cohen (red.), *Urban Ethnicity*, Londyn: Tavistock.

„Daily Mail", 23 kwietnia 1996, *To be English in England is almost a criminal offence* (Richard Littlejohn).

„Daily Mail", 8 października 1997, *What is the Conservative Party for?* (Lord Tebbit).

„Daily Mail", 11 października 2000, *In praise of being British* (Paul Johnson).

„Daily Telegraph", 13 grudnia 1997, *New Battle of Britain fought in classrooms* (Graham Turner).

„Daily Telegraph", 11 października 2000, *Britain is not some kind of hotel* (list do redakcji).

„Daily Telegraph", 13 października 2000, *Turning point at Runnymede* (od redakcji).

„Daily Telegraph", 14 października 2000, *The British question* (list do redakcji).

Davies N., 2003, *Wyspy: historia*, przeł. E. Tabakowska, Kraków: Znak.

Davis A., Gardner B. i Gardner M., 1941, *Deep South: A Social Anthropological Study of Caste and Class*, Chicago: University of Chicago Press.

Degler C. N., 1971, *Neither Black Nor White: Slavery and Race Relations in Brazil and the United States*, Nowy Jork: Macmillan.

Dollard J., 1937, *Caste and Class in a Southern Town: White Caste Aggression against Negroes*, Nowy Jork: Doubleday.

Dumont L., 1986, *Essays on Individualism: Modern Ideology in Anthropological Perspective*, Chicago: University of Chicago Press.

Durkheim É., 1893, *De la division du travail social*, Paryż: Alcan.

Durkheim É., 1999, *O podziale pracy społecznej*, przeł. K. Wakar, red. E. Tarkowska, Warszawa: Państwowe Wydawnictwo Naukowe PWN.

Eller J. D. i Coughlan R. M., 1993, *The poverty of primordialism: the demystification of ethnic attachments*, „Ethnic and Racial Studies", 16 (2): 185–202.

Epstein A. L., 1978, *Ethos and Identity*, Londyn: Tavistock.

Eriksen T. H., 1993, *Ethnicity and Nationalism: Anthropological Perspectives*, Londyn: Pluto Press.

Evans-Pritchard E. E., 1962, *Essays in Social Anthropology*, Londyn: Faber.

Faist T., 1995, *Ethnicization and racialization of welfare-state politics in Germany and the USA*, „Ethnic and Racial Studies", 18 (2), kwiecień.

Fenton S., 1980, *Race, class and politics in the work of Émile Durkheim*, [w:] *Sociological Theories, Race and Colonialism*, Paryż: UNESCO, 43–82.

Fenton S., 1981, *Robert Park: his life and sociological imagination*, „New Community", 60 (2), jesień.

Fenton S., 1984, *Durkheim and Modern Sociology*, Cambridge: Cambridge University Press.

Fenton S., 1996, *Counting ethnicity: social groups and official categories*, [w:] R. Levitas i W. Guy (red.), *Interpreting Official Statistics*, Londyn: Routledge, 143–165.

Fenton S., 1999, *Ethnicity: Racism, Class and Culture*, Londyn: Macmillan.

Fenton S. i Bradley H. (red.), 2002, *Ethnicity and Economy: „Race and Class" Revisited*, Londyn: Palgrave.

Fenton S., Carter J. i Modood T., 2000, *Ethnicity and academia: closure models, racism models and market models*, „Sociological Research Online", 5 (2), http://www.socresonline.org.uk/5/2/fenton.html.

Fenton S. i May S. (red), 2002, *Ethnonational Identities*, Londyn: Palgrave.

Field S., 1990, *Trends in Crime and Their Interpretation*, Londyn: HMSO.

„Financial Times", 12 października 1997, *Bleeding hearts no, business heads yes* (Clay Harries).

Fleras A. i Elliot J. L., 1992, *The Nations Within: Aboriginal State Relations in Canada, the United States, and New Zealand*, Toronto: Oxford University Press.

Fleras A. i Spoonley P., 2000, *Recalling Aotearoa: Indigenous Politics and Ethnic Relations in New Zealand*, Oxford: Oxford University Press.

Foner N., 2000, *„Beyond the Melting Pot" three decades later: recent immigrants and New York's ethnic mixture*, „International Migration Review", 34 (1).

Fredrickson G. M., 1972, *The Black Image in the White Mind: The Debate on Afro American Character and Destiny, 1817-1914*, Nowy Jork: Torchbook, Harper and Row.

Fredrickson G. M., 1988, *The Arrogance of Race: Historical Perspectives on Slavery, Racism and Social Inequality*, Hanover, NH: Wesleyan University Press.

Gans H., 1979, *Symbolic ethnicity: the future of ethnic groups and culture in America*, „Ethnic and Racial Studies", 2 (1): 1–20.

Gans H., 1994, *Symbolic ethnicity and symbolic religiosity: towards a comparison of ethnic and religious acculturation*, „Ethnic and a Racial Studies", 17 (4): 577–592.

Geertz C., 2005, *Interpretacje kultur: wybrane eseje*, przeł. M. M. Piechaczek, Kraków: Wydawnictwo Uniwersytetu Jagiellońskiego.

Ghai Y., 2000, *Autonomy and Ethnicity: Negotiating Competing Claims in Multi-ethnic States*, Cambridge: Cambridge University Press.

Gil-White F. J., 1999, *How thick is blood? The plot thickens... if ethnic actors are primordialists, what remains of the circumstantialist/primordialist controversy?*, „Ethnic and Racial Studies" 22 (5): 789–820.

Glazer N., 2000, *On „Beyond the Melting Pot", 35 years after*, „International Migration Review", 34 (1): 270–279.

Glazer N. i Moynihan D. P., 1963, *Beyond the Melting Pot*, Cambridge, MA: Harvard University Press (przedruk w 1970 roku, MIT Press).

Glazer N. i Moynihan D. P. (red.), 1975, *Ethnicity: Theory and Experience*, Cambridge, MA: Harvard University Press.

Goddard V. A., Llobera J. R. i Shore C. (red.), 1994, *The Anthropology of Europe: Identities and Boundaries in Conflict*, Oxford: Berg.

Gordon M., 1964, *Assimilation in American Life: The Role of Race, Religion, and National Origins*, Nowy Jork: Oxford University Press.

Gossett T. F., 1965, *Race, the History of an Idea in America*, Nowy Jork: Schocken Books.

Greenfeld L., 1993, *Nationalism: Five Roads to Modernity*, Cambridge, MA: Harvard University Press.

„Guardian", The Guardian Editor, 27 października 2000, *What "The Sun" said about the metropolitan elite.*

„Guardian", 30 września 1999, *War over hunting turns dirty with smears against gay and black MPs* (David Hencke i Kevin Maguire).

„Guardian", 3 listopada 2000, *Fuel protest website "backed by BNP"* (Simon Jeffery).

„Guardian", 28 listopada 2000, *The rise of the Little Englanders* (John Carvel).

„Guardian", 15 grudnia 2000, *Looking for an enemy* (Poly Toynbee).

„Guardian", 2 lipca 2001, *Serbs question Hurd's role in helping regime* (Ian Traynor).

„Guardian", 14 sierpnia 2001, *Lifting the veil* (Angelique Chrisafis).

„Guardian", 16 sierpnia 2002, *Mahatir's migrant labours* (John Aglionby).

Guiberneau M., 1999, *Nations without States: Political Communities in a Global Age*, Cambridge: Polity.

Guiberneau M. i Rex J., 1997, *The Ethnicity Reader: Nationalism, Multiculturalism and Migration*, Cambridge: Polity.

Guy W. (red.), 2001, *Between Past and Future: The Roma of Central and Eastern Europe*, Hatfield: University of Hertfordshire Press.

Hall J. A., 1998, *The State of the Nation: Ernest Gellner and the Theory of Nationalism*, Cambridge: Cambridge University Press.

Handlin O., 1973, *The Uprooted*, Boston: Little, Brown.

Hechter M., 1995, *Explaining nationalist violence*, „Nations and Nationalism", część 1, marzec.

Held D. i McGrew A. (red.), 2000, *The Global Transformations Reader*, Cambridge: Polity.

Hirschman C., 1986, *The meaning and measurement of ethnicity in Malaysia*, „Journal of Asian Studies", 46 (3): 552–582.

Hirschman C., 1987, *The making of race in colonial Malaya: political economy and racial ideology*, „Sociological Forum", 1 (2): 330–361.

Hirschman C., Alba R. i Farley R., 2000, *The meaning and measurement of race in the US Census: glimpses into the future*, „Demography", 37 (3): 381–393.

Hirst P. i Thompson G., 1999, *Globalisation in Question*, Cambridge: Polity.

Hobsbawm E. i Ranger T. (red.), 1983, *The Invention of Tradition*, Cambridge: Cambridge University Press.

Hollinger D. A., 1995, *Postethnic America: Beyond Multiculturalism*, Nowy Jork: Basic Books.

Hoogvelt A., 2000, *Globalisation and the postcolonial world*, [w:] D. Held i A. McGrew (red.), *The Global Transformations Reader*, Cambridge: Polity, 355–360.

Horowitz D. L., 1989, *Incentives and behaviour in the ethnic politics of Sri Lanka and Malaysia*, „Third World Quarterly", 14 (4): 18–35.

Hughey M. W., 1998, *New Tribalisms: The Resurgence of Race and Ethnicity*, Londyn: Macmillan.

Husbands C. T., 1991, *The support for the Front National: analyses and findings*, „Ethnic and Racial Studies", 14 (3), lipiec.

Hutchinson J. i Smith A. D. (red.), 1996, *Ethnicity*, Oxford: Oxford University Press.

Huxley J. i Haddon A. C., 1935, *We Europeans*, Londyn: Cape.

Jacobson J., 1997a, *Perceptions of Britishness*, „Nations and Nationalism", 3 (2): 181–200.

Jacobson J., 1997b, *Religion and ethnicity: dual and alternative sources of identity among young British Pakistanis*, „Ethnic and Racial Studies", 20 (2): 238–256.

Jacobson M. F., 2001, *Whiteness of a Different Color*, Cambridge, MA: Harvard University Press (pierwsze wydanie: 1998).

Jansza J., 1994, *The Making of the Slovenian State, 1988–1992: The Collapse of Yugoslavia*, Lublana: Mladinska Knijga Publishing House.

Jenkins R., 1997, *Rethinking Ethnicity: Arguments and Explorations*, Londyn: Sage.

Jordan W., 1968, *White Over Black*, Baltimore, MD: Penguin.

Kasinitz P., 2000, *„Beyond the Melting Pot": the contemporary relevance of a classic?*, „International Migration Review", 34 (1): 248–255.

Lawson S., 1992, *Constitutional change in Fiji, the apparatus of justification*, „Ethnic and Racial Studies", 15 (1): 61–84.

Lawson S., 1997, *The Failure of Democratic Politics in Fiji*, Oxford: Oxford University Press.

Layton-Henry Z., 1984, *The Politics of Race in Contemporary Britain*, Londyn: Allen and Unwin.

Leach E. R., 1982, *Social Anthropology*, Glasgow: Fontana.

Lee D. J. i Turner B. S., 1996, *Conflicts about Class: Debating Inequality in Late Industrialism*, Harlow: Longman.

Lee S. M., 1993, *Racial classification in the US Census 1890-1990*, „Ethnic and Racial Studies", 16 (1): 75–94.

Leigh M., 1974, *The Rising Moon: Political Change in Sarawak*, Sydney: Sydney University Press.

Leigh M., 1975, *The Population of Sarawak: Baseline Rural Mapping of Rural Ethnic Distribution prior to the New Economic Policy*, „Sarawak Gazette" 1975–1976; przedruk w: *Monographs of Institute of East Asian Studies*, University of Malaysia, Sarawak, 2000.

Levitas R. (red.), 1986, *The Ideology of the New Right*, Cambridge: Polity.

Liddell H. G. i Scott R., 1897, *A Greek-English Lexicon*, Oxford: Clarendon Press.

Lott J., 1998, *Asian Americans: From Racial Category to Multiple Identities*, Londyn: Altamira Press.

Lyman S. M., 1998, *The race question and liberalism: casuistries in American constitutional law*, [w:] M. W. Hughey (red.), *New Tribalisms: The Resurgence of Race and Ethnicity*, Londyn: Macmillan, 97–172.

MacDonald S. (red.), 1993, *Inside European Identities*, Oxford: Berg.

Magas B., 1993, *The Destruction of Yugoslavia: Tracing the Break Up 1980–1992*, Londyn: New Left Books.

Malik K., 1996, *The Meaning of Race: Race, History and Culture in Western Society*, Londyn: Macmillan.

Marcus J., 1995, *The National Front and French Politics: The Resistible Rise of Jean-Marie Le Pen*, Nowy Jork: New York University Press.

Marx A. W., 1998, *Making Race and Nation: A Comparison of South Africa, the United States and Brazil*, Cambridge: Cambridge University Press.

McCrone D., 1998, *The Sociology of Nationalism: Tomorrow's Ancestors*, Nowy Jork: Routledge.

Miles R., 1989, *Racism*, Londyn: Routledge.

Miles R., 1993, *Racism after „Race Relations"*, Londyn: Routledge.

Miller D., 1995, *Reflections on British national identity*, „New Community", 21 (2): 153–166.

Milne R. S. i Mauzy D. K., 1999, *Malaysian Politics under Mahatir*, Londyn i Nowy Jork: Routledge.

Mirza H. S. (red.), 1997, *Black British Feminism, a Reader*, Londyn: Routledge.

Modood T., 1992, *„Not easy being British": Colour, Culture and Citizenship*, Londyn: Trentham Books and Runnymede Trust.

Modood T., Berthoud R., Lakey J., Nazroo J., Smith P. i inni, 1997, *Ethnic Minorities in Britain, Diversity and Disadvantage*, Londyn: Policy Studies Institute.

Morris H. S., 1968, *Ethnic groups*, [w:] D. L. Sills (red.), *International Encyclopaedia of the Social Sciences*, Nowy Jork: Macmillan/Free Press.

Nagata J. A., 1974, *What is a Malay? Situational selection of ethnic identity in a plural society*, „American Ethnologist", 1 (2): 331–350.

Nagata J. A., 1981, *In defence of ethnic boundaries: the changing myths and charters of Malay identity*, [w:] C. Keyes (red.), *Ethnic Change*, Seattle: University of Washington Press, 87–116.

„New Straits Times", 1 grudnia 2000, *BN committed to ethnic co-operation despite loss*.

„New Straits Times", 17 kwietnia 2001, *Bumiputera traders must be bold and emulate other races to succeed*.

„New Straits Times", 19 kwietnia 2001, *Chinese seek knowledge earnestly, Malays don't*.

Nisbet R. A., 1967, *The Sociological Tradition*, Londyn: Heinemann Educational.

Ogbu J., 1987, *Variability in minority school performance: a problem in search of an explanation*, „Anthropology and Education Quarterly", 18: 312–314.

Omi M. i Winant H., 1986, *Racial Formation in the United States*, Londyn: Routledge and Kegan Paul.

Oxford English Dictionary: Compact Edition, 1993, Londyn: BCA/Oxford University Press.

Oxford Reference Dictionary, 1986, Oxford: Clarendon Press.

Parekh B., 2000, *The Future of Multi-ethnic Britain: The Parekh Report,* Commission on the Future of Multi-ethnic Britain, Londyn: Profile Books.

Park R. E., 1950, *Race and Culture*, Nowy Jork: Free Press.

Park R. E. i Burgess E. W., 1921, *Introduction to the Science of Sociology*, Chicago: University of Chicago Press.

Parsons T., 1968, *The Structure of Social Action*, Nowy Jork: Free Press.

Pawkowić A., 1998, *From Yugoslavism to Serbism: the Serb national idea 1986-1996*, „Nations and Nationalism", 4 (4): 511–28.

Ramet S. P., 1996, *Nationalism and the „idiocy" of the countryside: the case of Serbia*, [w:] „Ethnic and Racial Studies" 19 (1): 70–87.

Rattansi A., 1994, *„Western" racisms, ethnicities and identities in a „postmodern" frame*, [w:] A. Rattansi i S. Westwood (red.), *Racism, Modernity and Identity on the Western Front*, Cambridge: Polity.

Rattansi A., 2002, *Racism, sexuality and political economy: Marxism/Foucault/"Postmodernism"*, [w:] S. Fenton i H. Bradley (red.),

Ethnicity and Economy: "Race and Class" Revisited, Londyn: Palgrave, 42–63.

Rex J., 1973, *Race, Colonialism and the City*, Londyn: Routledge and Kegan Paul.

Rex J., 1996, *Ethnic Minorities in the Modern Nation State*, Londyn: Macmillian.

Rex J. i Moore R., 1967, *Race, Community and Conflict*, Londyn: Oxford University Press.

Rex J. i Tomlinson S., 1979, *Colonial Immigrants in a British City: A Class Analysis*, Londyn: Routledge and Kegan Paul.

Roberts R., 1990, *The Classic Slum: Salford Life in the First Quarter of the Century*, Harmondsworth: Viking Penguin.

Robertson R., 1992, *Globalization: Social Theory and Global Culture*, Londyn: Sage.

Rodriguez C., 2000, *Changing Race: Latinos, the Census, and the History of Ethnicity in the United States*, Nowy Jork: New York University Press.

Rodriguez C. i Cordero-Guzman H., 1992, *Placing race in context*, „Ethnic and Racial Studies", 15 (4): 523–542.

Samad Y., 1992, *Book-burning and race relations: political mobilisation of Bradford Muslims*, „New Community", 18 (4): 507–519.

Scott G. M., 1990, *A resynthesis of the primordial and circumstantial approaches to ethnic group solidarity: towards an explanatory model*, „Ethnic and Racial Studies", 13 (2): 147–171.

Sekulić D., 1997, *The creation and dissolution of the multinational state: the case of Yugoslavia*, „Nations and Nationalism", 3 (2): 165–180.

Shaw A., 1988, *A Pakistani Community in Britain*, Oxford: Blackwell.

Shils E., 1957, *Primordial, personal, sacred and civil ties*, „British Journal of Sociology", 8 (2): 130–145.

Simons A., 1997, *Democratisation and ethnic conflict: the kin connection*, „Nations and Nationalism", 3 (2): 273–290.

Smith A. D., 1981, *The Ethnic Revival in the Modern World*, Cambridge: Cambridge University Press.

Smith A. D., 1986, *The Ethnic Origin of Nations*, Oxford: Blackwell.

Smith S. J., 1989, *The Politics of „Race" and Residence: citizenship, Segregation and White Supremacy in Britain*, Cambridge: Polity.

Solomos J., 1993, *Race and Racism in Britain*, Londyn: Macmillan.

Solomos J. i Back L., 1996, *Racism and Society*, Londyn: Macmillan.

Steinberg S., 1981, *The Ethnic Myth: Race, Ethnicity and Class in America*, Boston: Beacon Press.

Steinberg S. (red.), 2000, *Race and Ethnicity in the United States, Issues and Debates*, Oxford: Blackwell.

Stepanow W., 2000, *Ethnic tensions and separatism in Russia*, „Journal of Ethnic and Migration Studies", 26 (2), kwiecień: 333–355.

„Sunday Telegraph", 13 sierpnia 1989, *Will this be the death of England?*, (David Lovibond).

„Sunday Telegraph", 15 października 2000, *We know in our hearts what Britain means* (Andrew Roberts).

Taylor C. M., 1994, *Multiculturalism: Examining the Politics of Recognition*, Princeton: Princeton University Press.

Tiszkow W., 1997, *Ethnicity, Nationalism and Conflict in and after the Soviet Union: The Mind Aflame*, Londyn: Sage.

Tiszkow W., 2000, *Forget the nation: post-nationalist understanding of nationalism*, „Ethnic and Racial Studies", 23 (4): 625–650.

Tönnies F., 1988, *Wspólnota i stowarzyszenie: rozprawa o komunizmie i socjalizmie jako empirycznych formach kultury*, przeł. M. Łukasiewicz, wstęp J. Szacki, Warszawa: Państwowe Wydawnictwo Naukowe PWN.

Triandafyllidou A., Calloni M. i Mikrakis A., 1997, *New Greek nationalism*, http://www.socresonline.org.uk/socresonline/2/1/7.html, „Sociological Research Online", 2 (1).

UNHCR, 2002, *UNHCR basic facts*, http://www/unhcr.ch/cgibin /texis/vtx/home?page=basics, UNHCR.

US Bureau of the Census, 2000, *Racial and ethnic classifications used in Census 2000 and beyond*, http://www.census.gov/population /www/socdemo/race/racefactcb.html, US Bureau of the Census.

Van Den Berghe P., 1981, *The Ethnic Phenomenon*, Nowy Jork: Elsevier Press.

Vann Woodward C., 1964, *American Counterpoint*, Boston: Little, Brown.

Virdee S., 1995, *Racial Violence and Harassment*, Londyn: Policy Studies Institute.

Warner W. L. i Srole L., 1945, *The Social Systems of American Ethnic Groups*, New Haven, CT: Yale University Press.

Waters M. C., 1990, *Ethnic Options: Choosing Identities in America*, Berkeley: University of California Press.

Waters M. C., 1999, *Black Identities: West Indian Immigrant Dreams and American Realities*, Cambridge, MA: Harvard University Press.

Weber M., 2002, *Gospodarka i społeczeństwo: zarys socjologii rozumiejącej*, przeł. i wstęp D. Lachowska, Warszawa: Państwowe Wydawnictwo Naukowe PWN.

Wetherell M. i Potter J., 1992, *Mapping the Language of Racism: Discourse and the Legitimation of Exploitation*, Londyn: Harvester Wheatsheaf.

Wieviorka M., 1994, *Racism in Europe: unity and diversity*, [w:] A. Rattansi i S. Westwood (red.), *Racism, Modernity and Identity on the Western Front*, Cambridge: Polity, 173–188.

Wieviorka M., 1995, *The Arena of Racism*, Londyn: Sage.

Williams R., 1958, *Culture and Society 1780–1950*, Nowy Jork: Harper and Row.

Wilson W. J., 1980, *The Declining Significance of Race*, Chicago: University of Chicago Press.

Wilson W. J., 1999, *When work disappears: new implications for race and urban poverty in the global economy*, „Ethnic and Racial Studies", 22 (3), maj: 479–499.

Woo D., 2000, *Glass Ceilings and Asian Americans*, Nowy Jork: Altamira Press.

Yinger M. J., 1994, *Ethnicity*, Nowy Jork: State University of New York Press.

INDEKS WYBRANYCH POJĘĆ I NAZWISK

KEY CONCEPTS

Brytyjska seria prezentująca kluczowe pojęcia nauk społecznych, w Anglii wydawana w prestiżowym wydawnictwie Polity Press – teraz po polsku.

Fundamentalizm
Nacjonalizm
Władza
Demokracja
Etniczność
Prawa człowieka
Prawa mniejszości
Rynek
Lud
Konsumpcja
Bieda
Liberalizm
Koncepcje „ja"
Kultura
Rządzenie
Zdrowie
Niepełnosprawność
Sprawiedliwość
Społeczeństwo sieci
Czas

Książki z serii Key Concepts do nabycia w dobrych księgarniach na terenie całego kraju i w księgarni wysyłkowej Wydawnictwa Sic!: www.wydawnictwo-sic.com.pl.